21世纪高等院校规划教材

Proteus——电子技术虚拟实验室

主　编　朱清慧

副主编　李壮辉　陈居现　王　萍

中国水利水电出版社
www.waterpub.com.cn

内 容 提 要

本书讲述Proteus软件在电子技术实验与课程设计中的应用，分为三部分，第一部分为Proteus基础；第二部分为电子技术实验，电子技术实验又分为模拟电子技术实验和数字电子技术实验；第三部分为电子技术课程设计。在第一部分软件内容安排上，只介绍与后续实验及课程设计相关的内容，使初学者容易接受。第二部分为两章，分别以童诗白和阎石主编的最新版本的模拟电子技术和数字电子技术教材为基础理论，以Proteus为实验平台，把这两门课程中重要的、经典的实验列举出来，并且加上了综合创新设计型实验。第三部分是电子技术课程设计内容。

本书的指导意义在于读者既可在实验室进行实验，也可在计算机上进行虚拟实验，对于电子技术学习有着非常关键的指导意义和帮助作用。

本书的特色是通过软件进行电子技术实验，通过实例更好地学习电子技术课程。内容编排上由浅及深，软件以够用为度，特别适合初学电子技术的读者。本书语言朴实易懂，是广大电子技术爱好者和高校电类学生学习电子技术的良师益友。

本书提供所有实验及课程设计实例的完整 Proteus 仿真图，读者可以从中国水利水电出版社网站和万水书苑免费下载，网址为：http://www.waterpub.com.cn/softdown/和http://www.wsbookshow.com。

图书在版编目（CIP）数据

Proteus：电子技术虚拟实验室 / 朱清慧主编. -- 北京：中国水利水电出版社，2010.8（2017.1重印）
21世纪高等院校规划教材
ISBN 978-7-5084-7752-7

Ⅰ. ①P… Ⅱ. ①朱… Ⅲ. ①单片微型计算机－系统设计－应用软件，PROTEUS－高等学校－教材 Ⅳ. ①TP368.1

中国版本图书馆CIP数据核字(2010)第149924号

策划编辑：杨谷/向辉　责任编辑：杨元泓　加工编辑：陈洁　封面设计：李佳

书　名	21世纪高等院校规划教材 Proteus——电子技术虚拟实验室
作　者	主　编　朱清慧
出版发行	中国水利水电出版社 （北京市海淀区玉渊潭南路1号D座　100038） 网址：www.waterpub.com.cn E-mail：mchannel@263.net（万水） sales@waterpub.com.cn 电话：（010）68367658（营销中心）、82562819（万水）
经　售	全国各地新华书店和相关出版物销售网点
排　版	北京万水电子信息有限公司
印　刷	三河市鑫金马印装有限公司
规　格	184mm×260mm　16开本　13印张　315千字
版　次	2010年8月第1版　2017年1月第4次印刷
印　数	5001—6000册
定　价	24.00元

序

随着计算机科学与技术的飞速发展，计算机的应用已经渗透到国民经济与人们生活的各个角落，正在日益改变着传统的人类工作方式和生活方式。在我国高等教育逐步实现大众化后，越来越多的高等院校会面向国民经济发展的第一线，为行业、企业培养各级各类高级应用型专门人才。为了大力推广计算机应用技术，更好地适应当前我国高等教育的跨跃式发展，满足我国高等院校从精英教育向大众化教育的转变，符合社会对高等院校应用型人才培养的各类要求，我们成立了“21 世纪高等院校规划教材编委会”，在明确了高等院校应用型人才培养模式、培养目标、教学内容和课程体系的框架下，组织编写了本套“21 世纪高等院校规划教材”。

众所周知，教材建设作为保证和提高教学质量的重要支柱及基础，作为体现教学内容和教学方法的知识载体，在当前培养应用型人才中的作用是显而易见的。探索和建设适应新世纪我国高等院校应用型人才培养体系需要的配套教材已经成为当前我国高等院校教学改革和教材建设工作面临的紧迫任务。因此，编委会经过大量的前期调研和策划，在广泛了解各高等院校的教学现状、市场需求，探讨课程设置、研究课程体系的基础上，组织一批具备较高的学术水平、丰富的教学经验、较强的工程实践能力的学术带头人、科研人员和主要从事该课程教学的骨干教师编写出一批有特色、适用性强的计算机类公共基础课、技术基础课、专业及应用技术课的教材以及相应的教学辅导书，以满足目前高等院校应用型人才培养的需要。本套教材消化和吸收了多年来已有的应用型人才培养的探索与实践成果，紧密结合经济全球化时代高等院校应用型人才培养工作的实际需要，努力实践，大胆创新。教材编写采用整体规划、分步实施、滚动立项的方式，分期分批地启动编写计划，编写大纲的确定以及教材风格的定位均经过编委会多次认真讨论，以确保该套教材的高质量和实用性。

教材编委会分析研究了应用型人才与研究型人才在培养目标、课程体系和内容编排上的区别，分别提出了 3 个层面上的要求：在专业基础类课程层面上，既要保持学科体系的完整性，使学生打下较为扎实的专业基础，为后续课程的学习做好铺垫，更要突出应用特色，理论联系实际，并与工程实践相结合，适当压缩过多过深的公式推导与原理性分析，兼顾考研学生的需要，以原理和公式结论的应用为突破口，注重它们的应用环境和方法；在程序设计类课程层面上，把握程序设计方法和思路，注重程序设计实践训练，引入典型的程序设计案例，将程序设计类课程的学习融入案例的研究和解决过程中，以学生实际编程解决问题的能力为突破口，注重程序设计算法的实现；在专业技术应用层面上，积极引入工程案例，以培养学生解决工程实际问题的能力为突破口，加大实践教学内容的比重，增加新技术、新知识、新工艺的内容。

本套规划教材的编写原则是：

在编写中重视基础，循序渐进，内容精炼，重点突出，融入学科方法论内容和科学理念，反映计算机技术发展要求，倡导理论联系实际和科学的思想方法，体现一级学科知识组织的层次结构。主要表现在：以计算机学科的科学体系为依托，明确目标定位，分类组织实施，兼容互补；理论与实践并重，强调理论与实践相结合，突出学科发展特点，体现学科发展的内在规律；教材内容循序渐进，保证学术深度，减少知识重复，前后相互呼应，内容编排合理，整体结构完整；采取自顶向下设计方法，内涵发展优先，突出学科方法论，强调知识体系可扩展的原则。

本套规划教材的主要特点是：

（1）面向应用型高等院校，在保证学科体系完整的基础上不过度强调理论的深度和难度，注重应用型人才的专业技能和工程实用技术的培养。在课程体系方面打破传统的研究型人才培养体系，根据社会经济发展对行业、企业的工程技术需要，建立新的课程体系，并在教材中反映出来。

（2）教材的理论知识包括了高等院校学生必须具备的科学、工程、技术等方面的要求，知识点不要求大而全，但一定要讲透，使学生真正掌握。同时注重理论知识与实践相结合，使学生通过实践深化对理论的理解，学会并掌握理论方法的实际运用。

（3）在教材中加大能力训练部分的比重，使学生比较熟练地应用计算机知识和技术解决实际问题，既注重培养学生分析问题的能力，也注重培养学生思考问题、解决问题的能力。

（4）教材采用“任务驱动”的编写方式，以实际问题引出相关原理和概念，在讲述实例的过程中将本章的知识点融入，通过分析归纳，介绍解决工程实际问题的思想和方法，然后进行概括总结，使教材内容层次清晰，脉络分明，可读性、可操作性强。同时，引入案例教学和启发式教学方法，便于激发学习兴趣。

（5）教材在内容编排上，力求由浅入深，循序渐进，举一反三，突出重点，通俗易懂。采用模块化结构，兼顾不同层次的需求，在具体授课时可根据各校的教学计划在内容上适当加以取舍。此外还注重了配套教材的编写，如课程学习辅导、实验指导、综合实训、课程设计指导等，注重多媒体的教学方式以及配套课件的制作。

（6）大部分教材配有电子教案，以使教材向多元化、多媒体化发展，满足广大教师进行多媒体教学的需要。电子教案用 PowerPoint 制作，教师可根据授课情况任意修改。相关教案的具体情况请到中国水利水电出版社网站 www.waterpub.com.cn 下载。此外还提供相关教材中所有程序的源代码，方便教师直接切换到系统环境中教学，提高教学效果。

总之，本套规划教材凝聚了众多长期在教学、科研一线工作的教师及科研人员的教学科研经验和智慧，内容新颖，结构完整，概念清晰，深入浅出，通俗易懂，可读性、可操作性和实用性强。本套规划教材适用于应用型高等院校各专业，也可作为本科院校举办的应用技术专业的课程教材，此外还可作为职业技术学院和民办高校、成人教育的教材以及从事工程应用的技术人员的自学参考资料。

我们感谢该套规划教材的各位作者为教材的出版所做出的贡献，也感谢中国水利水电出版社为选题、立项、编审所做出的努力。我们相信，随着我国高等教育的不断发展和高校教学改革的不断深入，具有示范性并适应应用型人才培养的精品课程教材必将进一步促进我国高等院校教学质量的提高。

我们期待广大读者对本套规划教材提出宝贵意见，以便进一步修订，使该套规划教材不断完善。

21 世纪高等院校规划教材编委会

2004 年 8 月

前　言

Proteus 软件是一款嵌入式系统仿真与开发平台，来自英国 Labcenter 公司，是目前世界上最先进、最完整的嵌入式系统设计与仿真平台。它是一种可视化的软、硬件系统协同仿真软件，做到了一体化和互动效果，是目前电子设计爱好者广泛使用的电子线路设计平台。

虽然该软件的卓越之处在于对微处理器的仿真，但超强的元件库和丰富的虚拟仪器使它对模拟电路和数字电路的设计与仿真效果远远超过其他软件。正像该书的名字一样，打开 Proteus 软件，就像进入了一个电子技术虚拟实验室，这里应有尽有，与真实世界中的电子世界相似度极高，同时大量的帮助文件以及在线资源可使电子技术爱好者轻松学习和过关。

本书对 Proteus 软件的基本功能进行系统介绍，旨在使没有接触过该软件的读者可以有一个较初步有了解和掌握。在介绍软件时，着重介绍了元件库、虚拟仪器和仿真工具的使用方法，对于软件的高级使用——单片机系统设计与仿真不做介绍，主要针对初学电子技术的读者和学生。

本书的主要特点是实践性强，讲软件不是重点，在第 1 章介绍过软件的基础知识后，其余几章内把软件与实践教学有机地结合在一起，使读者不用走进实验室，便可进行实验操作、验证以及课程设计与仿真的完整过程，实现了实验室的虚拟开放和教学。

本书所选例子紧扣模拟电子技术和数字电子技术教学大纲，具有普遍适应性。增加了设计型、创新型和综合型实验，课程设计在保留了经典题目的基础上增加了一些创新型题目，对于高校教师和学生都是必备的学习参考书和教案。

本书的读者对象是广大电子技术爱好者、在校电类工科大学生以及电子技术课程教师，同时也可作为高校电子技术实验教材及电子技术课程设计指导书。

全书共 4 章，由南阳理工学院的朱清慧、李壮辉、陈居现、王萍老师共同编写完成。全书由朱清慧统稿、定稿，李壮辉、王萍校稿。具体章节的编写情况为：王萍编写了第一章，李壮辉编写了第二章和第四章的 4.1～4.4 节，陈居现编写了第三章和第四章 4.5～4.7 节及附录。

由于编者水平有限，书中难免存在不足之处，还望广大读者批评指正。

编　者

2010 年 6 月

目　录

第 1 章　Proteus 电路设计仿真基础

Proteus 7 Professional 是一款 EDA 开发工具，集电路设计、仿真和制版于一身，它强大的电子元件库、丰富的虚拟仪器与仿真工具，以及逼真的仿真界面及动画效果，使之成为电子设计的虚拟实验室。Proteus 由两部分组成：

- ISIS——智能原理图输入系统，系统设计与仿真的基本平台。
- ARES ——高级 PCB 布线编辑软件。

本章主要介绍 Proteus ISIS 电路设计与仿真平台的使用。

1.1　Proteus ISIS 简介

1.1.1　Proteus 的安装与运行

先按要求把软件安装到计算机上，安装结束后，在桌面的“开始”程序菜单中，单击运行原理图设计界面 ISIS 7 Professional。ISIS 7 Professional 在程序中的位置如图 1-1 所示。

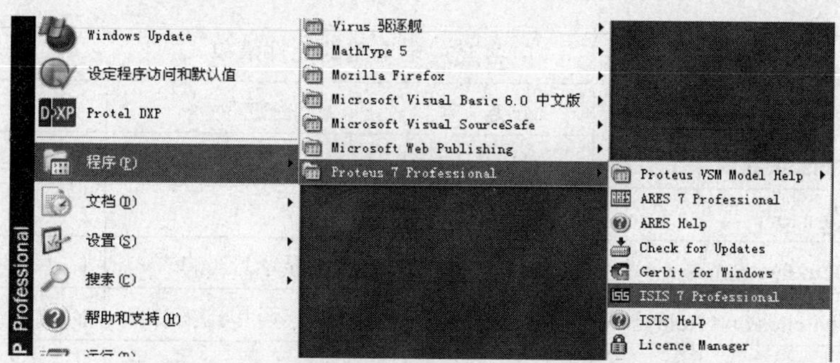

图 1-1　ISIS 7 Professional 在程序中的位置

图 1-2 为 ISIS 7 Professional 运行时的界面。

图 1-2　ISIS 7 Professional 运行时的界面

1.1.2 Proteus ISIS 界面

我们先从最简单的电路设计与仿真过程来熟悉 Proteus ISIS 的界面：设计一个电容充放电电路，并通过电路仿真观察其电流流向和灯泡的亮、灭。

1. 元件的拾取

在桌面上选择“开始”→“程序”→“Proteus 7 Professional”→“ISIS 7 Professional”命令打开应用程序，ISIS Professional 的编辑界面如图 1-3 所示。

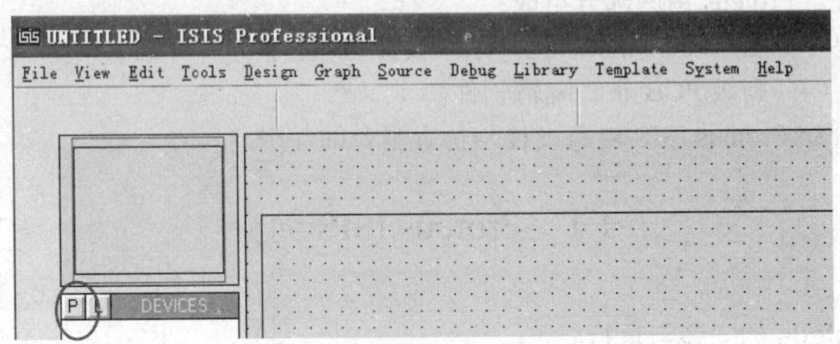

图 1-3 ISIS Professional 的编辑界面

在弹出的对话框中选择 No，选中“以后不再显示此对话框”，关闭弹出提示。

本例所用到的元件清单如表 1-1 所示。

表 1-1 电容充放电电路的元件清单

元件名	类	子类	备注	数量	参数
CAPACITOR	Capacitors	Animited	电容，可动态显示电荷	1	1000μF
RES	Resistors	Generic	电阻	2	1kΩ，100Ω
LAMP	Optoelectronics	Lamps	灯泡，可显示灯丝断	1	12V
SW-SPDT	Switches and Relays	Switches	两位开关，可单击操作	1	
BATTERY	Simulator Primitives	Sources	电池	1	12V

单击界面左侧预览窗口下面的“P”按钮，如图 1-3 所示，弹出 Pick Devices（元件拾取）对话框，如图 1-4 所示。

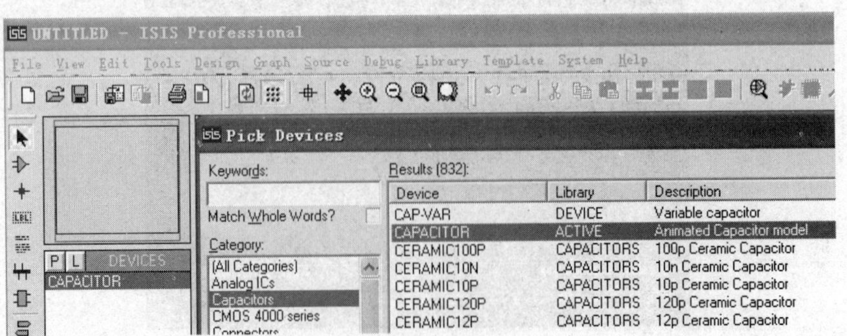

图 1-4 元件拾取对话框

ISIS 7 Professional 的元件拾取就是把元件从元件库中拾取到图形编辑界面的对象选择器中，然后再把元件拖动到图形编辑区。元件拾取共有两种办法。

（1）按类别查找和拾取元件。元件通常以其英文名称或器件代号在库中按类别存放。在取一个元件时，首先要清楚它属于哪一大类，然后还要知道它归属于哪一子类，这样就缩小了查找范围，然后在子类所列出的元件中逐个查找，根据显示的元件符号、参数来判断是否找到了所需要的元件。在元件对话框中双击找到的元件名，该元件便拾取到对象选择器中了。

按照表 1-1 中的顺序来依次拾取元件。首先是充电电容 CAPACITOR，在图 1-5 中打开的元件拾取对话框中，在 Category（类别）中选中 Capacitors（电容类），在下方的 Sub-category（子类）中选中 Animated（可动画演示），查询结果（Results）元件列表中只有一个元件，即要找的 CAPACITOR，如图 1-5 所示。双击元件名，元件即被选入编辑界面的对象选择器中了，如图 1-7 所示。单击一个元件后单击右下角的 OK，元件拾取后对话框关闭。连续取元件时不要单击 OK 按钮，直接双击元件名可继续。

拾取元件对话框共分四部分，左侧从上到下分别为直接查找时的名称输入、分类查找时的大类列表、子类列表和生产厂家列表。中间为查到的元件列表。右侧自上而下分别为元件图形和元件封装，图 1-5 中的元件没有显示封装。

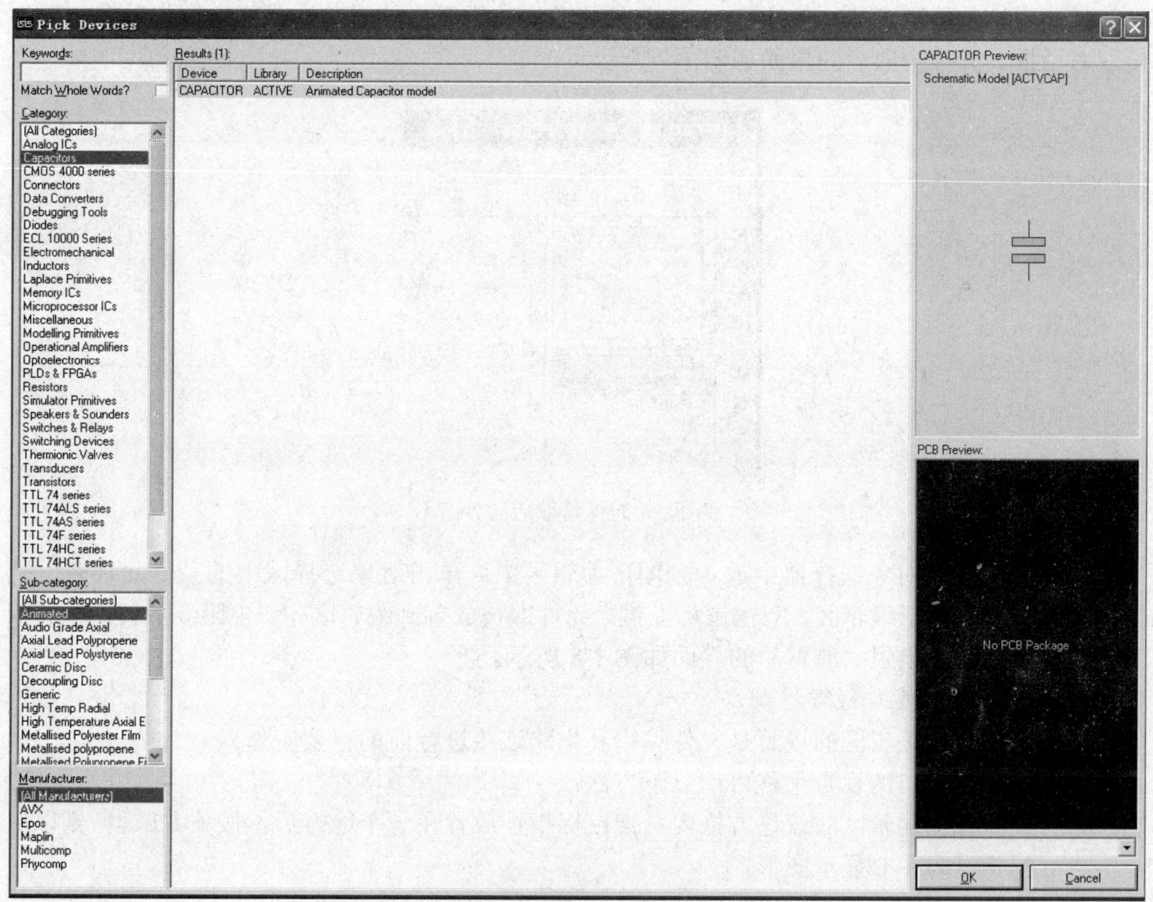

图 1-5 分类拾取元件示意图

（2）直接查找和拾取元件。把元件名的全称或部分输入到 Pick Devices（元件拾取）对话框中的 Keywords 栏，在中间的查找结果 Results 中显示所有匹配的元件列表，用鼠标拖动右边的滚动条，出现灰色标示的元件即为找到的匹配元件，如图 1-6 所示。

这种方法主要用于对元件名熟悉之后，为节约时间而直接查找。对于初学者来说，还是分类查找比较好，一是不用记太多的元件名，二是对元件的分类有一个清楚的概念，利于以后对大量元件的拾取。

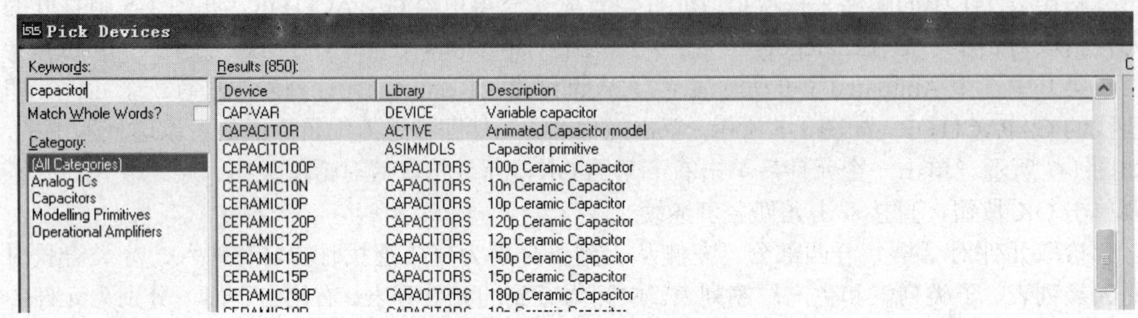

图 1-6 直接拾取元件示意图

按照电容的拾取方法，依次把 5 个元件拾取到编辑界面的对象选择器中，然后关闭元件拾取对话框。元件拾取后的界面如图 1-7 所示。

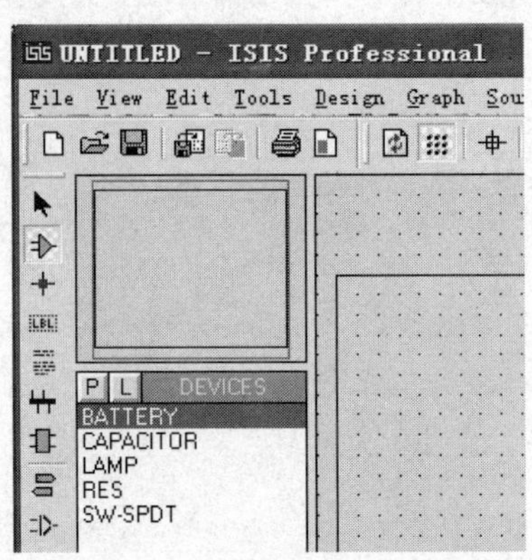

图 1-7 元件拾取后的界面

下面把元件从对象选择器中放置到图形编辑区中。单击对象选择区中的某一元件名，把鼠标指针移动到图形编辑区，双击鼠标左键，元件即被放置到编辑区中。电阻要放置两次，因为本例中用到两个电阻。放置后的界面如图 1-8 所示。

2. 原理图编辑窗口视野控制

学会合理控制编辑区的视野是元件编辑和电路连接进行前的首要工作。

原理图编辑窗口的视野平移可用以下方法：

- 在原理图编辑区的蓝色方框内，把鼠标指针放置在一个地方后，按下 F5 键，则以鼠标指针为中心显示图形。
- 当图形不能全部显示出来时，按住 Shift 键，移动鼠标指针到上、下、左、右边界，则图形自动平移。

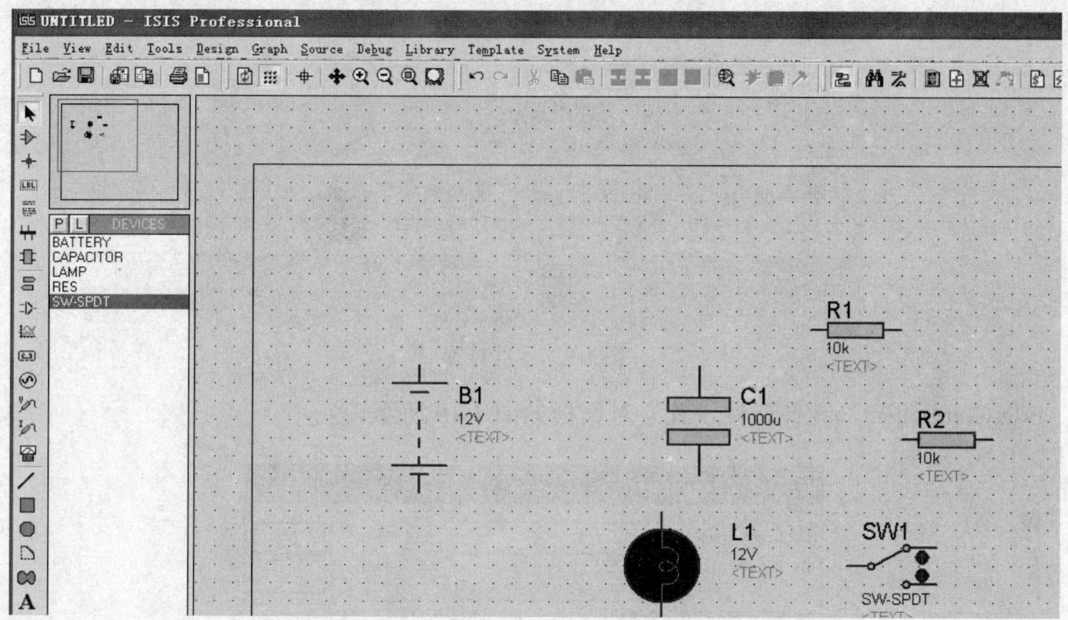

图 1-8　元件放置后的界面

- 快速显示想要显示的图形部分时，把鼠标指向左上预览窗口中某处并单击，则编辑窗口内图形自动移动到指定位置。
- 另外还有两个图标，用于显示整个图形，以鼠标所选窗口为中心显示图形。

编辑窗口的视野缩放用以下方法：

- 先把鼠标指针放置到原理图编辑区内的蓝色框内，上下滚动鼠标滚轮即可缩放视野。如果没有鼠标滚轮，可使用图标和来放大和缩小编辑窗口内的图形。
- 放置鼠标指针到编辑窗口内想要放大或缩小的地方，按 F6（放大）或 F7（缩小）键放大或缩小图形，按 F8 键显示整个图形。最简单的办法是先用鼠标左键确定一个缩放中心点，然后上下滚动鼠标滚轮即可放大和缩小图形显示。
- 按住 Shift 键，在编辑窗口内单击，拖出一个欲显示的窗口。

3. 元件位置的调整和参数的修改

在编辑区的元件上右击选中元件（为红色），在选中的元件上再次右击则删除该元件，而在元件以外的区域内单击则取消选择。元件误删除后可用图标找回。单个元件选中后，单击鼠标左键不松可以拖动该元件。群选使用鼠标左键拖出一个选择区域，使用图标来整体移动。使用图标可整体复制，图标用来刷新图面。

按图 1-9 所示元件位置布置好元件，在元件上右击可出现右键菜单，使用菜单中的 4 个图标、、、可改变元件的方向及对称性。把两位开关调整成图示的方位。

先存一下盘。建立一个名为 test 的目录，选主菜单 File→Save Design As，在打开的对话框中把文件保存为 test 目录下的 test1.DSN，只用输入 test1，扩展名系统自动添加。

下面改变元件参数。双击原理图编辑区中的电阻 R1，弹出 Edit Component（元件属性设置）对话框，把 R1 的 Resistance（阻值）由 10kΩ 改为 1kΩ，把 R2 的阻值由 10kΩ 改为 100Ω（默认单位为 Ω）。

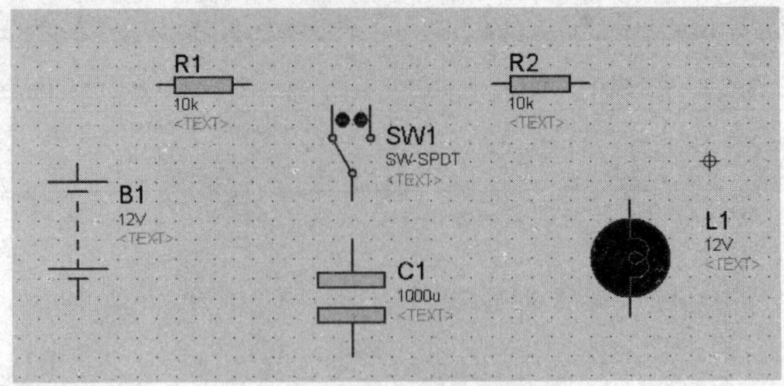

图 1-9　元件布置

Edit Component（元件属性设置）对话框如图 1-10 所示。

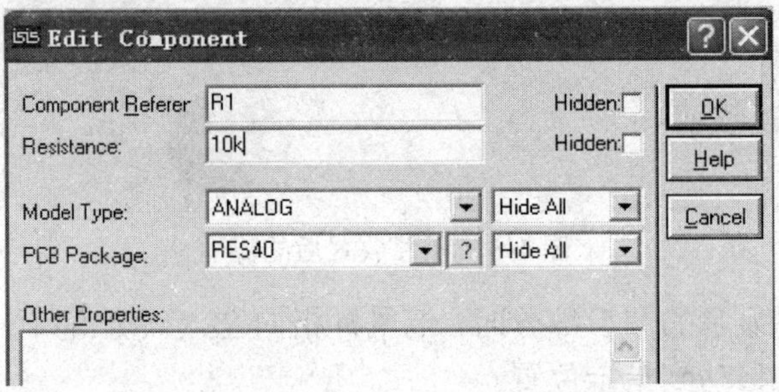

Edit Component
Component Referer: R1　Hidden:
Resistance: 10k　Hidden:
Model Type: ANALOG　Hide All
PCB Package: RES40　?　Hide All
Other Properties:
OK　Help　Cancel

图 1-10　元件属性设置对话框

注意到每个元件的旁边显示灰色的“<TEXT>”，为了使电路图清晰，可以取消此文字显示。双击此文字，打开一个对话框，如图 1-11 所示。在该对话框中选择 Style，先取消选择 Visible 右边的 Follow Global 选项，再取消选择 Visible 选项，单击 OK 按钮即可。

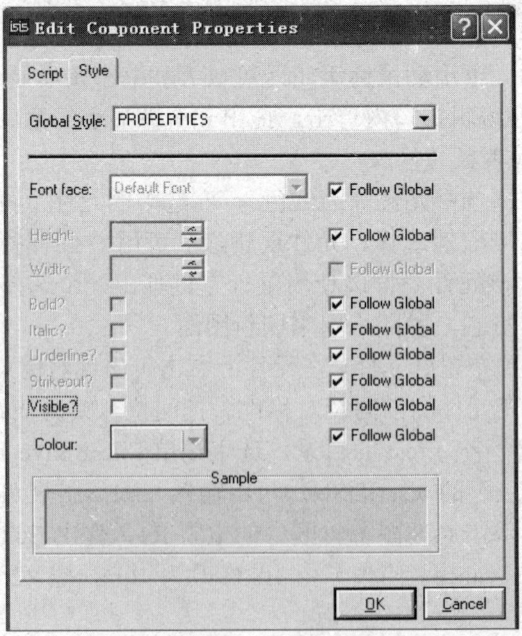

Edit Component Properties
Script　Style
Global Style: PROPERTIES
Font face: Default Font　Follow Global
Height:　Follow Global
Width:　Follow Global
Bold?　Follow Global
Italic?　Follow Global
Underline?　Follow Global
Strikeout?　Follow Global
Visible?　Follow Global
Colour:　Follow Global
Sample
OK　Cancel

图 1-11　TEXT 属性设置对话框

也可直接选择主菜单中的 Template→Set Design Defaults…命令打开画图模板设置选项，如图 1-12 所示。

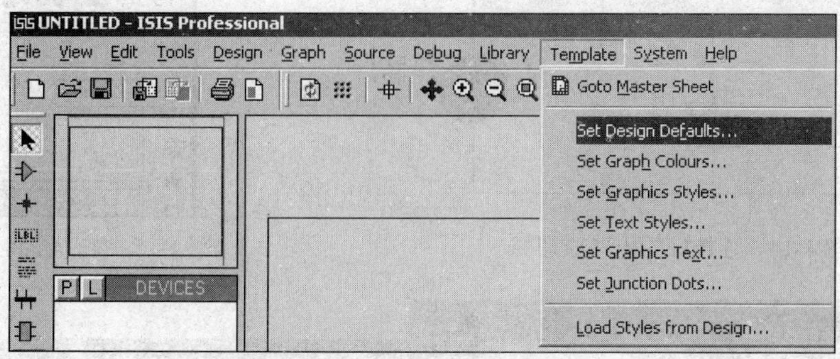

图 1-12　打开模板设计对话框

接着出现 Edit Design Defaults（编辑模板设计）对话框，如图 1-13 所示。在 Show hidden text 选项中把对勾去掉，然后单击 OK 按钮即可。每个元件的旁边不再显示灰色的“<TEXT>”。

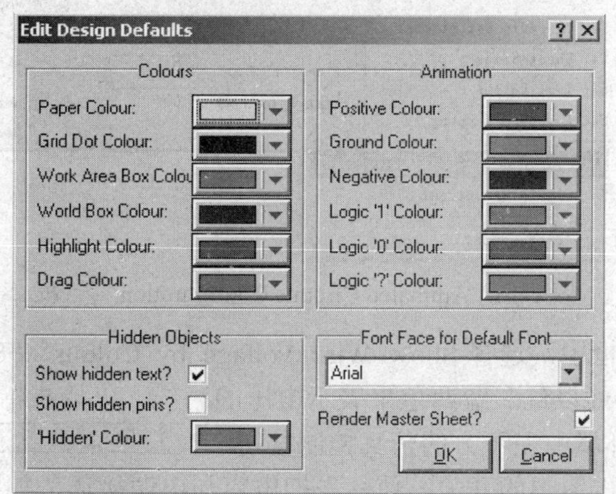

图 1-13　编辑模板设计对话框

4. 电路连线

电路连线采用按格点捕捉和自动连线的形式，所以首先确定编辑窗口上方的自动连线图标和自动捕捉图标为按下状态。Proteus 的连线是非常智能的，它会判断你下一步的操作是否想连线从而自动连线，而不需要选择连线的操作，只需单击编辑区元件的一个端点拖动到要连接的另外一个元件的端点，先松开左键后再单击鼠标左键，即完成一根连线。如果要删除一根连线，右键双击连线即可。按图标取消背景格点显示，如图 1-14 所示。

连线完成后，如果再想回到拾取元件状态，按下左侧工具栏中的“元件拾取”图标即可，如图 1-15 所示。记住按一下存盘图标。

5. 电路的动态仿真

前面我们已经完成了电路原理图的设计和连接，下面来看看电路的仿真效果。

首先在主菜单 System→Set Animation Options 中设置仿真时电压及电流的颜色及方向，如图 1-16 所示。

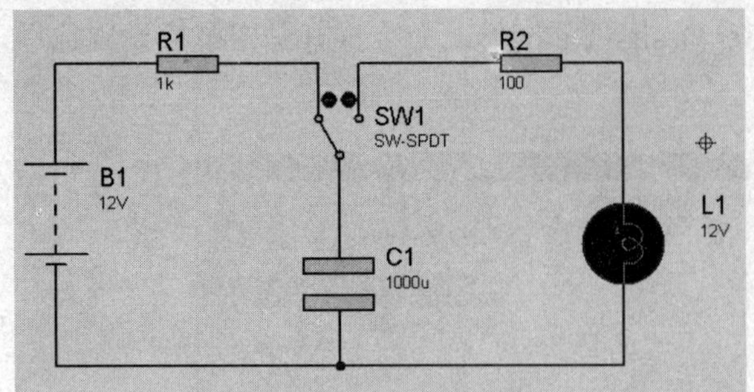

图 1-14 连接好的电路原理图

图 1-15 重新回到元件拾取界面

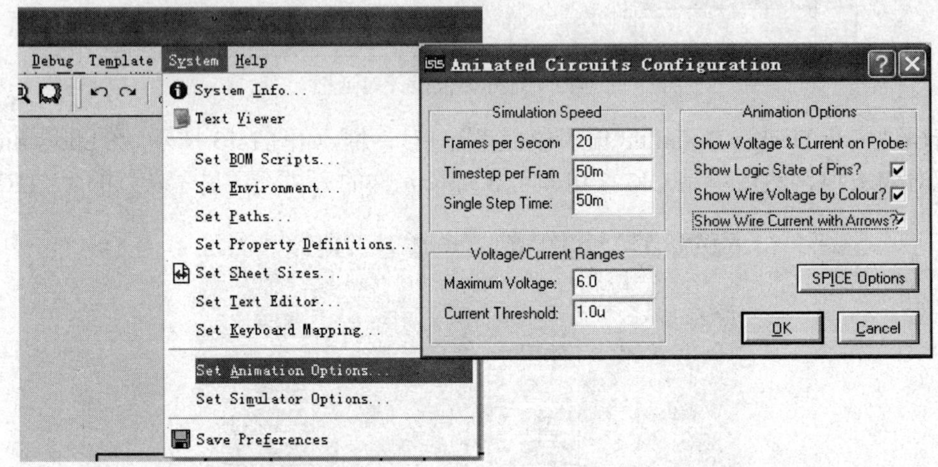

图 1-16 Animated Circuits Configuration 对话框

在随后打开的对话框中，选择 Show Wire Voltage by Colour 和 Show Wire Current with Arrows 两项，即选择导线以红、蓝两色来表示电压的高低，以箭头标示来表示电流的流向。

单击 Proteus ISIS 环境中左下方的仿真控制按钮中的运行按钮，开始仿真。仿真开始后，单击图中的开关，使其先把电容与电源接通，如图 1-17 所示。

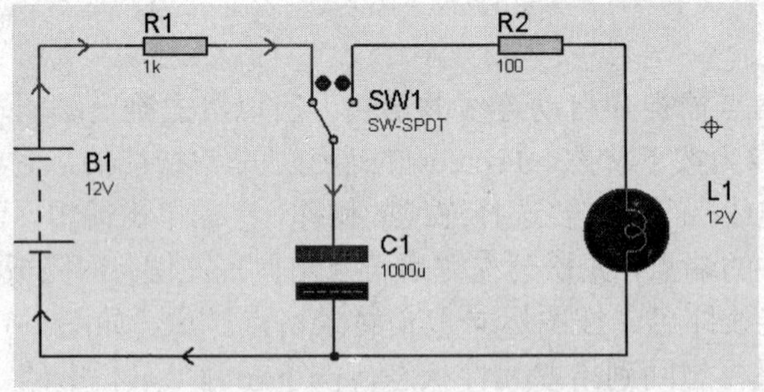

图 1-17 电容充电过程的仿真

能清楚地看到电容充电的效果。接着单击开关，使电容与灯连通。看到灯闪了一下，如图 1-18 所示。由于充电时间常数为 1 秒，放电时间常数小一些，瞬间放电，所以灯亮的时间很短。如果放电时间常数再大，则不易观察到灯亮的效果。在运行时，可以来回拨动开关，反复观察充放电过程。单击仿真控制按钮中的停止按钮，仿真结束。

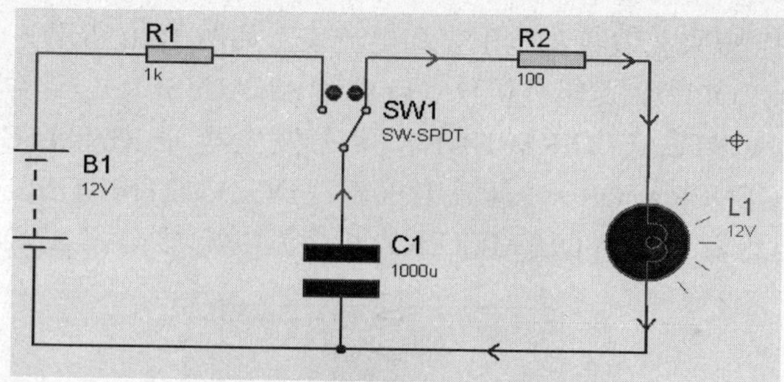

图 1-18　电容放电过程的仿真

6. 文件的保存

在设计过程中要养成不断存盘的好习惯，以免突发事件而造成事倍功半的效果。最好先建立一个存放*.DSN 文件的专用文件夹，你会发现在这个文件夹中，除了刚刚设计完成的 test1.DSN 文件外，还有很多其他扩展名的文件，可以统统删除。下次打开时，可直接双击 test1.DSN 文件，或先运行 Proteus ISIS，再打开 test1.DSN 文件。

7. 变式演练

下面来尝试自己动手设计一个电容充放电电路，如图 1-19 所示。与刚才的电路不同的是，这个电路选用了两个一位开关代替原来的一个两位开关；在充放电回路中分别串入了直流数字电流表，在电容两端并接了一个电压表，用于观察充放电过程中的电流及电压的变化；另外，放电回路中取消了放电电阻，充电电阻值和电容值也都有变化。

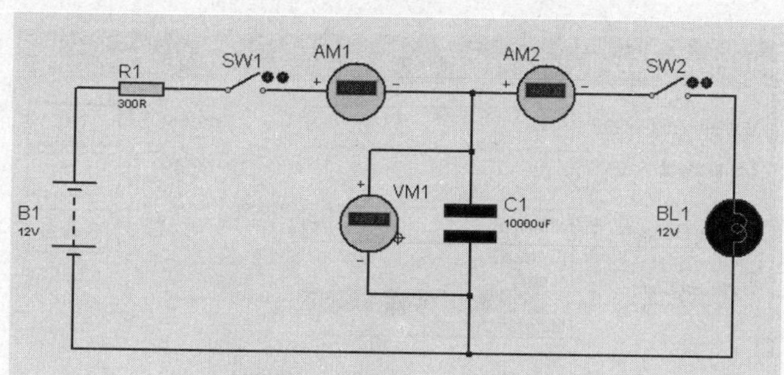

图 1-19　变式演练电路图

所用元件名称及所属的库文件如表 1-2 所示，可采取直接查询法来拾取表中元件。

表 1-2　变式演练的元件清单

元件名	所在库	参数	备注
BETTERY	AVTIVE	12V	电池组
SWITCH	AVTIVE		一位开关
CAPACITOR	AVTIVE	10000μF	电容
LAMP	AVTIVE	12V	灯
RES	DEVICE	300Ω	电阻

选取虚拟仪器图标来获取直流电压表和电流表，如图 1-20 所示。由上而下的仪器分别为示波器（OSCILLOSCOPE）、逻辑分析仪（LOGIC ANALYSER）、计数定时器（COUNTER TIMER）、虚拟终端（VIRTUAL TERMINAL）、信号发生器（SIGNAL GENERATOR）、模式发生器（PATTERN GENERATOR）、直流电压表（DC VOLTMETER）、直流电流表（DC AMMETER）、交流电压表（AC VOLTMETER）和交流电流表（AC AMMETER）。

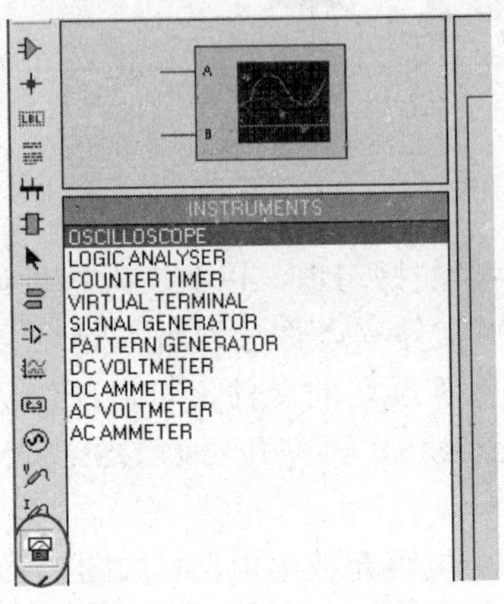

图 1-20 虚拟仪器菜单

两个电流表设置为毫安表，分别取名为 AM1 和 AM2；电压表取名为 VM1。双击电流表，出现如图 1-21 所示的 Edit Component（属性设置）对话框，照图完成设置。

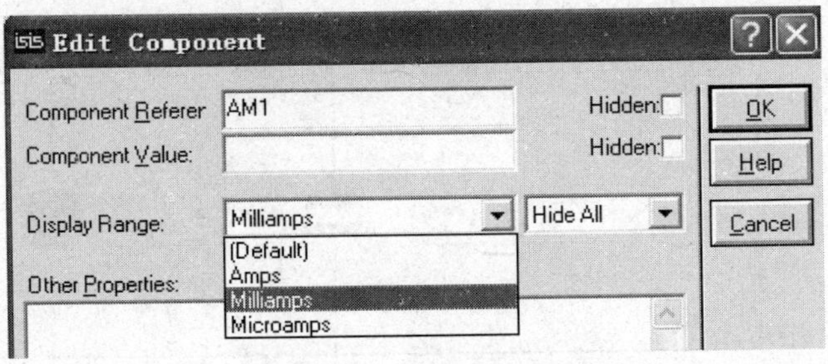

Edit Component
Component Referer: AM1 Hidden:
Component Value: Hidden:
Display Range: Milliamps Hide All
(Default)
Amps
Milliamps
Microamps
Other Properties:
OK
Help
Cancel

图 1-21 毫安表的设置

把此文件保存为 test2.DSN。

在仿真时，注意观察电流表和电压表数值的变化。

1.2 Proteus ISIS 编辑环境

1.2.1 Proteus ISIS 编辑环境简介

Proteus ISIS 启动后即进入图 1-22 所示的编辑环境。

1. Proteus ISIS 各窗口

点状的栅格区域为编辑窗口，左上方为预览窗口，左下方为元器件列表区，即对象选择器。

编辑窗口用于放置元器件，进行连线，绘制原理图。预览窗口可以显示全部原理图。在预览窗口中，有两个框，蓝框表示当前页的边界，绿框表示当前编辑窗口显示的区域。当从对象选择器中选中一个新的对象时，预览窗口可以预览选中的对象。在预览窗口上单击，Proteus ISIS 将会以单击位置为中心刷新编辑窗口。其他情况下，预览窗口显示将要放置的对象。

这种放置预览特性在下列情况下被激活：

- 当使用旋转或镜像按钮时。
- 当一个对象在对象选择器中被选中时。
- 当为一个可以设定方向的对象选择类型图标时（如 Component 图标、Device Pin 图标等）。

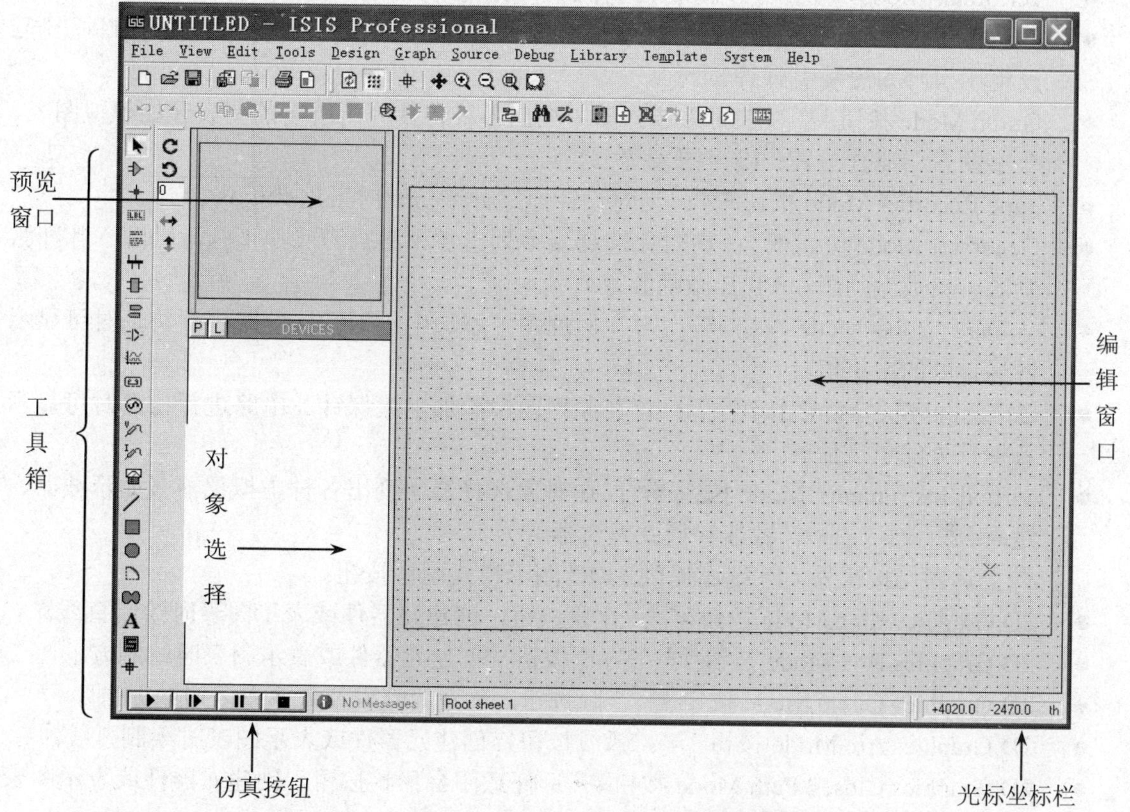

图 1-22　Proteus ISIS 的编辑环境

- 当放置对象或执行其他非上述操作时，放置预览会自动消除。

有两种方法来调整编辑窗口所显示的区域：

①选择 View→Pan 菜单项，然后将光标移到指定位置单击；或者将光标移到指定位置按 F5 键。

②如果要进行大范围调整，可以在预览窗口单击想要查看的部分。

2. 工具箱

选择相应的工具箱图标按钮，系统将提供不同的操作工具。对象选择器根据选择不同的工具箱图标按钮决定当前状态显示的内容。显示对象的类型包括元器件、终端、引脚、图形符号、标注和图表等。

工具箱中各图标按钮对应的操作如下：

- Selection Mode 按钮：选择模式。
- Component Mode 按钮：拾取元器件。
- Junction Dot Mode 按钮：放置节点。
- Wire Lable Mode 按钮：标注线段或网络名。
- Text Script Mode 按钮：输入文本。
- Buses Mode 按钮：绘制总线。
- Subcircuit Mode 按钮：绘制子电路块。
- Terminals Mode 按钮：在对象选择器中列出各种终端（输入、输出、电源和地等）。
- Device Pins Mode 按钮：在对象选择器中列出各种引脚（如普通引脚、时钟引脚、反电压引脚和短接引脚等）。
- Graph Mode 按钮：在对象选择器中列出各种仿真分析所需的图表（如模拟图表、数字图表、混合图表、噪声图表等）。
- Tape Recorder Mode 按钮：当对设计电路分割仿真时采用此模式。
- Generator Mode 按钮：在对象选择器中列出各种激励源（如正弦激励源、脉冲激励源、指数激励源和 FILE 激励源等）。
- Voltage Probe Mode 按钮：可在原理图中添加电压探针。电路进行仿真时可显示各探针处的电压值。
- Current Probe Mode 按钮：可在原理图中添加电流探针。电路进行仿真时可显示各探针处的电流值。
- Virtual Instruments Mode 按钮：在对象选择器中列出各种虚拟仪器（如示波器、逻辑分析仪、定时/计数器和模式发生器等）。

除上述图标按钮外，系统还提供了 2D 图形模式图标按钮：

- 2D Graphics Line Mode 按钮：直线按钮，创建元器件或表示图表时绘制直线。
- 2D Graphics Box Mode 按钮：方框按钮，创建元器件或表示图表时绘制方框。
- 2D Graphics Circle Mode 按钮：圆按钮，创建元器件或表示图表时绘制圆。
- 2D Graphics Arc Mode 按钮：弧线按钮，创建元器件或表示图表时绘制弧线。
- 2D Graphics Closed Path Mode 按钮：任意闭合形状按钮，创建元器件或表示图表时绘制任意闭合形状图标。
- 2D Graphics Text Mode 按钮：文本编辑按钮，插入各种文字说明。
- 2D Graphics Symbol Mode 按钮：符号按钮，选择各种符号元器件。
- 2D Graphics Markers Mode 按钮：标记按钮，产生各种标记图标。

对于具有方向性的对象，系统还提供了各种旋转图标按钮：

- Rotate Clockwise 按钮：顺时针方向旋转按钮，以 90° 偏置改变元器件的放置方向。
- Rotate Anti-clockwise 按钮：逆时针方向旋转按钮，以 90° 偏置改变元器件的放置方向。
- X-mirror 按钮：水平镜像旋转按钮，以 Y 轴为对称轴，按 180° 偏置旋转元器件。
- Y-mirror 按钮：垂直镜像旋转按钮，以 X 轴为对称轴，按 180° 偏置旋转元器件。

- 在某些状态下，对象选择器有一个 Pick 切换按钮，单击该按钮可以弹出 Pick Devices、Pick Port、Pick Terminals、Pick Pins 或 Pick Symbols 窗体。通过不同窗体，可以分别添加元器件端口、终端、引脚或符合到对象选择器中，以便在今后的绘图中使用。

3. 主菜单

如图 1-23 所示，Proteus ISIS 的主菜单栏包括 File（文件）、View（视图）、Edit（编辑）、Library（库）、Tools（工具）、Design（设计）、Graph（图形）、Source（源）、Debug（调试）、T emplate（模板）、System（系统）和 Help（帮助）。单击任一菜单后都将弹出其子菜单项，Proteus ISIS 完全符合 Windows 菜单风格。

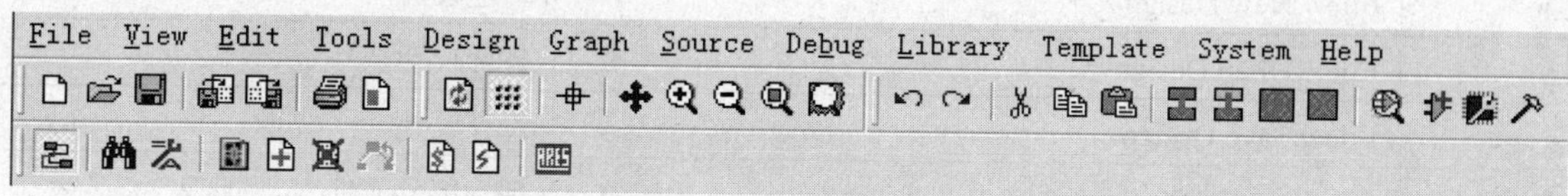

图 1-23　Proteus ISIS 的主菜单和主工具栏

- File 菜单：包括常用的文件功能，如新建设计、打开设计、保存设计、导入/导出文件，也可打印、显示设计文档，以及退出 Proteus ISIS 系统等。
- View 菜单：包括是否显示网格、设置格点间距、缩放电路图及显示与隐藏各种工具栏等。
- Edit 菜单：包括撤消/恢复操作、查找与编辑元器件、剪切、复制、粘贴对象，以及设置多个对象的层叠关系等。
- Library 菜单：库操作菜单。它具有选择元器件及符号、制作元器件及符号、设置封装工具、分解元件、编译库、自动放置库、校验封装和调用库管理器等功能。
- Tools 菜单：工具菜单。它包括实时注解、自动布线、查找并标记、属性分配工具、全局注解、导入文本数据、元器件清单、电气规则检查、编译网络标号、编译模型、将网络标号导入 PCB、从 PCB 返回原理设计等工具栏。
- Design 菜单：工程设计菜单。它具有编辑设计属性、编辑原理图属性、编辑设计说明、配置电源、新建、删除原理图、在层次原理图中总图与子图以及各子图之间互相跳转、设计目录管理等功能。
- Graph 菜单：图形菜单。它具有编辑仿真图形、添加仿真曲线、仿真图形、查看日志、导出数据、清除数据、一致性分析等功能。
- Source 菜单：源文件菜单。它具有添加/删除源文件、定义代码生成工具、设置外部文本编辑器和编译等功能。
- Debug 菜单：调试菜单。包括启动调试、执行仿真、单步运行、断点设置和重新排布弹出窗口等功能。
- Template 菜单：模板菜单。包括设置图形格式、文本格式、设计颜色、连接点和图形等。
- System 菜单：系统设置菜单。包括设置系统环境、路径、图纸尺寸、标注字体、热键、仿真参数和模式等。

- Help 菜单：帮助菜单。包括版权信息、Proteus ISIS 学习教程和示例等。

4. 主工具栏

如图 1-23 所示，Proteus ISIS 的主工具栏包括 File Toolbar、View Toolbar、Edit Toolbar 和 Design Toolbar 四个部分。工具栏中每一个按钮都对应一个具体的菜单命令。表 1-3 列出了这些按钮的功能及其对应的菜单命令。

表 1-3 主工具栏按钮功能

按钮	对应菜单	功能
	File // New Design	新建设计
	File // Open Design	打开设计
	File // Save Design	保存设计
	File // Import Section	导入部分文件
	File // Export Section	导出部分文件
	File // Print	打印
	File // Set Area	设置区域
	View // Redraw	刷新
	View // Grid	栅格开关
	View // Origin	原点
	View // Pan	选择显示中心
	View // Zoom In	放大
	View // Zoom Out	缩小
	View // Zoom All	显示全部
	View // Zoom to Area	缩放一个区域
	Edit // Undo	撤销
	Edit // Redo	恢复
	Edit // Cut to clipboard	剪切
	Edit // Copy to clipboard	复制
	Edit // Paste from clipboard	粘贴
	Block Copy	（块）复制
	Block Move	（块）移动
	Block Rotate	（块）旋转
	Block Delete	（块）删除
	Library // Pick Device/Symbol	拾取元器件或符号
	Library // Make Device	制作元件
	Library // Packaging Tool	封装工具

续表

按钮	对应菜单	功能
	Library // Decompose	分解元器件
	Tools // Wire Auto Router	自动布线器
	Tools // Search and Tag	查找并标记
	Tools // Property Assignment Tool	属性分配工具
	Design // Design Explorer	设计资源管理器
	Design // New Sheet	新建图纸
	Design // Remove Sheet	移去图纸
	Exit to Parent Sheet	转到主原理图
	View BOM Report	查看元器件清单
	Tools // Electrical Rule Check	生成电气规则检查报告
	Tools // Netlist to ARES	创建网络表

1.2.2　进入 Proteus ISIS 编辑环境

当对整个 Proteus ISIS 开发界面有了初步的了解之后，将以新建设计文件为例说明编辑环境的使用。

1. 文件的新建和保存

在 Proteus ISIS 窗口中，选择 File→New Design 命令，弹出如图 1-24 所示的对话框。

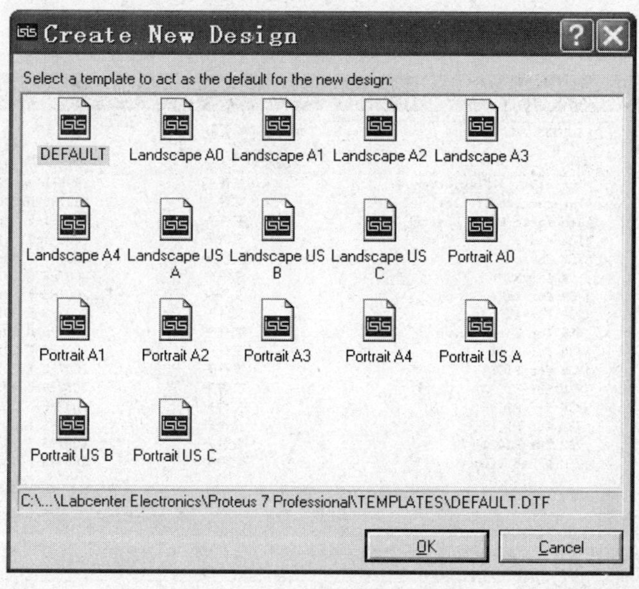

图 1-24　建立新的设计文件

选择合适的模板（通常选择 DEFAULT 模板），单击 OK 按钮，即可完成新设计文件的建立。

2. 保存和打开设计文件

选择 File→Save Design 命令，将弹出如图 1-25 所示的对话框。

在“保存在”下拉列表框中选择目标存放路径，并在“文件名”框中键入设计的文档名称。同时，保存文件的默认类型为 Design File，即文档自动加扩展名.DSN，单击“保存”按钮即可。

图 1-25　保存 Proteus ISIS 设计文件

选择 File→Open Design 命令，将弹出如图 1-26 所示的对话框。

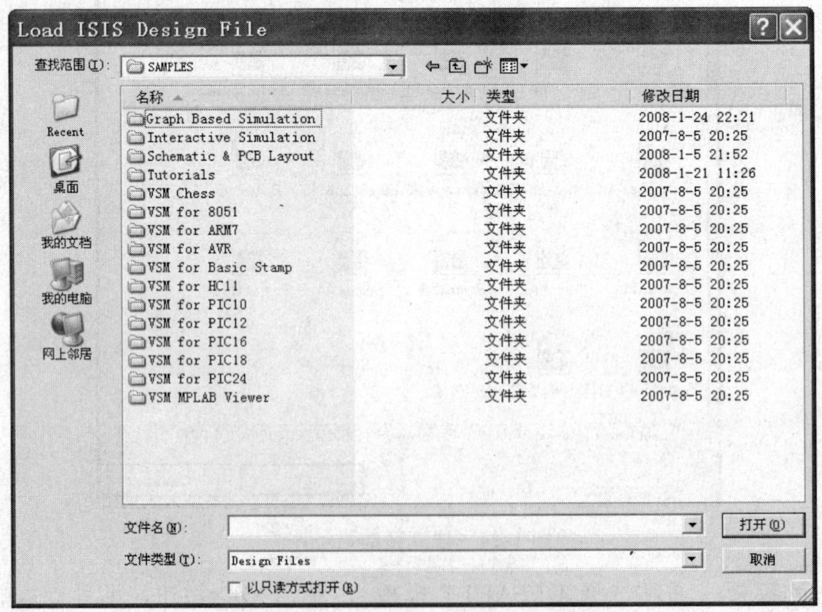

图 1-26　打开 Proteus ISIS 设计文件

在“查找范围”下拉列表框中选择目标查找路径，单击列表框中对应的设计选项，然后单击“打开”按钮，即可打开相应的设计文件。

1.2.3　库元件的分类

Proteus ISIS 的库元件是按类存放的，类→子类（或生产厂家）→元件。对于比较常用的元件是需要记住它的名称的，通过直接输入来拾取。究竟哪些是最常用的元件，是因人而宜的，看你平时从事的工作的需要而定。另外一种元件拾取方法是按类查询，也非常方便。

1. 大类（Category）

Proteus ISIS 元件库共分 34 大类，如表 1-4 所示。当要从库中拾取一个元件时，首先要清楚它的分类，是位于表中 1-4 中的哪一大类，然后在打开的元件拾取对话框中，选中 Category 中相应的大类，然后再根据自己对元件子类的掌握来逐步查找。

表 1-4　库元件大类示意

Category（类）	含义	Category（类）	含义
Analog ICs	模拟集成器件	PLDs and FPGAs	可编程逻辑器件和现场可编程门阵列
Capacitors	电容	Resistors	电阻
CMOS 4000 series	CMOS 4000 系列	Simulator Primitives	仿真源
Connectors	接头	Speakers and Sounders	扬声器和声响
Data Converters	数据转换器	Switches and Relays	开关和继电器
Debugging Tools	调试工具	Switching Devices	开关器件
Diodes	二极管	Thermionic Valves	热离子真空管
ECL 10000 series	ECL 10000 系列	Transducers	传感器
Electromechanical	电机	Transistors	晶体管
Inductors	电感	TTL 74 Seriers	标准 TTL 系列
Laplace Primitives	拉普拉斯模型	TTL 74ALS Seriers	先进的低功耗肖特基 TTL 系列
Memory ICs	存储器芯片	TTL 74AS Seriers	先进的肖特基 TTL 系列
Microprocessor ICs	微处理器芯片	TTL 74F Seriers	快速 TTL 系列
Miscellaneous	混杂器件	TTL 74HC Seriers	高速 CMOS 系列
Modelling Primitives	建模源	TTL 74HCT Seriers	与 TTL 兼容的高速 CMOS 系列
Operational Amplifiers	运算放大器	TTL 74LS Seriers	低功耗肖特基 TTL 系列
Optoelectronics	光电器件	TTL 74S Seriers	肖特基 TTL 系列

2. 子类（Sub-category）

选取元件所在的大类（Category）后，再选子类（Sub-category），也可以直接选生产厂家（Manufacturer），会在元件拾取对话框的中间部分的查找结果（Results）中显示符合条件的元件列表。从中找到所需的元件，双击该元件名称，元件即被拾取到对象选择器中去了。如果要继续拾取其他元件，最好使用双击元件名称的办法，对话框不会关闭。如果只选取一个元件，可以单击元件名称后单击 OK 按钮，关闭对话框。

如果选取大类后，没有选取子类或生产厂家，则在元件拾取对话框的查询结果中，会把此大类下的所有元件按元件名称首字母的升序排列出来。由于每一个大类中元件甚多，诸个翻找比较麻烦，所以要继续分子类查找。

比如，我们想调用的是放大器，那么选取子类 Amplifiers 放大器，会发现仍然有很多元件显示在结果中。如果一下就找到了所需的元件，那就到此为至。如果元件很多，需要滚动，最好再限定一下范围，选 Manufacturer，比如 Analog Devices 美国半导体器件公司，这样查询结果就更少了，双击元件 AD22050N，把它拾取到对象选择器。元件右面的信息是所在的库和元件性能及参数。如 AD22050N 在 ANALOG 库中，为单电源、传感器接口放大器。

当然，如果知道了元件名称或部分名称，就不必这么费时了。直接在元件拾取对话框中输入全称或部分名称，符合条件的结果会自动出现在查询结果中。

1.2.4 各子类介绍

Proteus ISIS 库元件的各子类介绍如下：

（1）Analog ICs。模拟集成器件共有 8 个子类，如表 1-5 所示。

表 1-5 Analog Ics 子类示意

子类	含义
Amplifier	放大器
Comparators	比较器
Display Drivers	显示驱动器
Filters	滤波器
Miscellaneous	混杂器件
Regulators	三端稳压器
Timers	555 定时器
Voltage References	参考电压

（2）Capacitors。电容共有 23 个分类，如表 1-6 所示。

表 1-6 Capacitors 子类示意

子类	含义	子类	含义
Animated	可显示充放电电荷电容	Miniture Electrolytic	微型电解电容
Audio Grade Axial	音响专用电容	Multilayer Metallised Polyester Film	多层金属聚酯膜电容
Axial Lead polypropene	径向轴引线聚丙烯电容	Mylar Film	聚脂薄膜电容
Axial Lead polystyrene	径向轴引线聚苯乙烯电容	Nickel Barrier	镍栅电容

续表

子类	含义	子类	含义
Ceramic Disc	陶瓷圆片电容	Non Polarised	无极性电容
Decoupling Disc	解耦圆片电容	Polyester Layer	聚酯层电容
Generic	普通电容	Radial Electrolytic	径向电解电容
High Temp Radial	高温径向电容	Resin Dipped	树脂蚀刻电容
High Temp Axial Electrolytic	高温径向电解电容	Tantalum Bead	钽珠电容
Metallised Polyester Film	金属聚酯膜电容	Variable	可变电容
Metallised polypropene	金属聚丙烯电容	VX Axial Electrolytic	VX 轴电解电容
Metallised polypropene Film	金属聚丙烯膜电容		

（3）CMOS 4000 Series。CMOS 4000 系列数字电路共有 16 个分类，如表 1-7 所示。

表 1-7　CMOS 4000 series 子类示意

子类	含义	子类	含义
Adders	加法器	Gates & Inverters	门电路和反相器
Buffers & Drivers	缓冲和驱动器	Memory	存储器
Comparators	比较器	Misc. Logic	混杂逻辑电路
Counters	计数器	Mutiplexers	数据选择器
Decoders	译码器	Multivibrators	多谐振荡器
Encoders	编码器	Phase-locked Loops(PLL)	锁相环
Flip-Flops & Latches	触发器和锁存器	Registers	寄存器
Frequency Dividers & Timer	分频和定时器	Signal Switcher	信号开关

（4）Connectors。接头共有 8 个分类，如表 1-8 所示。

表 1-8　Connectors 子类示意

子类	含义
Audio	音频接头
D-Type	D 型接头
DIL	双排插座
Header Blocks	插头
Miscellaneous	各种接头
PCB Transfer	PCB 传输接头
SIL	单排插座
Ribbon Cable	蛇皮电缆
Terminal Blocks	接线端子台

（5）Data Converters。数据转换器共有 4 个分类，如表 1-9 所示。

表 1-9 Data Converters 子类示意

子类	A/D Converters	D/A Converters	Sample & Hold	Temperature Sensors
含义	模数转换器	数模转换器	采样保持器	温度传感器

（6）Debugging Tools。调试工具数据共有 3 个分类，如表 1-10 所示。

表 1-10 Debugging Tools 子类示意

子类	Breakpoint Triggers	Logic Probes	Logic Stimuli
含义	断点触发器	逻辑输出探针	逻辑状态输入

（7）Diodes。二极管共有 8 个分类，如表 1-11 所示。

表 1-11 Diodes 子类示意

子类	含义
Bridge Rectifiers	整流桥
Generic	普通二极管
Rectifiers	整流二极管
Schottky	肖特基二极管
Switching	开关二极管
Tunnel	隧道二极管
Varicap	变容二极管
Zener	稳压二极管

（8）Inductors。电感共有 3 个分类，如表 1-12 所示。

表 1-12 Inductors 子类示意

子类	Generic	SMT Inductors	Transformers
含义	普通电感	表面安装技术电感	变压器

（9）Laplace Primitives。拉普拉斯模型共有 7 个分类，如表 1-13 所示。

表 1-13 Laplace Primitives 子类示意

子类	1st Order	2nd Order	Controllers	Non-Linear
含义	一阶模型	二阶模型	控制器	非线性模模型
子类	Operators	Poles/Zeros	Symbols	
含义	算子	极点/零点	符号	

（10）Memory ICs。存储器芯片共有 7 个分类，如表 1-14 所示。

表 1-14　Memory ICs 子类示意

子类	含义
Dynamic RAM	动态数据存储器
EEPROM	电可擦除程序存储器
EPROM	可擦除程序存储器
I2C Memories	I^2C 总线存储器
Memory Cards	存储卡
SPI Memories	SPI 总线存储器
Static RAM	静态数据存储器

（11）Microprocessor ICs。微处理器芯片共有 13 个分类，如表 1-15 所示。

表 1-15　Microprocessor ICs 子类示意

子类	含义	子类	含义
68000 Family	68000 系列	PIC 10 Family	PIC 10 系列
8051 Family	8051 系列	PIC 12 Family	PIC 12 系列
ARM Family	ARM 系列	PIC 16 Family	PIC 16 系列
AVR Family	AVR 系列	PIC 18 Family	PIC 18 系列
BASIC Stamp Modules	Parallax 公司微处理器	PIC 24 Family	PIC 24 系列
HC11 Family	HC11 系列	Z80 Family	Z80 系列
Peripherals	CPU 外设		

（12）Modelling Primitives。建模源共有 9 个分类，如表 1-16 所示。

表 1-16　Modelling Primitives 子类示意

子类	含义
Analog(SPICE)	模拟（仿真分析）
Digital(Buffers & Gates)	数字（缓冲器和门电路）
Digital(Combinational)	数字（组合电路）
Digital(Miscellaneous)	数字（混杂）
Digital(Sequential)	数字（时序电路）
Mixed Mode	混合模式
PLD Elements	可编程逻辑器件单元
Realtime(Actuators)	实时激励源
Realtime(Indictors)	实时指示器

（13）Operational Amplifiers。运算放大器共有 7 个分类，如表 1-17 所示。

表 1-17　Operational Amplifiers 子类示意

子类	含义
Dual	双运放
Ideal	理想运放
Macromodel	大量使用的运放
Octal	八运放
Quad	四运放
Single	单运放
Triple	三运放

（14）Optoelectronics。光电器件共有 11 个分类，如表 1-18 所示。

表 1-18　Optoelectronics 子类示意

子类	含义	子类	含义
7-Segment Displays	7 段显示	LCD Controllers	液晶控制器
Alphanumeric LCDs	液晶数码显示	LCD Panels Displays	液晶面板显示
Bargraph Displays	条形显示	LEDs	发光二极管
Dot Matrix Displays	点阵显示	Optocouplers	光电耦合
Graphical LCDs	液晶图形显示	Serial LCDs	串行液晶显示
Lamps	灯		

（15）Resistors。电阻共有 11 个分类，如表 1-19 所示。

表 1-19　Resistors 子类示意

子类	含义	子类	含义
0.6W Metal Film	0.6 瓦金属膜电阻	High Voltage	高压电阻
10 Watt Wirewound	10 瓦绕线电阻	NTC	负温度系数热敏电阻
2 W Metal Film	2 瓦金属膜电阻	Resistor Packs	排阻
3 Watt Wirewound	3 瓦绕线电阻	Variable	滑动变阻器
7 Watt Wirewound	7 瓦绕线电阻	Varisitors	可变电阻
Generic	普通电阻		

（16）Simulator Primitives。仿真源共有 3 个分类，如表 1-20 所示。

表 1-20　Simulator Primitives 子类示意

子类	Flip-Flops	Gates	Sources
含义	触发器	门电路	电源

（17）Switches and Relays。开关和继电器共有 4 个分类，如表 1-21 所示。

表 1-21　Switches and Relays 子类示意

子类	Keypads	Relays(Generic)	Relays(Specific)	Switches
含义	键盘	普通继电器	专用继电器	开关

（18）Switching Devices。开关器件共有 4 个分类，如表 1-22 所示。

表 1-22　Switching Devices 子类示意

子类	DIACs	Generic	SCRs	TRIACs
含义	两端交流开关	普通开关元件	可控硅	三端双向可控硅

（19）Thermionic Valves。热离子真空管共有 4 个分类，如表 1-23 所示。

表 1-23　Thermionic Valves 子类示意

子类	Diodes	Pentodes	Tetrodes	Triodes
含义	二极管	五极真空管	四极管	三极管

（20）Transducers。传感器共有 2 个分类，如表 1-24 所示。

表 1-24　Transducers 子类示意

子类	Pressure	Temperature
含义	压力传感器	温度传感器

（21）Transistors。晶体管共有 8 个分类，如表 1-25 所示。

表 1-25　Transistors 子类示意

子类	含义
Bipolar	双极型晶体管
Generic	普通晶体管
IGBT	绝缘栅双极晶体管
JFET	结型场效应管
MOSFET	金属氧化物场效应管
RF Power LDMOS	射频功率 LDMOS 管
RF Power VDMOS	射频功率 VDMOS 管
Unijunction	单结晶体管

74 系列的数字集成芯片的子类示意可以参考 CMOS 4000 系列。

1.3 激励源

激励源为电路提供仿真所必需的输入信号，Proteus ISIS 为用户提供了如表 1-26 所示类型的激励源，允许对其参数进行设置。

表 1-26 激励源

名称	符号	意义
DC	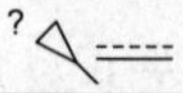	直流信号发生器
SINE		正弦波信号发生器
PULSE		脉冲发生器
EXP		指数脉冲发生器
SFFM		单频率调频波发生器
PWLIN		分段线性激励源
FILE	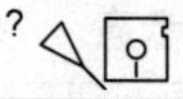	FILE 信号发生器
AUDIO		音频信号发生器
DSTATE	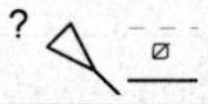	数字单稳态逻辑电平发生器
DEDGE	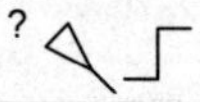	数字单边沿信号发生器
DPULSE		单周期数字脉冲发生器
DCLOCK		数字时钟信号发生器
DPATTERN		数字模式信号发生器

1.3.1 直流信号发生器

直流信号发生器用来产生模拟直流电压或电流。

1. 放置直流信号发生器

（1）在 Proteus ISIS 环境中单击工具箱中的 Generator Mode 按钮图标，出现如图 1-27 所示的所有激励源的名称列表。

（2）单击 DC，则在预览窗口出现直流信号发生器的符号，如图 1-27 所示。

（3）在编辑窗口双击，则直流信号发生器被放置到原理图编辑界面中。可使用镜像、翻转工具调整直流信号发生器在原理图中的位置。

2. 直流信号发生器属性设置

（1）在原理图编辑区中，双击直流信号发生器符号，出现如图 1-28 所示的属性设置对话框。

（2）默认为直流电压源，可以在右侧设置电压源的大小。

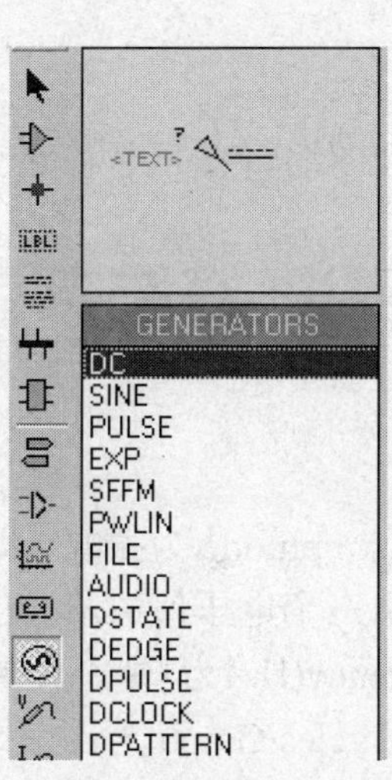

图 1-27　激励源列表

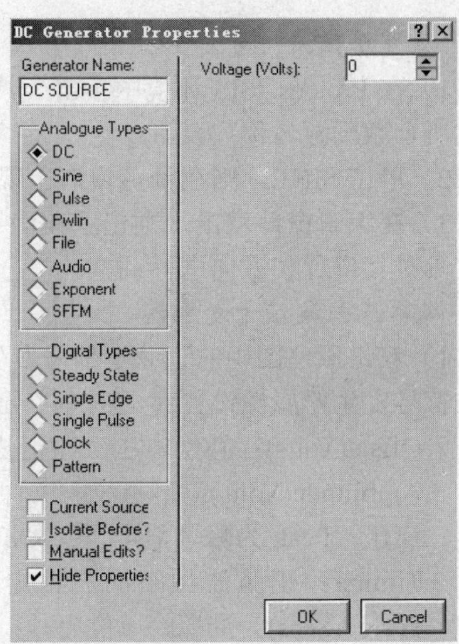

图 1-28　直流信号发生器属性对话框

（3）如果需要直流电流源，则在图 1-28 中选中左侧下面的 Current Source，右侧自动出现电流值的标记，根据需要填写即可，如图 1-29 所示。

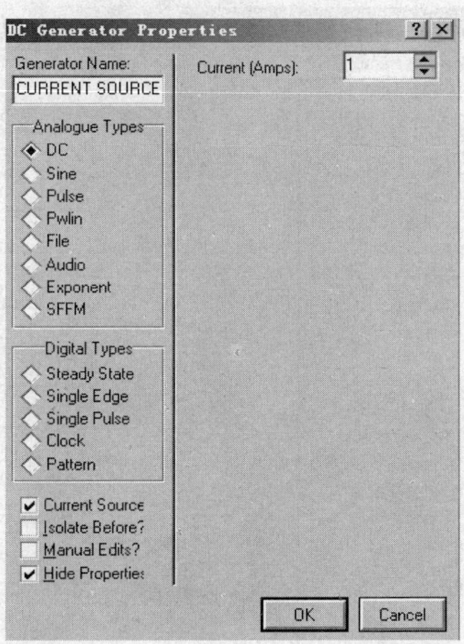

图 1-29　直流信号发生器的属性设置

（4）单击 OK 按钮完成属性设置。

1.3.2　正弦波信号发生器

正弦波信号发生器用来产生固定频率的连续正弦波。

1. 放置正弦波信号发生器

（1）在 Proteus ISIS 环境中单击工具箱中的 Generator Mode 按钮图标，出现如图 1-27 所示的所有激励源名称列表。

（2）单击 SINE，则在预览窗口出现正弦波信号发生器的符号。

（3）在编辑窗口双击，则正弦波信号发生器被放置到原理图编辑界面中，可使用镜像、翻转工具对其位置和方向进行调整。

2. 编辑正弦波信号发生器

（1）双击原理图中的正弦波信号发生器符号，出现其属性设置对话框，如图 1-30 所示。正弦波信号发生器属性设置对话框中主要选项含义如下：

- Offset(Volts)：补偿电压，即正弦波的振荡中心电平。
- Amplitude(Volts)：正弦波的三种幅值标记方法，其中 Amplitude 为振幅，即半波峰值电压；Peak 为峰峰值电压；RMS 为有效值电压。以上三个电压值选填一项即可。
- Timing：正弦波频率的三种定义方法，其中 Frequency(Hz)为频率，单位赫兹；Period(Secs)为周期，单位为秒；这两项填一项即可。Cycles/Graph 为占空比，要单独设置。
- Delay：延时，指正弦波的相位，有两个选项，选填一个即可。其中 Time Delay(Secs)是时间轴的延时，单位为秒；Phase(Degress)为相位，单位为度。

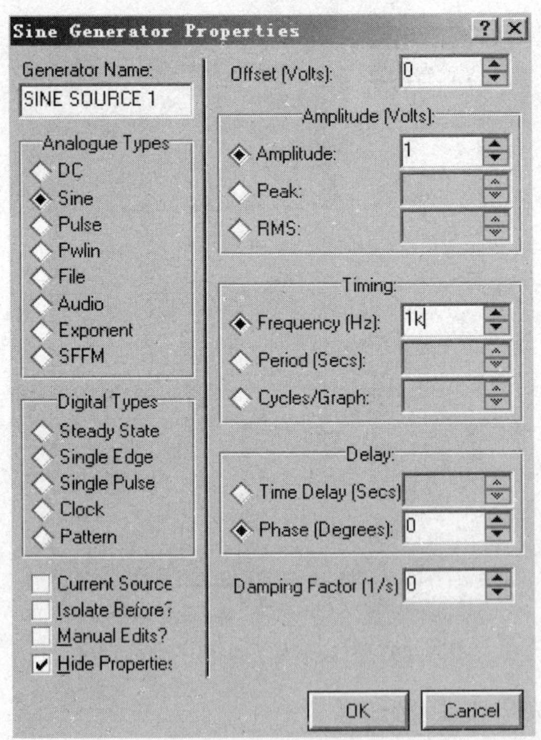

图 1-30 正弦波信号发生器的属性设置

（2）在 Generator Name 中输入正弦波信号发生器的名称，比如 SINE SOURCE 1，在相应的项目中设置相应的值。本例中使用两个正弦波发生器，各参数设置如表 1-27 所示。

表 1-27 两个正弦波信号发生器参数示例

信号源名称	幅值	频率/kHz	相位/°
SINE SOURCE 1	1	1	0
SINE SOURCE 2	2	1	90

（3）单击 OK 按钮，完成设置。

（4）用示波器观察两个信号，连线如图 1-31 所示。

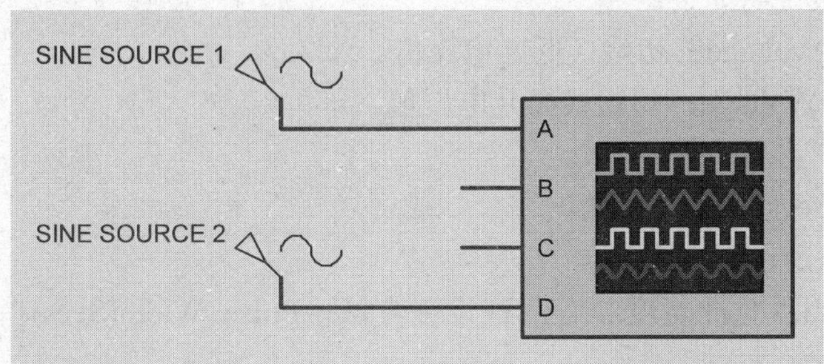

图 1-31 正弦波信号发生器与示波器的连接

（5）示波器显示的图形如图 1-32 所示。

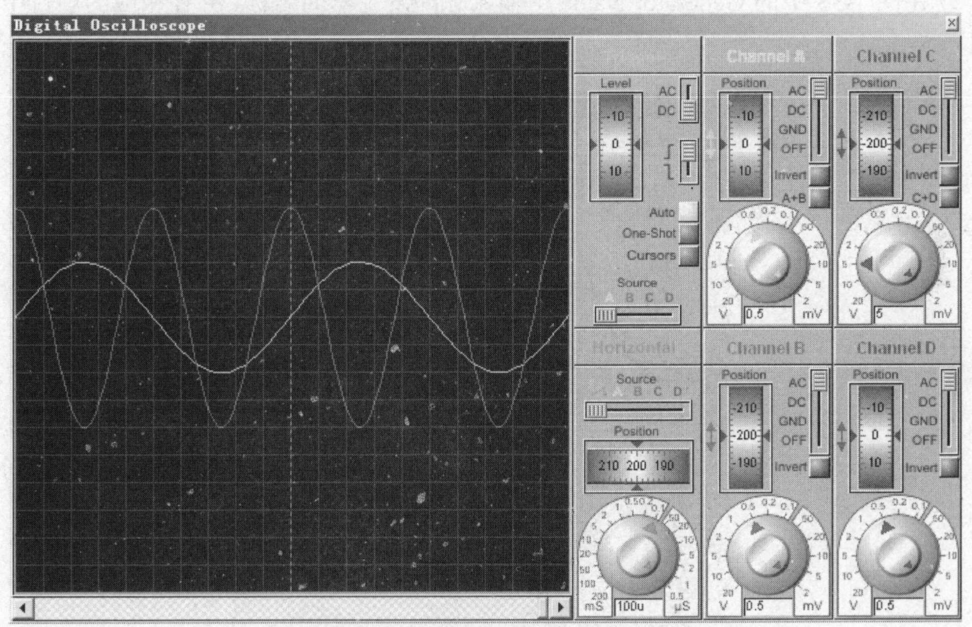

图 1-32 示波器显示的正弦波信号波形

1.3.3 脉冲发生器

脉冲发生器能产生各种周期的输入信号，如方波、锯齿波、三角波及单周期短脉冲。

1. 放置脉冲发生器

（1）在 Proteus ISIS 环境中单击工具箱中的 Generator Mode 按钮图标，出现如图 1-27

所示的所有激励源名称列表。

（2）单击 PULSE，则在预览窗口出现脉冲发生器的符号。

（3）在编辑窗口双击，则脉冲发生器被放置到原理图编辑界面中，可使用镜像、翻转工具对其位置和方向进行调整。

2. 编辑脉冲发生器

（1）双击原理图中的脉冲发生器符号，出现脉冲发生器的属性设置对话框，如图 1-33 所示。

其中，主要参数说明如下：

- Initial(Low)Voltage：初始（低）电压值。
- Initial(High)Voltage：初始（高）电压值。
- start(Secs)：起始时刻。
- Rise time (Secs)：上升时间。
- Fall time(Secs)：下降时间。
- Pulse Width：脉冲宽度。有两种设置方法：Pulse Width(Secs)指定脉冲宽度，Pulse Width(%)指定占空比。
- Frequency/Period：频率或周期。
- Current Source：脉冲发生器的电流值设置。

（2）在图 1-33 中的 Generator Name 中输入脉冲发生器的名称，并在相应的项目中输入合适的值。

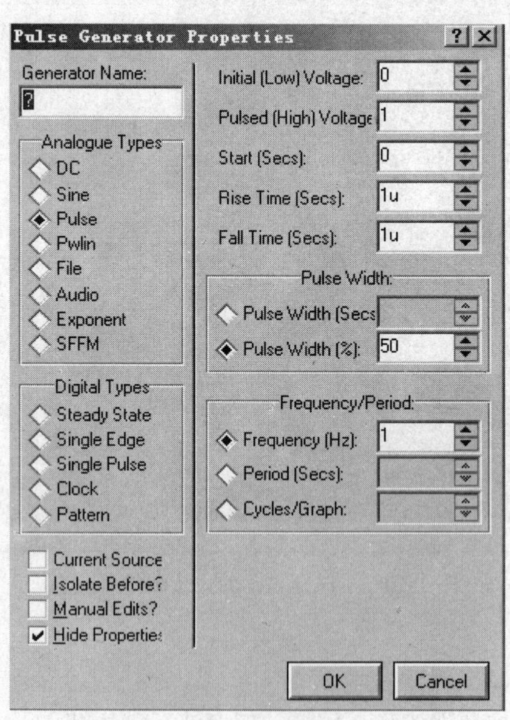

图 1-33 脉冲发生器属性对话框

（3）设置完成后，单击 OK 按钮。

（4）可用上述讲到的与正弦波类似的方法用示波器观看脉冲发生器的波形。

1.3.4　指数脉冲发生器

指数脉冲发生器产生指数函数的输入信号，其参数可以通过属性对话框来设置。

1. 放置指数脉冲发生器

（1）在 Proteus ISIS 环境中单击工具箱中的 Generator Mode 按钮图标，出现如图 1-27 所示的所有激励源名称列表。

（2）单击 EXP，则在预览窗口出现指数脉冲发生器的符号。

（3）在编辑窗口双击，则指数脉冲发生器被放置到原理图编辑界面中，可使用镜像、翻转工具对其位置和方向进行调整。

2. 编辑指数脉冲发生器

（1）双击原理图中的指脉冲发生器符号，出现指数脉冲发生器的属性设置对话框，如图 1-34 所示。

其中，主要参数说明如下：

- Initial(Low)Voltage：初始（低）电压值。
- Initial(High)Voltage：初始（高）电压值。
- Rise start time(Secs)：上升沿起始时刻。
- Rise time constatn(Secs)：上升沿持续时间。
- Fall start time(Secs)：下降沿起始时刻。
- Fall time constant(Secs)：下降沿持续时间。

（2）在图 1-34 中的 Generator Name 中输入指数脉冲发生器的名称，并在相应的项目中输入合适的值。

（3）设置完成后，单击 OK 按钮。

（4）用仿真图表观测输出波形。单击工具箱中的仿真图表 Simulation Graph 按钮，在对象选择器中将出现各种仿真分析所需的图表类型，如图 1-35 所示。

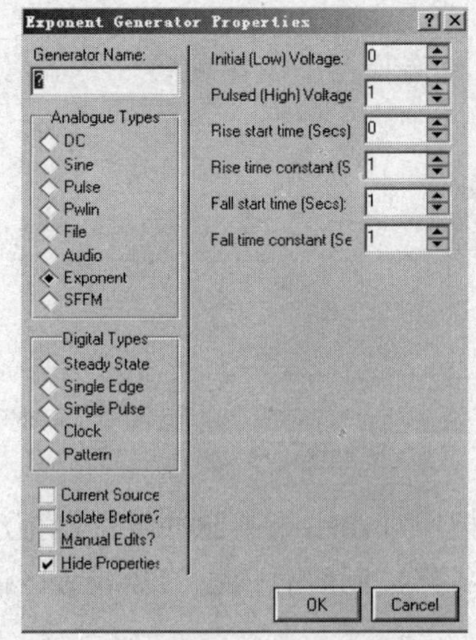

图 1-34　指数脉冲发生器属性对话框

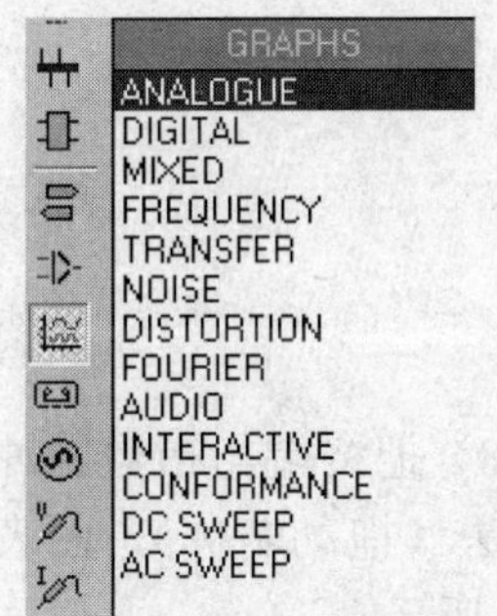

图 1-35　仿真图表的类型

（5）单击选择图 1-35 中的 ANALOGUE 项，即模拟波形，此时不出现对话框。在原理图编辑区点击鼠标左键拖动出一个矩形框，则出现仿真图表的基本框架，如图 1-36 所示。

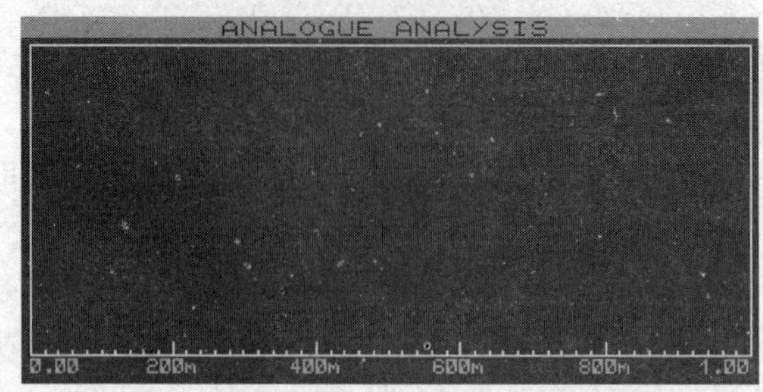

图 1-36　拖出的仿真图表框架

（6）在图 1-36 中双击，出现如图 1-37 所示的图表设置对话框，把其中的 Stop time 改为 6（秒）。

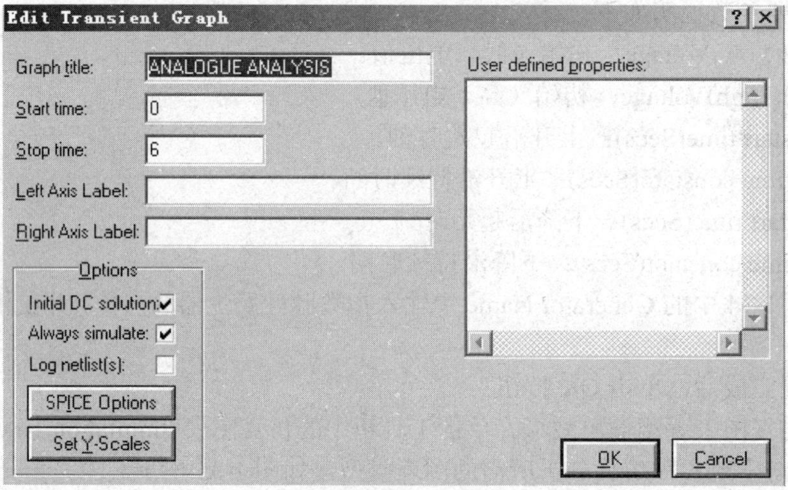

Edit Transient Graph

Graph title: ANALOGUE ANALYSIS

Start time: 0

Stop time: 6

Left Axis Label:

Right Axis Label:

User defined properties:

Options

Initial DC solution: ✔

Always simulate: ✔

Log netlist(s):

SPICE Options

Set Y-Scales

OK　Cancel

图 1-37　仿真图表设置对话框

（7）单击工具箱中的 Terminals Mode 按钮，在对象选择器中将出现各种终端，如图 1-38 所示。选择 DEFAULT 缺省项，然后放置到原理图编辑区中去。

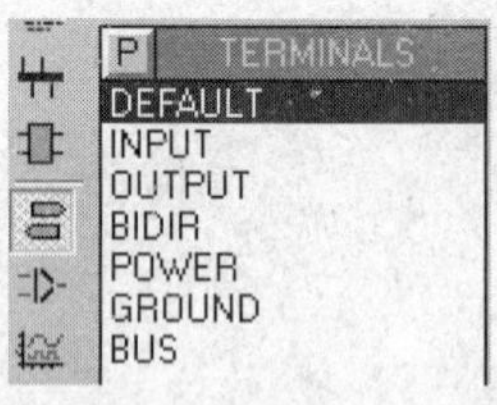

图 1-38　终端工具

（8）把终端与指数脉冲发生器连接在一起，然后把原理图中指数脉冲发生器拖动到仿真图表中去（拖动名称），图表中出现 EXP SOURCE 的名称，同时有白色的竖线分区出现，如图 1-39 所示。

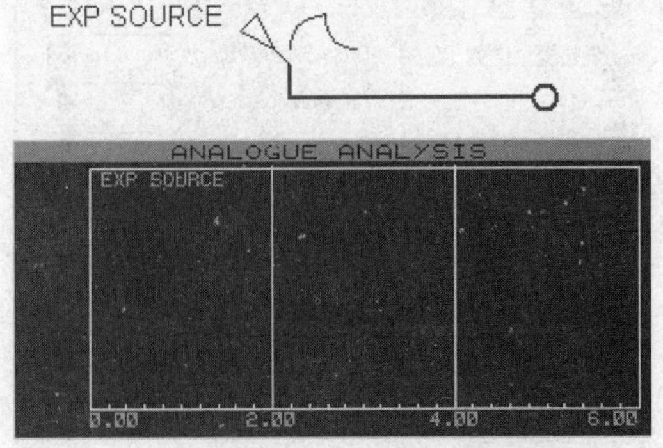

图 1-39　终端与指数脉冲发生器的连接

（9）按空格键进行图表仿真，在图表框中出现指数脉冲发生器的波形，如图 1-40 所示。改变指数脉冲的参数后，再按空格键，可以重新生成新的波形。

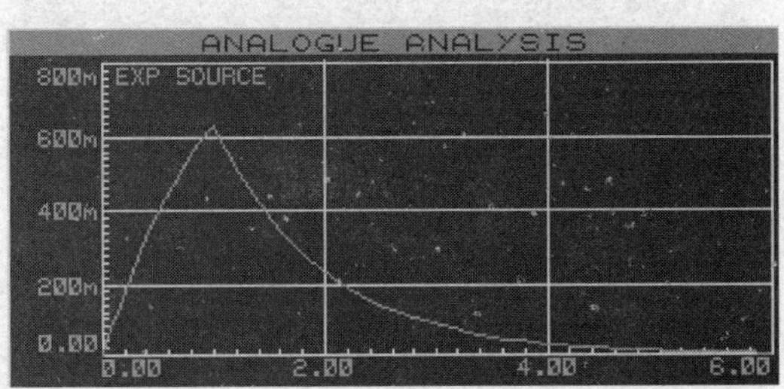

图 1-40　指数脉冲发生器的图表仿真波形

1.3.5　单频率调频波发生器

1. 放置单频率调频波发生器

（1）在 Proteus ISIS 环境中单击工具箱中的 Generator Mode 按钮图标，出现如图 1-27 所示的所有激励源名称列表。

（2）单击 SFFM，则在预览窗口出现单频率调频波发生器的符号。

（3）在编辑窗口双击，则单频率调频波发生器被放置到原理图编辑界面中，可使用镜像、翻转工具对其位置和方向进行调整。

2. 编辑单频率调频波发生器

（1）双击原理图中的单频率调频波发生器符号，出现单频率调频波发生器的属性设置对话框，如图 1-41 所示。

其中，主要参数说明如下：

- Offset：电压偏置值。
- Amplitude：电压幅值。
- Carrier Freq：载波频率 f_C。
- Modulation Indes：调制指数 M_{DI}。
- Signal Freq：信号频率 f_S。

经调制后，输出信号为 $V = V_O + V_A \sin[2\pi f_C t + M_{DI} \sin(2\pi f_S t)]$。

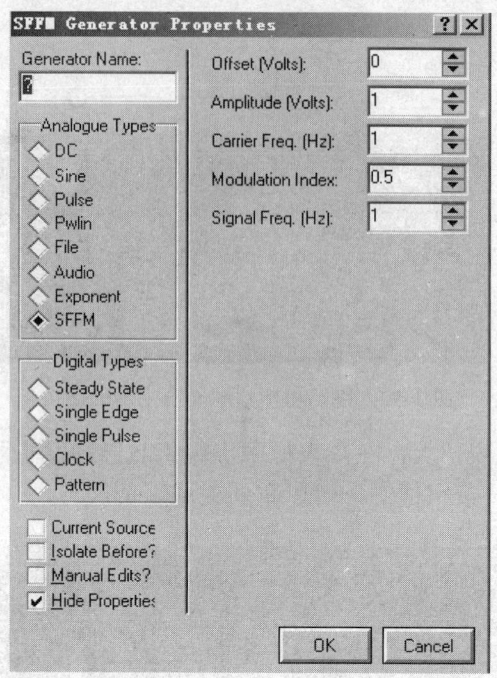

图 1-41　单频率调频波发生器属性设置对话框

（2）在图 1-41 中的 Generator Name 中输入脉冲发生器的名称，并在相应的项目中输入合适的值。

（3）设置完成后，单击 OK 按钮。

（4）用仿真图表观测输出波形。仿 1.3.4 节中的方法，得到如图 1-42 所示的波形。

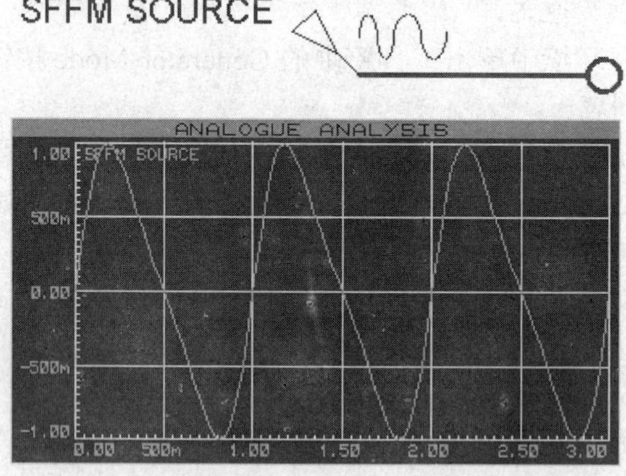

图 1-42　单频率调频波发生器图表仿真波形

1.3.6　分段线性激励源

1. 放置分段线性激励源

（1）在 Proteus ISIS 环境中单击工具箱中的 Generator Mode 按钮图标，出现如图 1-27 所示的所有激励源名称列表。

（2）单击 PWLIN，则在预览窗口出现分段线性激励源的符号。

（3）在编辑窗口双击，则分段线性激励源被放置到原理图编辑界面中，可使用镜像、翻转工具对其位置和方向进行调整。

2. 编辑分段线性激励源

（1）双击原理图中的分段线性激励源符号，出现分段线性激励源的属性设置对话框，如图 1-43 所示。

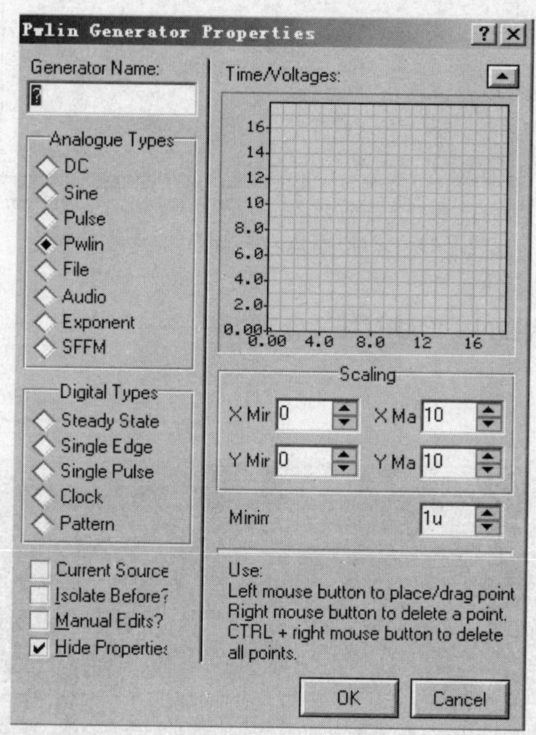

图 1-43 分段线性激励源属性设置对话框

其中，主要参数说明如下：

- Time/Voltages：用于显示波形，X 轴为时间轴，Y 轴为电压轴。单击右上的三角按钮，可弹出放大了的曲线编辑界面。
- Scaling 项：
  - X Mir：横坐标（时间）最小值显示。
  - X Ma：横坐标（时间）最大值显示。
  - Y Mir：纵坐标（时间）最小值显示。
  - Y Ma：纵坐标（时间）最大值显示。
  - Minimum：最小上升/下降时间。

（2）在打开的分段线性激励源的图形编辑区中，用鼠标左键在任意点单击，则完成从原点到该点的一段直线，再把鼠标向右移动，在任意位置点击，又出现一连接的直线段，可编辑自己满意的分段激励源曲线，如图 1-44 所示。

（3）用仿真图表可以观察到和编辑的图形一样的曲线，如图 1-45 所示。

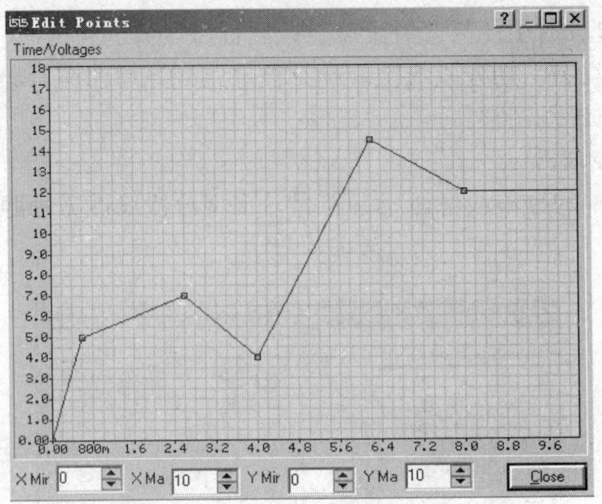

图 1-44 分段线性激励源的任意图形编辑

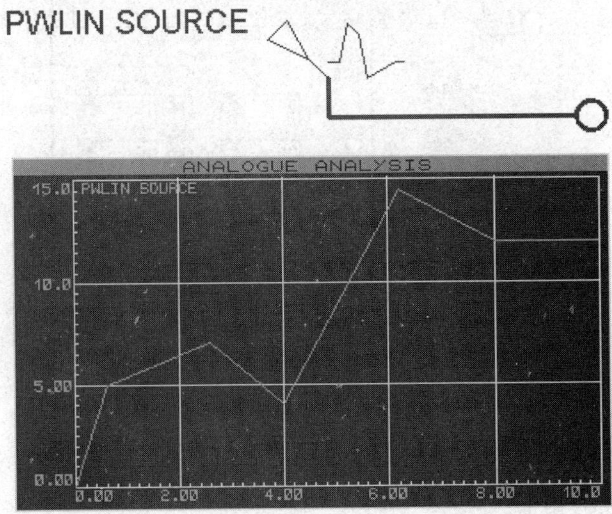

图 1-45 分段线性激励源的图表仿真波形

1.3.7 FILE 信号发生器

1. 放置 FILE 信号发生器

（1）在 Proteus ISIS 环境中单击工具箱中的 Generator Mode 按钮图标，出现如图 1-27 所示的所有激励源名称列表。

（2）单击 FILE，则在预览窗口出现 FILE 信号发生器的符号。

（3）在编辑窗口双击，则 FILE 信号发生器被放置到原理图编辑界面中，可使用镜像、翻转工具对其位置和方向进行调整。

2. 编辑 FILE 信号发生器

（1）双击原理图中的 FILE 信号发生器符号，出现 FILE 信号发生器的属性设置对话框，如图 1-46 所示。

在 Data File 项键入数据文件的路径及文件名，或单击 Browse 铵钮进行路径及文件名选择，即可使用电路中编制好的数据文件。

FILE 信号发生器与 PWLIN 信号源相同，只是数据由 ASCII 文件产生。

（2）在 Generator Name 文本框中输入发生器的名称，如 FILE SOURCE。

（3）编辑完成后，单击 OK 按钮，完成信号源的设置。

（4）用模拟图表可观测输出曲线。

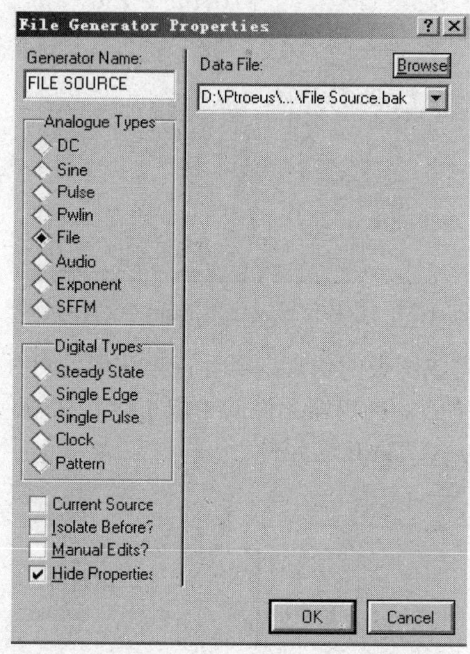

图 1-46　FILE 信号发生器的属性设置对话框

1.3.8　音频信号发生器

1. 放置音频信号发生器

（1）在 Proteus ISIS 环境中单击工具箱中的 Generator Mode 按钮图标，出现如图 1-27 所示的所有激励源名称列表。

（2）单击 AUDIO，则在预览窗口出现音频信号发生器的符号。

（3）在编辑窗口双击，则音频信号发生器被放置到原理图编辑界面中，可使作镜像、翻转工具对其位置和方向进行调整。

2. 编辑音频信号发生器

（1）双击原理图中的音频信号发生器符号，出现音频信号发生器的属性设置对话框，如图 1-47 所示。

（2）在 Generator Name 项中输入自定义的音频信号发生器的名称，如 AUDIO SOURCE，在 WAV Audio File 选项中，通过 Browse 浏览按钮找到一个*.wav 音频文件，如 D:\speech_dft.wav，加载进去。

（3）单击 OK 按钮完成设置。

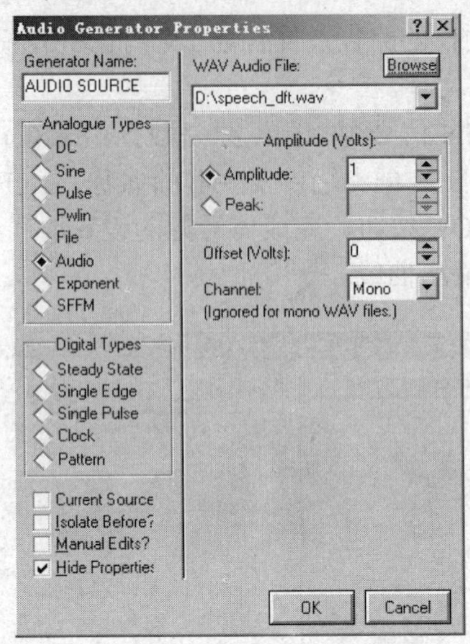

图 1-47　音频信号发生器的属性设置对话框

（4）用图 1-48 接线来完成图表的仿真，观看音频波形，同时在音频信号发生器接一扬声器，可以听到此文件播放的声音。扬声器元件的拾取可以直接输入 SPEAKER，在出现的元件列表中选取后面的 Library 为 ACTIVE 的元件。

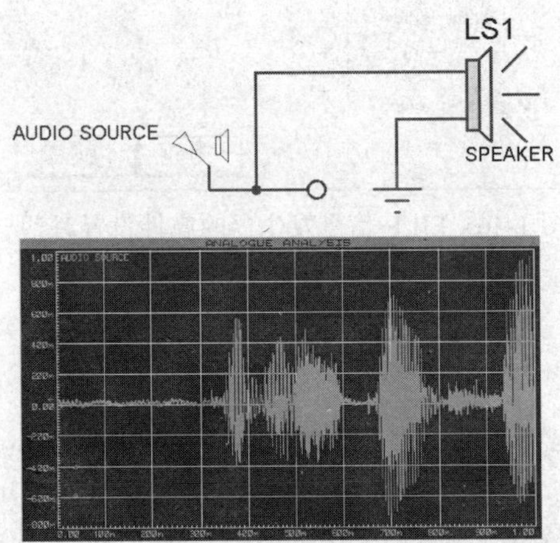

图 1-48　音频信号发生器的图表分析和与扬声器的连接

1.3.9　数字单稳态逻辑电平发生器

1. 放置数字单稳态逻辑电平发生器

（1）在 Proteus ISIS 环境中单击工具箱中的 Generator Mode 按钮图标，出现如图 1-27 所示的所有激励源名称列表。

（2）单击 DSTATE，则在预览窗口出现数字单稳态逻辑电平发生器的符号。

（3）在编辑窗口双击，则数字单稳态逻辑电平发生器被放置到原理图编辑界面中，可使用镜像、翻转工具对其位置和方向进行调整。

2. 编辑数字单稳态逻辑电平发生器

（1）双击原理图中的数字单稳态逻辑电平发生器符号，出现数字单稳态逻辑电平发生器的属性设置对话框，如图 1-49 所示。

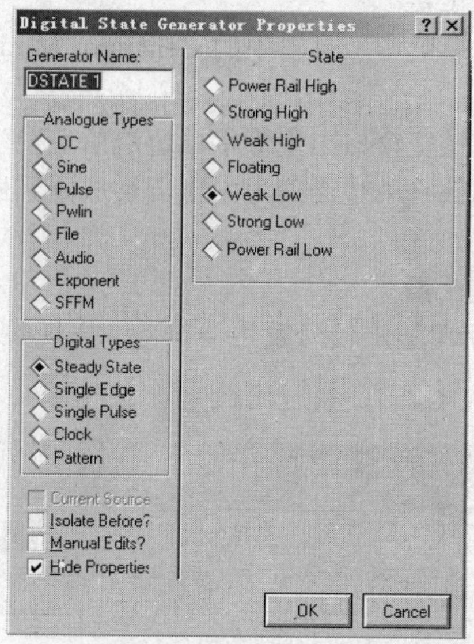

图 1-49　数字单稳态逻辑电平发生器属性设置对话框

（2）在 Generator Name 项中输入自定义的数字单稳态逻辑电平发生器的名称，如 DSTATE 1，在 State 选项中，逻辑状态为 Weak Low 弱低电平。

（3）单击 OK 按钮完成设置。

（4）照图 1-50 接线来完成图表的仿真。其中，DSTATE 2 设为 Weak High 弱高电平状态，会发现图 1-50 中的信号源符号中，一个显示“0”，一个显示“1”。图表仿真的结果，DSTATE 1 信号源为绝色的低电平，与最下边的水平轴重叠；DSTATE 2 信号源为红色的高电平，由最上顶水平线重叠。

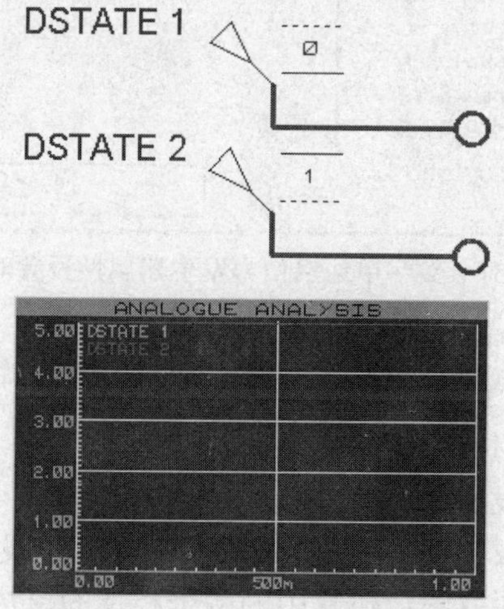

图 1-50　数字单稳态逻辑电平发生器图表分析

1.3.10 数字单边沿信号发生器

数字单边沿信号为从高电平变为低电平的信号，或从低电平变为高电平的信号。

1. 放置数字单边沿信号发生器

（1）在 Proteus ISIS 环境中单击工具箱中的 Generator Mode 按钮图标，出现如图 1-27 所示的所有激励源名称列表。

（2）单击 DEDGE，则在预览窗口出现数字单边沿信号发生器的符号。

（3）在编辑窗口双击，则数字单边沿信号发生器被放置到原理图编辑界面中，可用镜像、翻转工具对其位置和方向进行调整。

2. 编辑数字单边沿信号发生器

（1）双击原理图中的数字单边沿信号发生器符号，出现数字单边沿信号发生器的属性设置对话框，如图 1-51 所示。

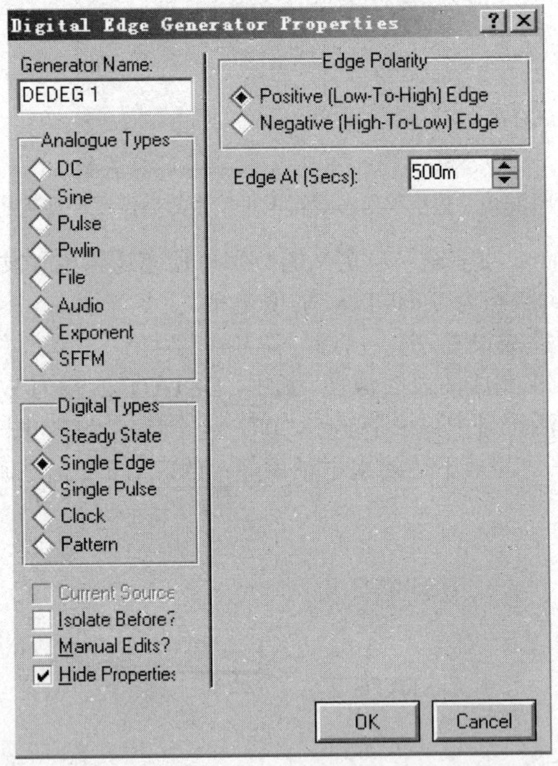

图 1-51 数字单边沿信号发生器属性设置对话框

（2）在 Generator Name 项中输入自定义的数字单边沿信号发生器的名称，如 DEDGE 1，在 Edge Polarity 选项中，选中 Positive (Low-To-High)Edge 正边沿项。对于 Edge At(Secs)项，输入“500m”，即选择边沿发生在 500ms 处。

（3）单击 OK 按钮完成设置。

（4）照图 1-52 接线来完成图表的仿真。其中，DEDGE 2 设为 Negative (High-To-Low)Edge 负边沿，其他同 DEDGE 1。观察图形仿真中的两个相反的单边沿信号。

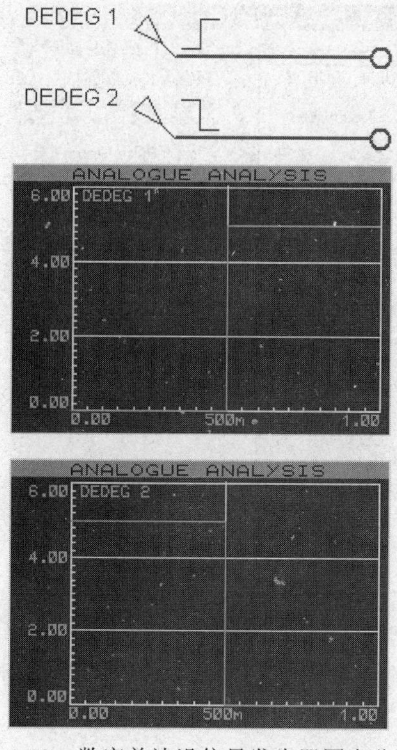

图 1-52 数字单边沿信号发生器图表分析

1.3.11 单周期数字脉冲发生器

1. 放置单周期数字脉冲发生器

（1）在 Proteus ISIS 环境中单击工具箱中的 Generator Mode 按钮图标，出现如图 1-27 所示的所有激励源名称列表。

（2）单击 DPULSE，则在预览窗口出现数字单周期数字脉冲发生器的符号。

（3）在编辑窗口双击，则单周期数字脉冲发生器被放置到原理图编辑界面中，可用镜像、翻转工具对其位置和方向进行调整。

2. 编辑单周期数字脉冲发生器

（1）双击原理图中的单周期数字脉冲发生器符号，出现单周期数字脉冲发生器的属性设置对话框，如图 1-53 所示。

主要有以下参数设置：

- Pulse Polarity（脉冲极性）：正脉冲 Positive Pulse 和负脉冲 Negative Pulse。
- Pulse Timing（脉冲定时）：Start Time(Secs)为起始时刻；Pulse Width(Secs)为脉宽；Stop Time(Secs)为停止时间。

（2）在 Generator Name 项中输入自定义的单周期数字脉冲发生器的名称，如 DPULSE SOURCE，并在相应的项目中设置合适的值。

（3）单击 OK 按钮完成设置。

（4）照图 1-54 接线来完成图表的仿真。

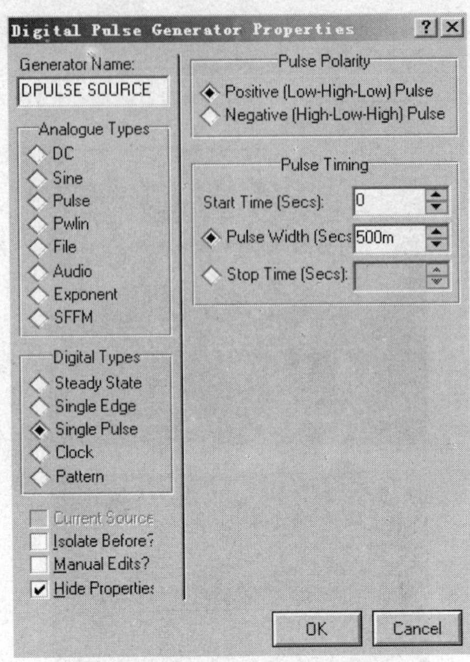

图 1-53　单周期数字脉冲发生器属性设置对话框

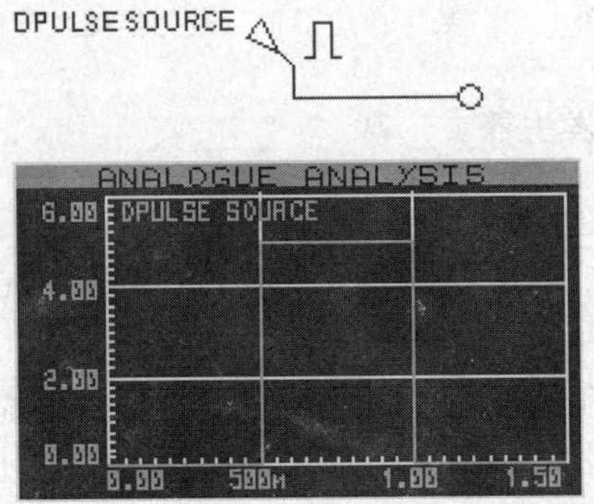

图 1-54　单周期正脉冲图表仿真

1.3.12　数字时钟信号发生器

1. 放置数字时钟信号发生器

（1）在 Proteus ISIS 环境中单击工具箱中的 Generator Mode 按钮图标，出现如图 1-27 所示的所有激励源名称列表。

（2）单击 DCLOCKE，则在预览窗口出现数字时钟信号发生器的符号。

（3）在编辑窗口双击，则数字时钟信号发生器被放置到原理图编辑界面中，可用镜像、翻转工具对其位置和方向进行调整。

2. 编辑数字时钟信号发生器

（1）双击原理图中的数字时钟信号发生器器符号，出现数字时钟信号发生器的属性设置对话框，如图 1-55 所示。

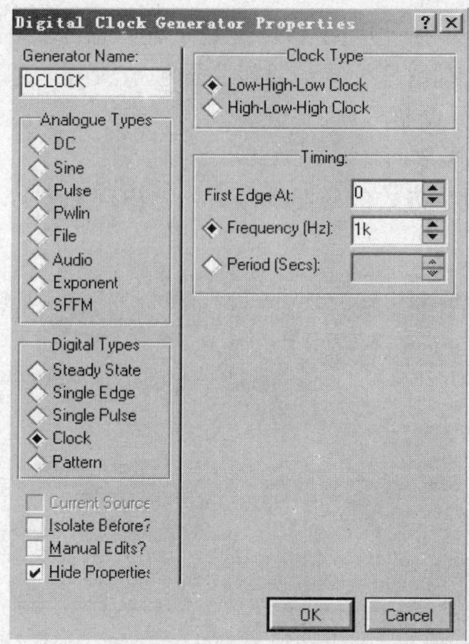

图 1-55　数字时钟信号发生器属性对话框

（2）在 Generator Name 项中输入自定义的数字时钟信号发生器的名称，如 DCLOCK，并在 Timing 项中把 Frequency 频率设为 1k（Hz）。

（3）单击 OK 按钮完成设置。

（4）照图 1-56 接线来完成图表的仿真。因为时钟的周期为 1ms，所以图表的时间轴设为 5m（s），即观察 5 个周期。

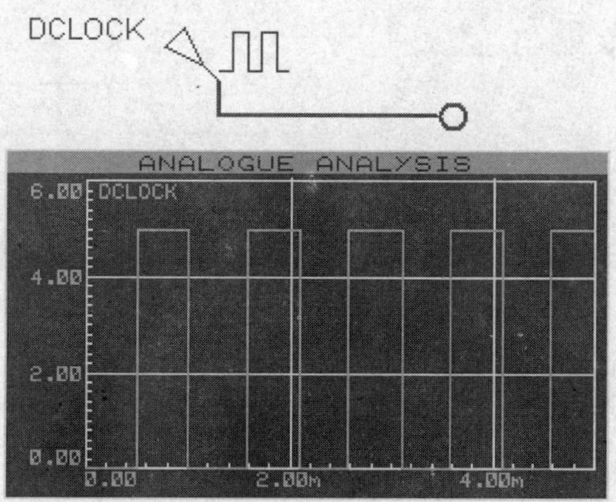

图 1-56　数字时钟信号发生器图表仿真结果

1.3.13　数字模式信号发生器

1. 放置数字模式信号发生器

（1）在 Proteus ISIS 环境中单击工具箱中的 Generator Mode 按钮图标，出现如图 1-27 所示的所有激励源名称列表。

（2）单击 DPATTERN，则在预览窗口出现数字模式信号发生器的符号。

（3）在编辑窗口双击，则数字模式信号发生器被放置到原理图编辑界面中，可用镜像、翻转工具对其位置和方向进行调整。

2. 编辑数字模式信号发生器

（1）双击原理图中的数字模式信号发生器符号，出现数字模式信号发生器的属性设置对话框，如图 1-57 所示。

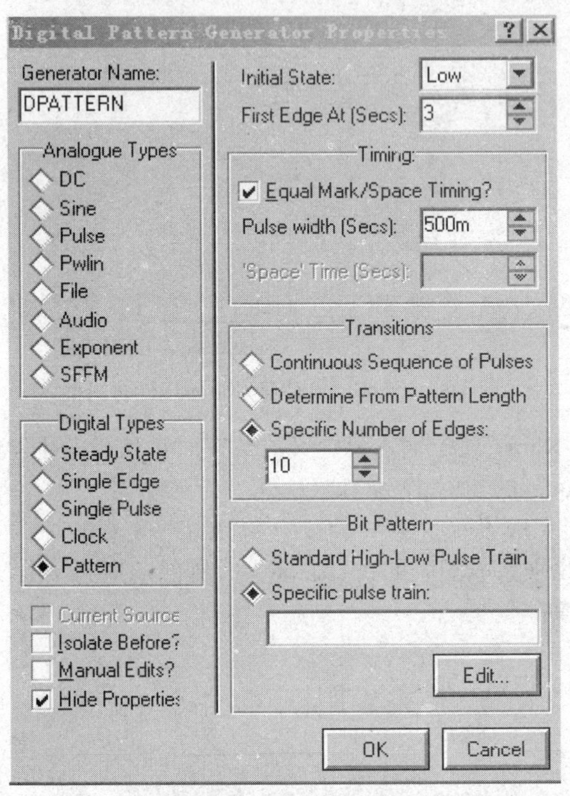

图 1-57　数字模式信号发生器属性对话框

（2）在 Generator Name 项中输入自定义的数字模式信号发生器的名称，如 DPATTERN，其他各项的设置见图 1-57。其中各项含义如下：

- Initial State：初始状态。
- First Edge At(Secs)：第一个边沿位于几秒处。
- Pulse width(Secs)：脉冲宽度。
- Specific Number of Edges：指定脉冲边沿数目。
- Specific pulse train：指定脉冲轨迹。

（3）在指定脉冲轨迹项的下边单击 Edit 按钮，出现如图 1-58 所示的数字模式发生器的轨迹编辑区。

（4）在图 1-58 中，通过点击鼠标可以确定轨迹，有高电平、低电平和浮动电平三种电平可以改变。单击 OK 按钮完成轨迹编辑，返回图 1-57 所示的属性对话框。

（5）单击 OK 按钮完成属性设置。

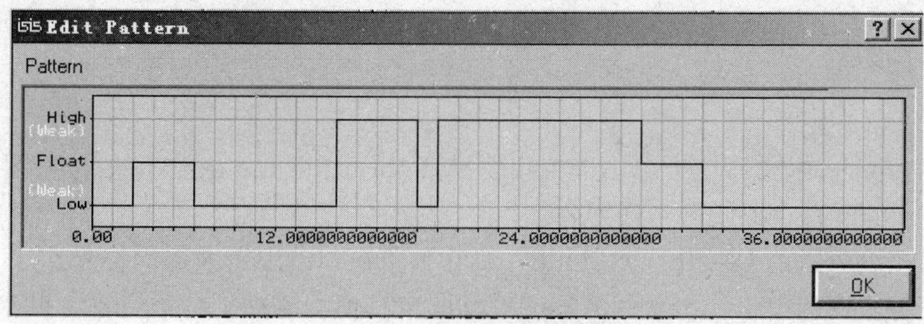

图 1-58　数字模式信号发生器轨迹编辑

1.4　虚拟仪器

Proteus ISIS 为用户提供了多种虚拟仪器，单击工具箱中的按钮，列出所有的虚拟仪器名称，如图 1-59 所示。其含义如表 1-28 所示。

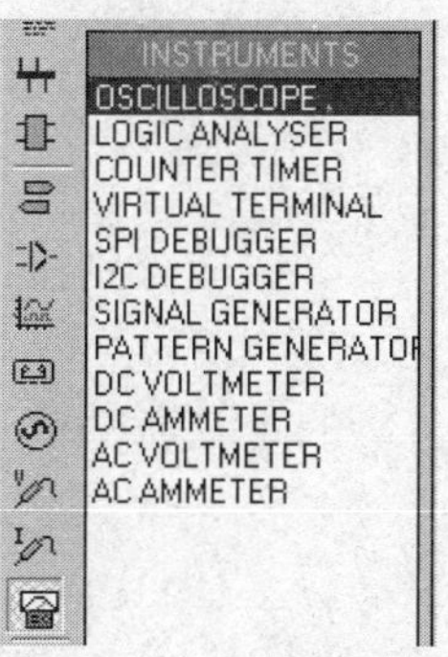

图 1-59　虚拟仪器列表

表 1-28　虚拟仪器及含义表

名称	含义
OSCILLOSCOPE	示波器
LOGIC ANALYSER	逻辑分析仪
COUNTER TIMER	计数/定时器
VIRTUAL TERMINAL	虚拟终端
SPI DEBUGGER	SPI 调试器
I2C DEBUGGER	I^2C 调试器
SIGNAL GENERATOR	信号发生器
PATTERN GENERATOR	模式发生器
DC VOLTMETER	直流电压表
DC AMMETER	直流电流表
AC VOLTMETER	交流电压表
AC AMMETER	交流电流表

1.4.1 示波器

1. 放置虚拟示波器

（1）在 Proteus ISIS 环境中单击虚拟仪器模式 Virtual Instrument Mode 按钮图标，出现如图 1-59 所示的所有虚拟仪器名称列表。

（2）单击列表区的 OSCILLOSCOPE，则在预览窗口出现示波器的符号。

（3）在编辑窗口单击，出现示波器的拖动图像，拖动鼠标到合适位置，再次单击，示波器被放置到原理图编辑区中去。虚拟示波器的原理符号如图 1-60 所示。

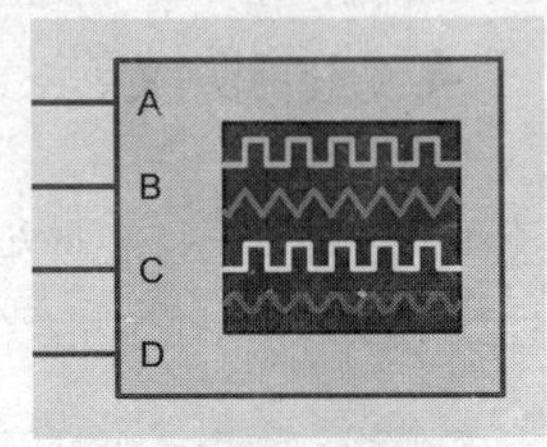

图 1-60 虚拟示波器

2. 虚拟示波器的使用

（1）示波器的四个接线端 A、B、C、D 应分别接四路输入信号，信号的另一端应接地。该虚拟示波器能同时观四路信号的波形。

（2）照图 1-61 接线。把 1kHz、1V 的正弦激励信号加到示波器的 A 通道。

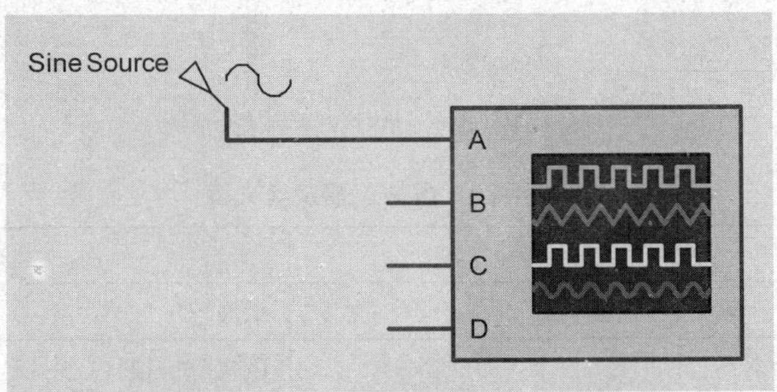

图 1-61 正弦信号与示波器的接法

（3）按仿真运行按钮 开始仿真，出现如图 1-62 所示的示波器运行界面。可以看到，左面的图形显示区有四条不同颜色的水平扫描线，其中 A 通道由于接了正弦信号，已经显示出正弦波形。

（4）示波器的操作区共分为六部分，分别为：

- Channel A：A 通道
- Channel B：B 通道
- Channel C：C 通道
- Channel D：D 通道
- Trigger：触发
- Horizontal：水平

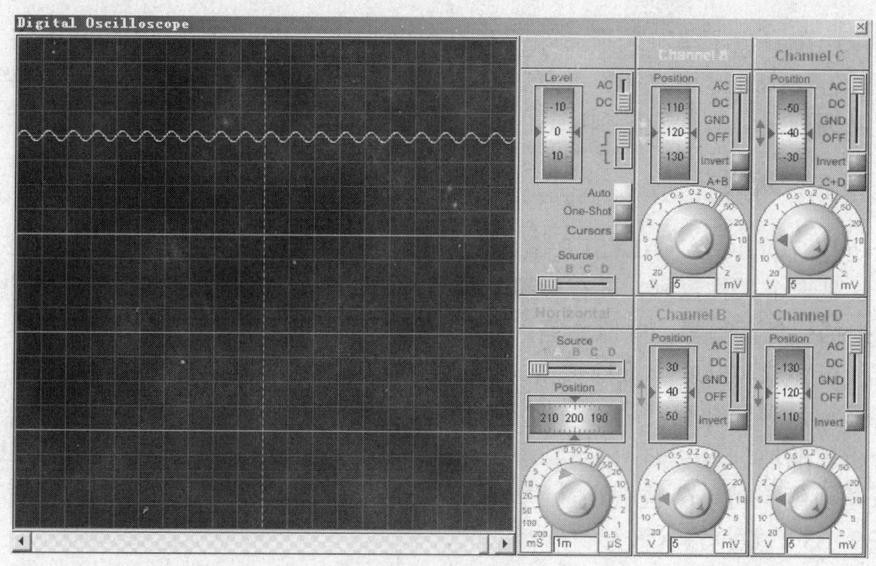

图 1-62　仿真运行后的示波器界面

① 四个通道区：每个区的操作功能都一样。主要有两个旋钮，Position 用来调整波形的垂直位移；下面的旋钮用来调整波形的 Y 轴增益，白色区域的刻度表示图形区每格对应的电压值。内旋钮是微调，外旋钮是粗调。在图形区读波形的电压时，会把内旋钮顺时针调到最右端。

② 触发区：其中 Level 用来调节水平坐标，水平坐标只在调节时才显示。Auto 按钮一般为红色选中状态。Cursors 光标按钮选中后，可以在图标区标注横坐标和纵坐标，从而读波形的电压和周期，如图 1-63 所示。

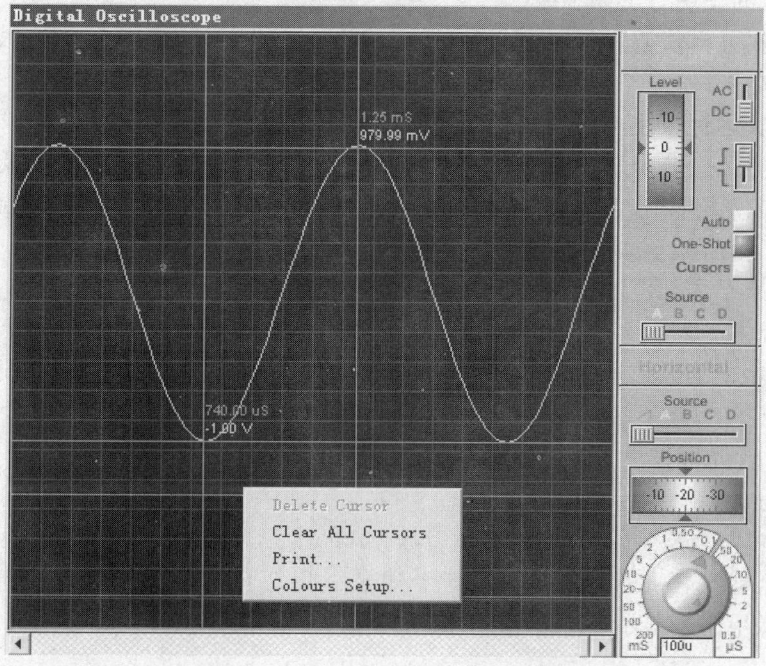

图 1-63　触发区 Cursors 按钮的使用

右击可以出现右键菜单，选择清除所有的标注坐标、打印及颜色设置。

③ 水平区：Position 用来调整波形的左右位移，下面的旋钮调整扫描频率。当读周期时，应把内环的微调旋钮顺时针旋转到底。

1.4.2 逻辑分析仪

逻辑分析仪 LOGIC ANALYSER 是通过将连续记录的输入信号存入到大的捕捉缓冲器进行工作的。这是一个采样过程，具有可调的分辨率，用于定义可以记录的最短脉冲。在触发期间，驱动数据捕捉处理暂停，并监测输入数据。触发前后的数据都可显示。因其具有非常大的捕捉缓冲器（可存放 10000 个采样数据），因此支持放大/缩小显示和全局显示。同时，用户还可移动测量标记，对脉冲宽度进行精确定时测量。

逻辑分析仪的原理符号如图 1-64 所示。其中 A0~A15 为 16 路数字信号输入，B0~B3 为总线输入，每条总线支持 16 位数据，主要用于接单片机的动态输出信号。运行后，可以显示 A0~A15、B0~B3 的数据输入波形。

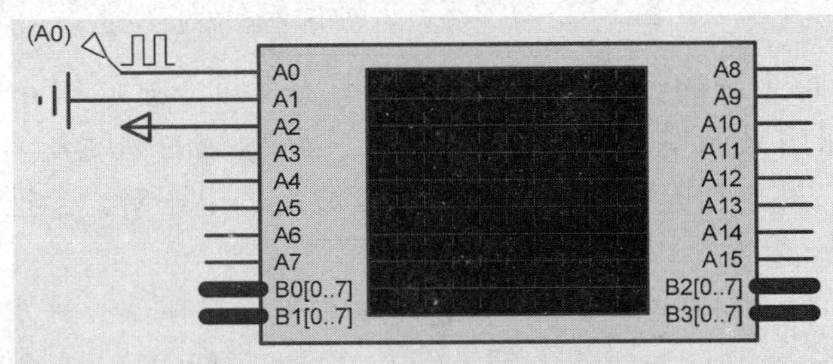

图 1-64 逻辑分析仪

逻辑分析仪的使用方法如下：

（1）把逻辑分析仪放置到原理图编辑区，在 A0 输入端上接 10Hz 的方波信号，A1 接低电平，A2 接高电平。

（2）按仿真运行按钮，出现其操作界面，如图 1-65 所示。

（3）先调整一个分辨率，类似于示波器的扫描频率，在图 1-65 中调捕捉分辨率 Capture Resolution，点击光标按钮 Cursors 使其不显示。按捕捉按钮 Capture，开始显示波形，该钮先变红，再变绿，稍后显示如图 1-65 所示的波形。

（4）调整水平显示范围旋钮 Display Scale，或在图形区滚动鼠标滚轮，可调节波形，使其左右移动。

（5）如果希望的波形没有出现，可以再次调整分辨率，然后按捕捉按钮，方能重新生成波形。

（6）Cursors 光标按下后，用鼠标在图形区单击，可标记横坐标的数置，即可以测出波形的周期、脉宽等。

图 1-65 中可以观察到，A0 通道显示方波，A1 通道显示低电平，A2 通道显示高电平，这两线紧挨着。其他没有接的输入 A3~A15 一律显示低电平，B0~B3 由于不是单线而是总线，所以有两条高低电平来显示，如有输入，波形应为我们平时分析存储器读写时序时见到的数据或地址的波形。

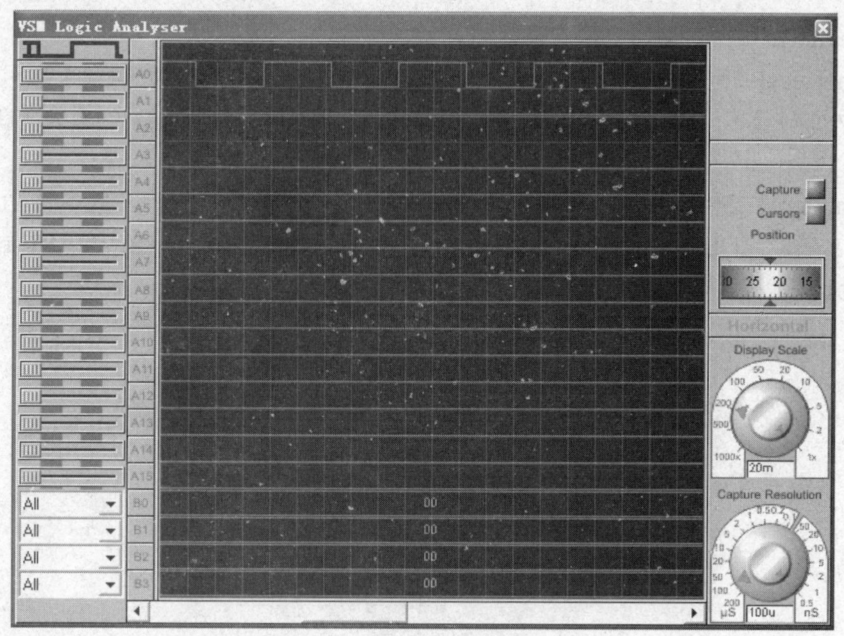

图 1-65　逻辑分析仪的仿真界面

1.4.3　计数/定时器

计数器/定时器 COUNTER TIMER 的原理符号及测试电路连线如图 1-66 所示。(CLK) 为外加的 1kHz 方波时钟输入。

该仪器有 3 个输入端：

- CLK：计数和测频状态时，数字波的输入端。
- CE：计数使能端（Counter Enable），可通过计数器/定时器的属性设置对话框设为高电平或低电平有效，当此信号无效时，计数暂停，保持目前的计数值不变，一旦 CE 有效，计数继续进行。
- RST：复位端（RESET），可设为上升沿（Low-High）或下降沿有效（High-Low），当有效沿到来时，计时或计数复位到 0，然后立即从 0 开始计时或计数。

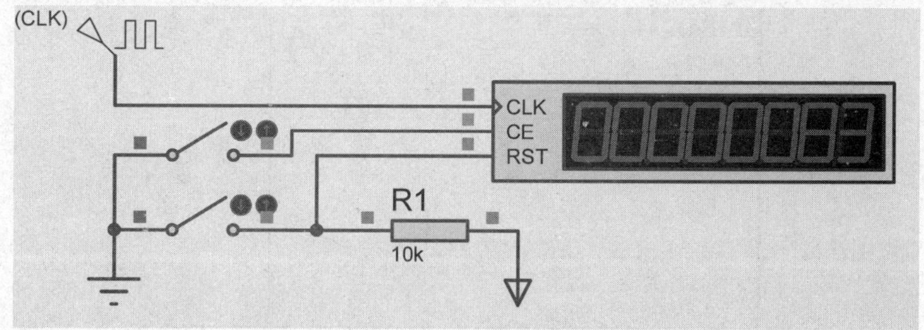

图 1-66　计数器/定时器电路

该仪器有 4 种工作方式，可通过属性设置对话框中的 Operating Mode 来选择，如图 1-67 所示。

- [Default]：缺省方式，系统设置为计数方式。
- Time[secs]：定时方式，相当于一个秒表，最多计 100 秒，精确到 1 微秒。CLK 端无需外加输入信号，内部自动计时。由 CE 和 RST 端来控制暂停或从重新从零开始计时。
- Time[hms]：定时方式，相当于一个具有小时、分、秒的时钟，最多计 10 小时，精确到 1 毫秒。CLK 端无需外加输入信号，内部自动计时。由 CE 和 RST 端来控制暂停或从重新从零开始计时。

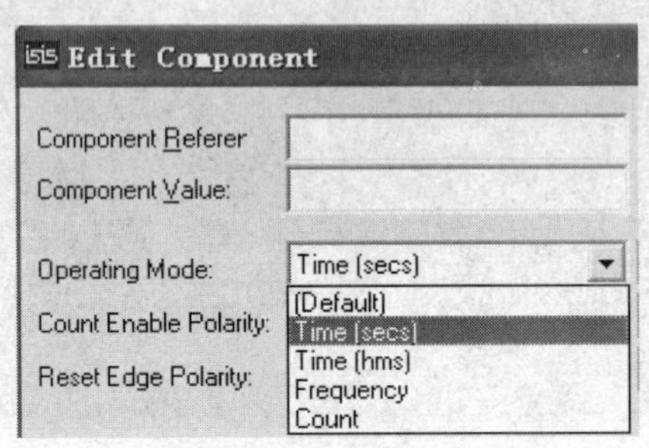

图 1-67　计数器/定时器的工作方式设置

- Frequency：测频方式，在 CE 有效和 RST 没有复位的情况下，能稳定显示 CLK 端外加的数字波的频率。
- Count：计数方式，能够计外加时钟信号 CLK 的周期数，如图 1-66 中的计数显示，最多计满 8 位，即 99,999,999。

下面来看一下计数器/定时器的两个应用示例。

（1）照图 1-69 接线（外部时钟输入不接），双击计数器/定时器元件打开其属性设置对话框，如图 1-68 所示。设操作模式为 Time[hms]即时钟方式；计时使能端设为 High 高电平有效，即开关合上为低电平时 计时暂停；复位端设为 Low-High 即上升沿有效。

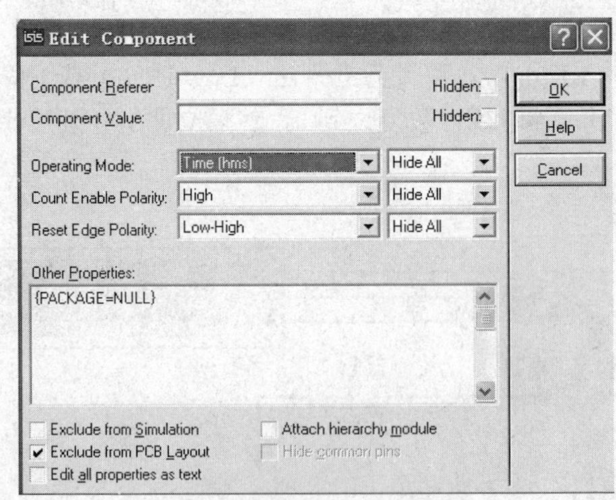

图 1-68　定时器的属性设置

运行仿真，可显示如图 1-69 所示的计时方式，合上图中与 CE 相接的开关，则计时停止，打开开关则继续计时；合上与 RST 相接的开关再打开，计时清零后从零重新计时。

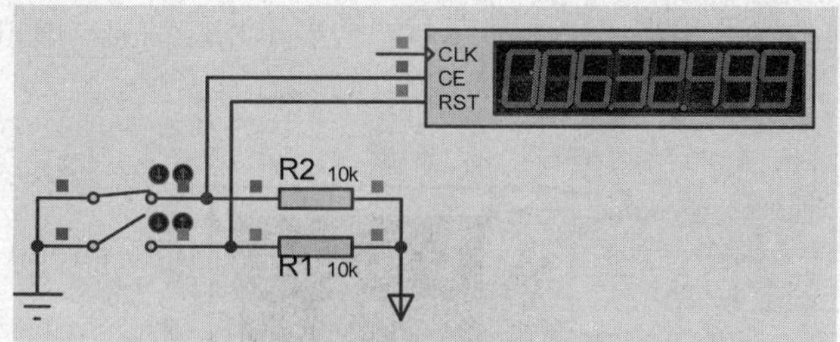

图 1-69　计时模式的电路仿真

（2）把计数器/定时器的属性照图 1-70 修改，设操作方式为 Frequency 测频，其他不变，照图 1-71 连接，设外接数字时钟的频为 1kHz，图中两个开关位于打开状态，运行仿真，出现如图 1-71 所示的测频结果。拨动两个开关可以看到使能和清零的效果。

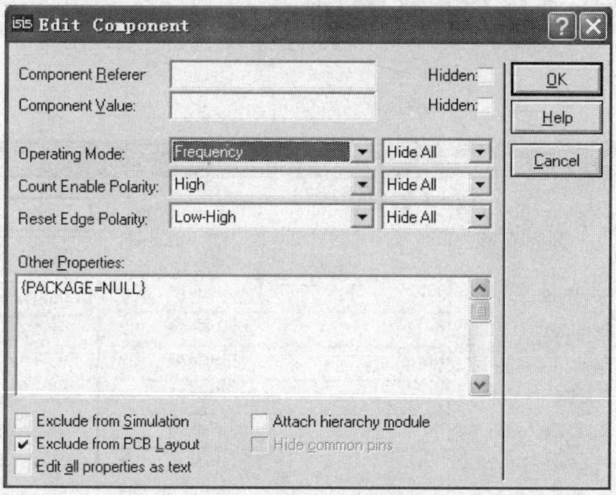

图 1-70　频率计的属性设置

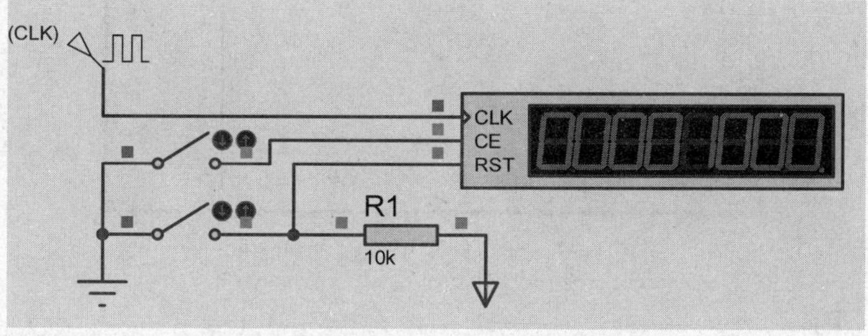

图 1-71　测频时的电路仿真

1.4.4　虚拟终端

Proteus VSM 提供的虚拟终端相当于键盘和屏幕的双重功能，免去了上位机系统的仿真模型，使用户在用到单片机与上位机之间的串行通讯时，直接由虚拟终端经 RS232 模型与单片机之间异步发送或接收数据。虚拟终端在运行仿真时会弹出一个仿真界面，当由 PC 机向单片机发送数据时，可以和实际的键盘关联，用户可以从键盘经虚拟终端键入数据；当接收到单片机发送来的数据后，虚拟终端相当于一个显示屏，会显示相应信息。虚拟终端的原理图符号如图 1-72 所示。

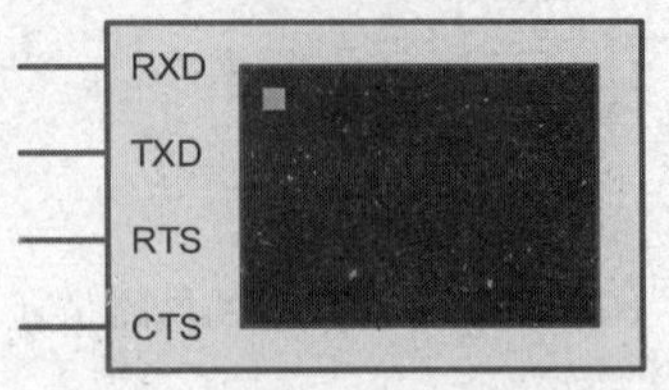

图 1-72　虚拟终端的原理图符号

虚拟终端共有 4 个接线端。其中 RXD 为数据接收端，TXD 为数据发送端，RTS 为请求发送信号，CTS 为清除传送，是对 RTS 的响应信号。

在使用虚拟终端时，首先要对其属性参数进行设置。双击元件，出现如图 1-73 所示的虚拟终端属性设置对话框。

Edit Component

Component Referer:　Hidden:
Component Value:　Hidden:
OK
Help
Cancel
Baud Rate: 9600　Hide All
Data Bits: 8　Hide All
Parity: NONE　Hide All
Stop Bits: 1　Hide All
Send XON/XOFF: No　Hide All
PCB Package: NULL　?　Hide All
Advanced Properties:
RX/TX Polarity　Normal　Hide All
Other Properties:
Exclude from Simulation
Exclude from PCB Layout
Edit all properties as text
Attach hierarchy module
Hide common pins

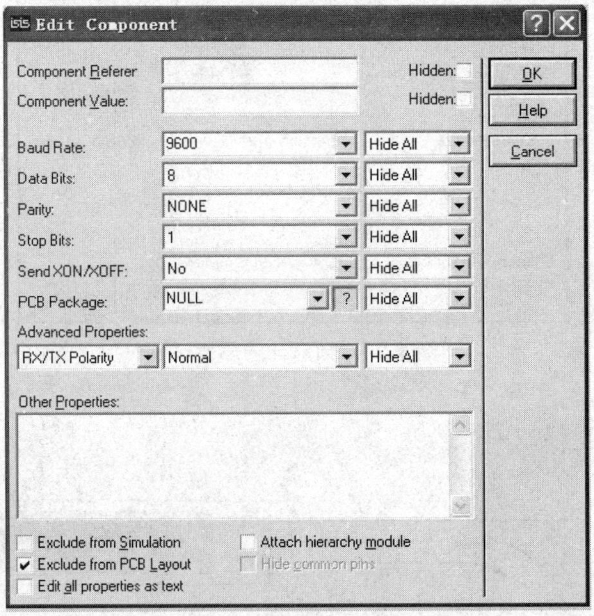

图 1-73　虚拟终端属性设置对话框

主要参数如下：

- Baud Rate：波特率，范围为 300～57600b/s。
- Data Bits：传输的数据位数，7～8 位。
- Parity：奇偶校验位，包括奇校验、偶校验和无校验。
- Stop Bits：停止位，具有 0、1 或 2 位停止位。
- Send XON/XOFF：第 9 位发送允许/禁止。

选择合适参数后，单击 OK 按钮，关闭对话框。运行仿真，弹出如图 1-74 所示的虚拟终端的仿真界面。

图 1-74　虚拟终端的仿真界面

用户在图 1-74 所示的界面中可以看到从单片机发送来的数据，并能够通过键盘把数据键入该界面，然后发送给单片机。

1.4.5　SPI 调试器

SPI（Serial Peripheral Interface）串行外设接口总线系统是 Motorola 公司提出的一种同步串行外设接口，允许 MCU 与各种外围设备以同步串行通信方式交换信息。

SPI Protocol Debugger（SPI 调试器接口）同时允许用户与 SPI 接口交互。这一调试器允许用户查看沿 SPI 总线发送的数据，同时也可向总线发送数据。图 1-75 为 SPI 调试器的原理图符号。

图 1-75　SPI 的原理图符号

此元件共有 5 个接线端，分别为：

- DIN：接收数据端。
- DOUT：输出数据端。
- SCK：连接总线时钟端。
- $\overline{\text{SS}}$：从模式选择端，从模式时必须为低电平才能使终端响应；主模式时当数据正传输时此端为低电平。
- TRIG：输入端，能够把下一个存储序列放到 SPI 的输出序列中去。

双击 SPI 的原理图符号，可以打开它的属性设置对话框，如图 1-76 所示。对话框主要参数如下：

- SPI Mode：有 3 种工作模式可选择，Monitor 为监控模式，Master 为主模式，Slave 为从模式。
- Master clock frequency in Hz：主模式的时钟频率（Hz）。

- SCK Idle state is：SCK 空闲状态为高或者低，选择一个。
- Sampling edge：采样边，指定 DIN 引脚采样的边沿，选择当 SCK 从空闲到激活状态，或从激活到空闲状态时。
- Bit order：位顺序，指定一个传输数据的位顺序，可先传送最高位 MSB，也可先传送最低位 LSB。

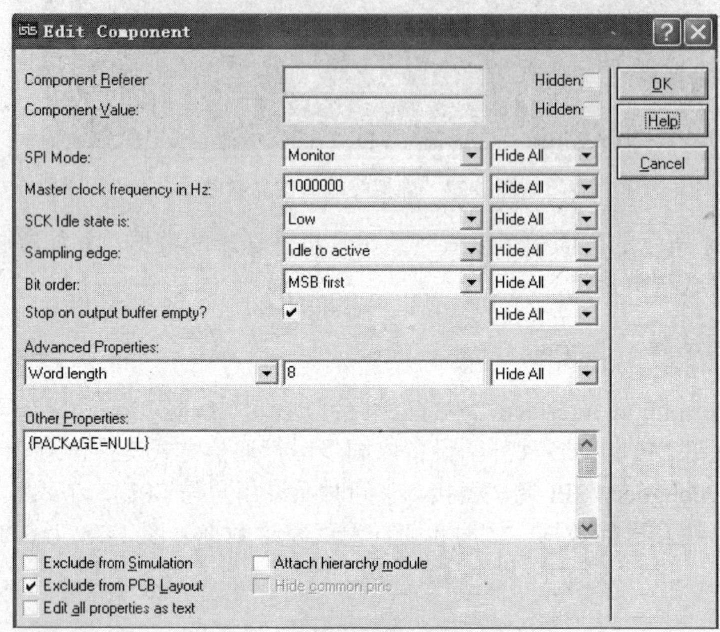

图 1-76　SPI 属性设置对话框

1. 使用 SPI 调试器接收数据

（1）将 SCK 和 DIN 引脚连接到电路的相应端。

（2）将光标放置在 SPI 调试器之上，并使用组合键 Ctrl+E 打开属性设置对话框进行参数设置。设 SPI 为从模式，时钟频率与外时钟一致。

（3）运行仿真，弹出 SPI 的仿真调试窗口，如图 1-77 所示。

（4）接收的数据将显示在窗口。

2. 使用 SPI 调试器传输数据

（1）将 SCK 和 DIN 引脚连接到电路的相应端。

（2）将光标放置在 SPI 调试器之上，并使用组合键 Ctrl+E 打开属性设置对话框进行参数设置。把调试器设置为主模式。

（3）按动仿真运行，弹出 SPI 的仿真调试窗口。

（4）单击仿真按钮的暂停键 Pause，在调试窗口的右下方键入需要传输的数据。键入的数据单击 Queue 按钮放入到数据传输队列 Buffered Sequences 中去，如图 1-77 所示，再次单击仿真运行键，数据发送出去。也可以单击 Add 按钮把数据暂放到预传输序列中去备用，需要时加到传输队列中去。

（5）数据发送完后，Buffered Sequences 清空，其上方的窗口显示发送信息，如图 1-78 所示。

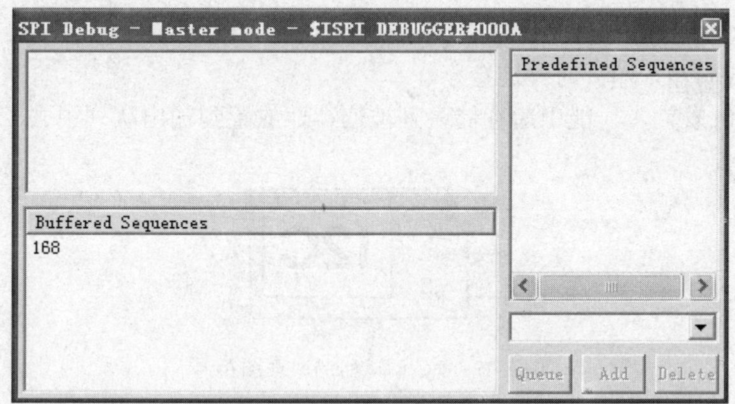

图 1-77　SPI 调试器的数据传输

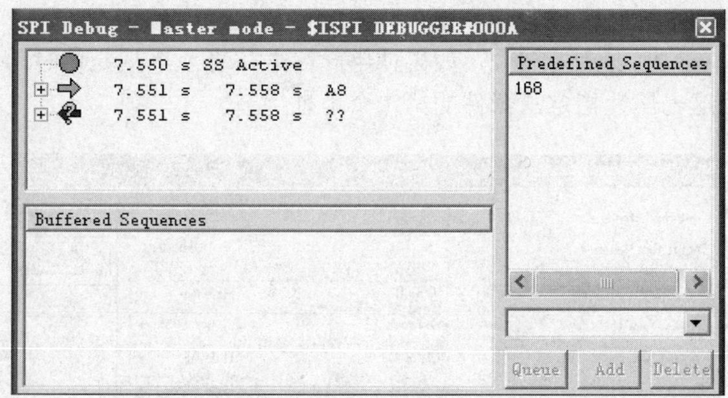

图 1-78　SPI 调试器的数据传输后的状态

1.4.6　I^2C 调试器

1. I^2C 总线介绍

I^2C 总线是 Philp 公司推出的芯片间串行传输总线。它只需要两根线（串行时钟线 SCL 和串行数据线 SDA）就能实现总线上各元器件的全双工同步数据传送，可以极为方便地构成系统和外围元器件扩展系统。I^2C 总线采用元器件地址的硬件设置方法，避免了通过软件寻址元器件片选线的方法，使硬件系统的扩展简单灵活。按照 I^2C 总线规范，总线传输中的所有状态都生成相应的状态码，系统的主机能够依照状态码自动地进行总线管理，用户只要在程序中装入这些标准处理模块，根据数据操作要求完成 I^2C 总线的初始化，启动 I^2C 总线就能自动完成规定的数据传送操作。由于 I^2C 总线接口集成在片内，用户无须设计接口，使设计时间大为缩短，且从系统中直接移去芯片对总线上的其他芯片没有影响，方便了产品的升级。

2. I^2C 调试器

虚拟仪器中的 I2C DEBUGGER 就是 I^2C 调试器，允许用户监测 I^2C 接口并与之交互，用户可以查看 I^2C 总线发送的数据，同时也可向总线发送数据。

3. I^2C 调试器的使用

I^2C 调试器的原理图符号如图 1-79 所示。I^2C 调试器共有 3 个接线端，分别为：

- SDA：双向数据线。
- SCL：双向输入端，时钟连接。
- TRIG：触发输入，能引起存储序列被连续地放置到输出队列中去。

图 1-79 I^2C 调试器的原理图符号

双击该元件，打开属性设置对话框，如图 1-80 所示。主要参数如下：

- Address byte 1：地址字节 1，如果使用此终端仿真一个从元件时，则这一属性指定从器件的第一个地址字节。
- Address byte 2：地址字节 2，如果使用此终端仿真一个从元件时，并期望使用 10 位地址，则这一属性指定从器件的第二个地址字节。

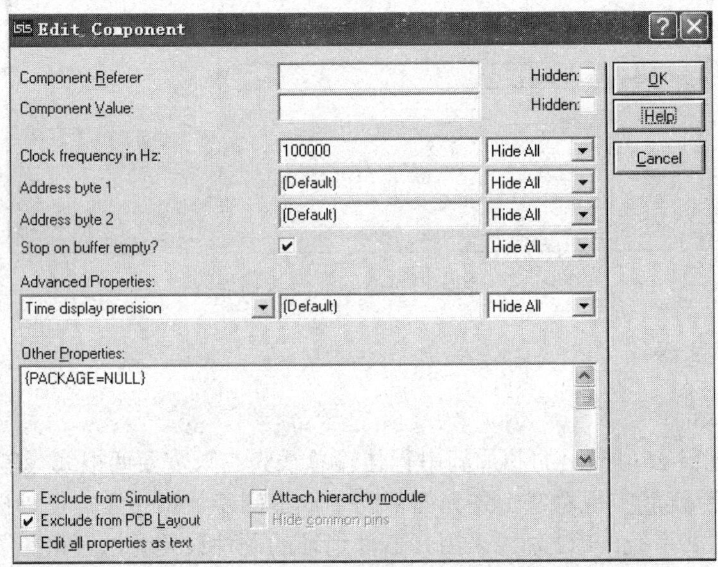

图 1-80 I^2C 调试器属性设置对话框

I^2C 调试器的仿真运行界面与 SPI 类似，不再详细介绍。

1.4.7 信号发生器

Proteus 的虚拟信号发生器主要有以下功能：

- 产生方波、锯齿波、三角波和正弦波。
- 输出频率范围为 0~12MHz，8 个可调范围。
- 输出幅值为 0~12V，4 个可调范围。
- 幅值和频率的调制输入和输出。

信号发生器的原理图符号如图 1-81 所示。

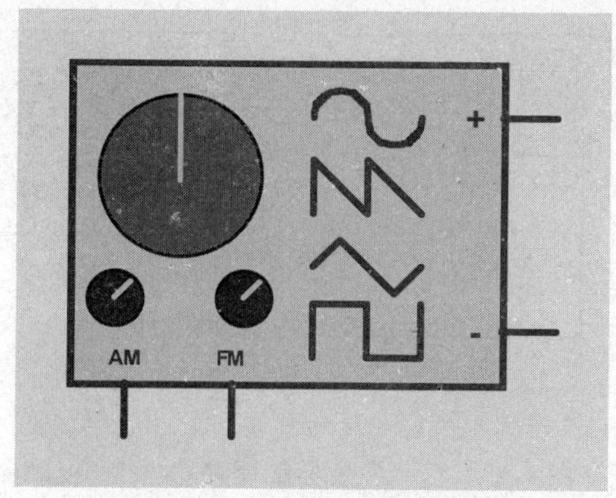

图 1-81　信号发生器原理图符号

它有两大功能，一是输出非调制波，二是输出调制波。通常使用它的输出非调制波功能来产生正弦波、三角波和锯齿波，方波直接使用专用的脉冲发生器来产生比较方便，主要用于数字电路中。

在用作非调制波发生器时，信号发生器的下面两个接头 AM 和 FM 悬空不接，右面两个接头"＋"端接至电路的信号输入端，"－"端接地。

仿真运行后，出现如 1-82 所示的界面。

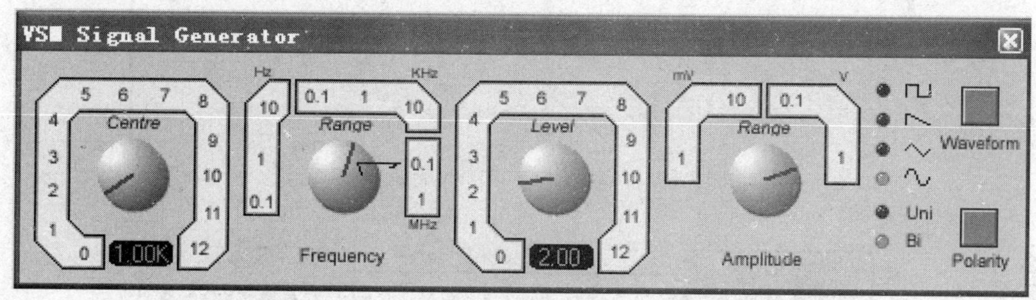

图 1-82　信号发生器仿真运行后的界面

最右端两个方形按钮，上面一个用来选择波形，下面一个选择信号电路的极性，即双极型（Bi）还是单极型（Uni）三极管电路，以和外电路匹配。最左边两个旋钮用来选择信号频率，左边是微调，右边是粗调。中间两个旋钮用来选择信号的幅值，左边是微调，右边是粗调。在运行过程中如果关闭掉信号发生器，需要从主菜单 Debug 中选取最下面 VSM Signal Generator 来重现。

Proteus 的虚拟信号发生器还具有调幅波和调频波输出功能。无论是哪种调制，调制电压都不能超过±12V，且输入阻抗要足够大。调制信号从下面两个端子中的一个输入，调制波从右面的正"＋"端输出。

下面先来看一看如何输出一个调幅波。照图 1-83 连接电路，把一个 1.5V 的直流电源和一个 1kHz 的正弦波进行调制，输出波形如图 1-84 右图所示。图 1-84 左图中是没有加调制电压的非调制正弦波的波形，可以看到，调制后正弦波的幅值变大了。

产生调频波的电路如图 1-85 所示。我们在信号发生器的 FM 端接一个 2V、100Hz 的交流信号，运行后，使信号发生器调至 2V、120kHz，观察到示波器的波形如图 1-86 所示。

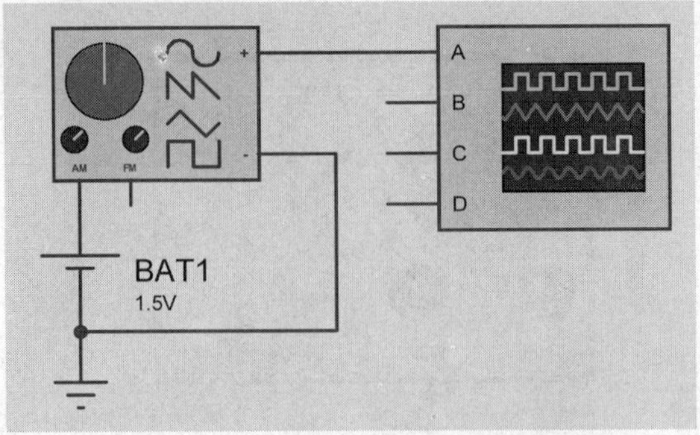

图 1-83　信号发生器的调幅功能接线图

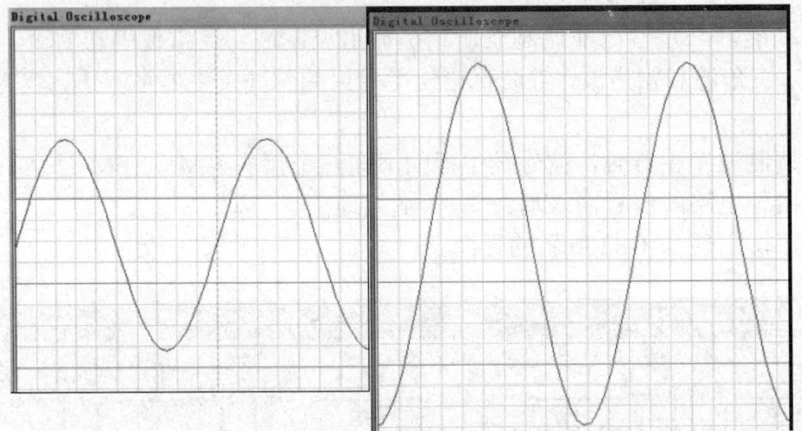

图 1-84　调幅波与非调幅波的波形对比

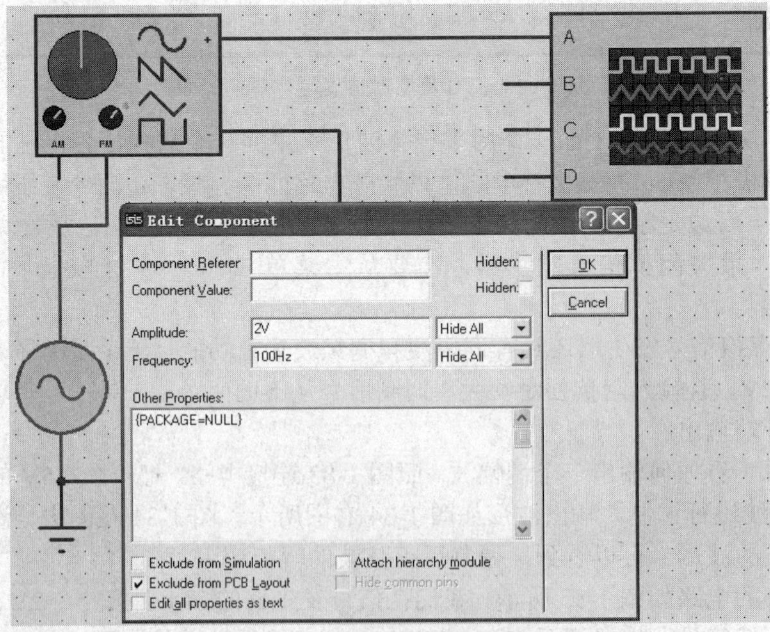

图 1-85　调频波产生电路

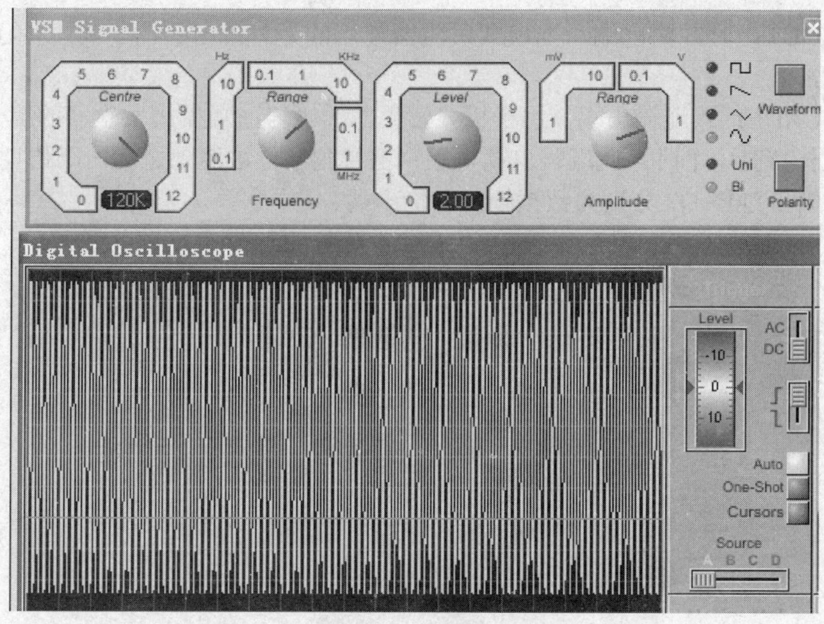

图 1-86　调频波

1.4.8　模式发生器

1. 模式发生器的特点

模式发生器 Pattern Generator 是模拟信号发生器的数字等价物，它支持 8 位 1kB 的模式信号，同时具有以下特性：

- 既可以在基于图表的仿真中使用，也可以在交互式仿真中使用。
- 支持内部或外部时钟模式或触发模式。
- 使用游标调整时钟刻度盘或触发器刻度盘。
- 十六进制或十进制栅格显示模式。
- 在需要高精度设置时，可直接输入指定的值。
- 可以加载或保存模式脚本文件。
- 可单步执行。
- 可实时显示工具包。
- 可使用外部控制，使其保持当前状态。
- 栅格上的块编辑命令使得模式配置更容易。

2. 模式发生器的使用

（1）模式发生器原理图符号及引脚说明。模式发生器的原理图符号如图 1-87 所示，各接线端含义如下：

- CLKIN：外部时钟信号输入端，系统提供两种外部时钟模式。
- HOLD：外部输入信号，用来保持模式发生器目前状态，高电平有效。
- TRIG：触发输入端，用于将外部触发脉冲信号反馈到模式发生器。系统提供 5 种外部触发模式。
- OE：输出使能信号输入端，高电平有效，模式发生器可输出模式信号。

- CLKOUT：时钟输出端，当模式发生器使用的是外部时钟时，可以用于镜像内部时钟脉冲。
- CASCADE：级连输出端，用于模式发生器的级连，当模式发生器的第一位被驱动，并且保持高电平时，此端输出高电平，保持到下位被驱动之后一个周期时间。
- B[0..7]和 Q0～Q7 分别为数据输入和输出端。

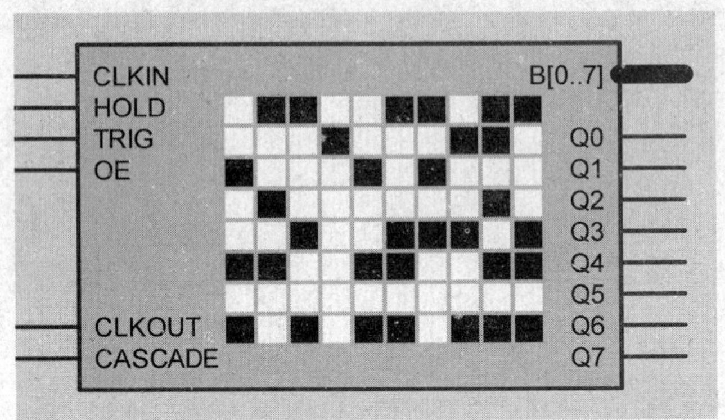

图 1-87　模式发生器原理图符号

（2）模式发生器的属性设置对话框主要参数说明。双击模式发生器的原理图符号，则弹出其属性设置对话框，如图 1-88 所示。

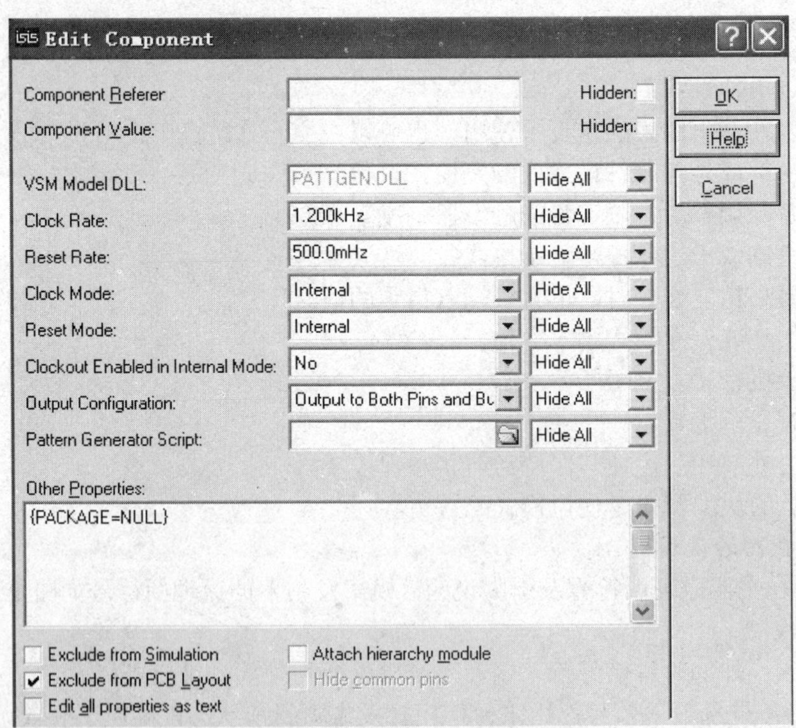

图 1-88　模式发生器属性设置对话框

模式发生器的属性设置对话框主要有以下参数：

- Clock Rate：时钟频率。
- Reset Rate：复位频率。
- Clock Mode：时钟模式，有 3 种：
  - "Internal"内部时钟。
  - "External Pos Edge"外部上升沿时钟。
  - "External Neg Edge"外部下降沿时钟。
- Reset Mode：复位模式，共 5 种：
  - "Internal"内部复位。
  - "Async External Pos Edge"异步外部上升沿脉冲。
  - "sync External Pos Edge"同步外部上升沿脉冲。
  - "Async External Neg Edge"异步外部下降沿脉冲。
  - "sync External Neg Edge"同步外部下降沿脉冲。
- Clockout Enabled in Internal Mode：内部模式下时钟输出使能。
- Output Configuration：输出配置，共 3 种：
  - "Output to Both Pins and Bus"引脚和总线均输出。
  - "Output to Pins Only"仅在引脚输出。
  - "Output to Bus Only"仅在总线输出。
- Output Generator Script：模式发生器脚本文件。

（3）模式发生器的仿真界面介绍。参数设置完成后，单击 OK 按钮结束。

- 单击仿真运行控制按钮中的暂停按钮 II，弹出模式发生器的仿真界面如图 1-89 所示。

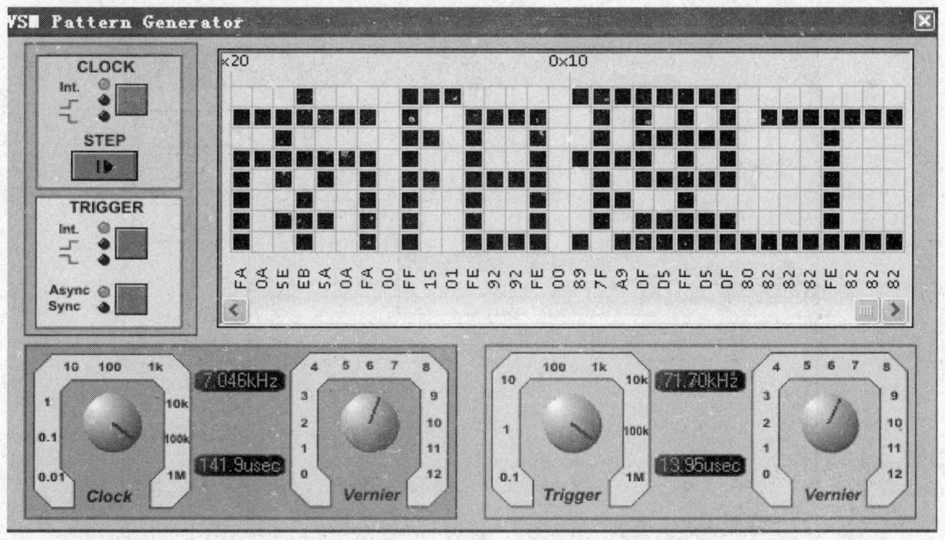

图 1-89　模式发生器仿真运行时的界面

- 初始化要输出的状态，用鼠标左键有选择地点击栅格，使其表示的逻辑状态改变，如图 1-89 所示。
- 在 CLOCK 按钮上点击选择模式发生器的时钟模式，要与前面的属性设置保持一致。三个绿灯点亮分别表示内部时钟、外部上升沿时钟、外部下降沿时钟。

- 使用 TRIGGER 按钮设置触发方式，内部或外部。如果是外部触发，要考虑是同步或是异步，如果是内部触发，调节 Trigger 旋钮确定触发频率。
- 按仿真运行键，输出设定的模式。

1.4.9 电压表和电流表

Proteus VSM 提供了 4 种电表，分别是 AC Voltmeter（交流电压表）、AC Ammeter（交流电流表）、DC Voltmeter（直流电压表）和 DC Ammeter（直流电流表）。

1. 4 种电表的符号

在 Proteus ISIS 的界面中，选择虚拟仪器图标，在出现的元件列表中，分别把上述 4 种电表放置到原理图编辑区中去，如图 1-90 所示。

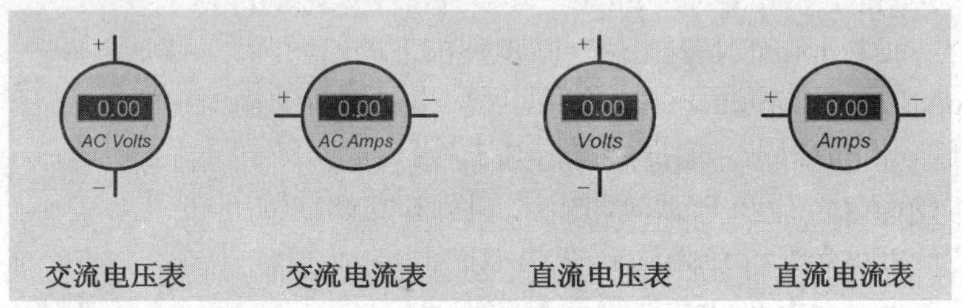

图 1-90 4 种电表的原理图符号

2. 属性参数设置

双击任一电表的原理图符号，出现其属性设置对话框，如图 1-91 是直流电流表的属性设置对话框。

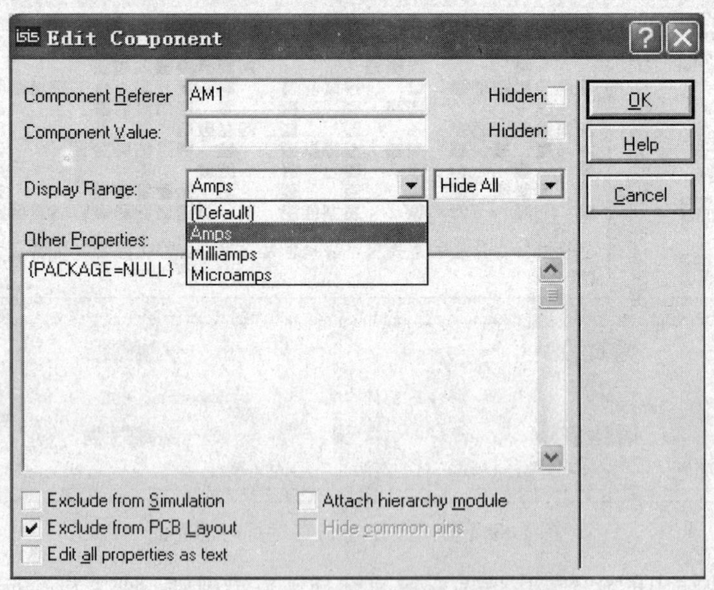

图 1-91 直流电流表的属性设置对话框

在元件名称 Component Referer 项给该直流电流表命名为 AM1，元件值 Component Value 中不填。在显示范围 Display Range 中有 4 个选项，用来设置该直流电流表是安培表（Amps）、毫安表（Milliamps）或是微安表（Microamps），默认是安培表，然后单击 OK 按钮即可完成设置。其他 3 个表的属性设置与此类似。

3. 使用方法

这 4 个表的使用方法与实际的交、直流电表一样，电压表并联在被测电压两端，电流表串联在电路中，要注意方向。运行仿真时，直流电表出现负值，说明电表的极性接反了。两个交流表显示的是有效值。

具体测量电路如图 1-92 所示。图中使用了两个交流电压表显示变压器原、副边的电压有效值；一个直流电压表显示最终的直流稳压输出。

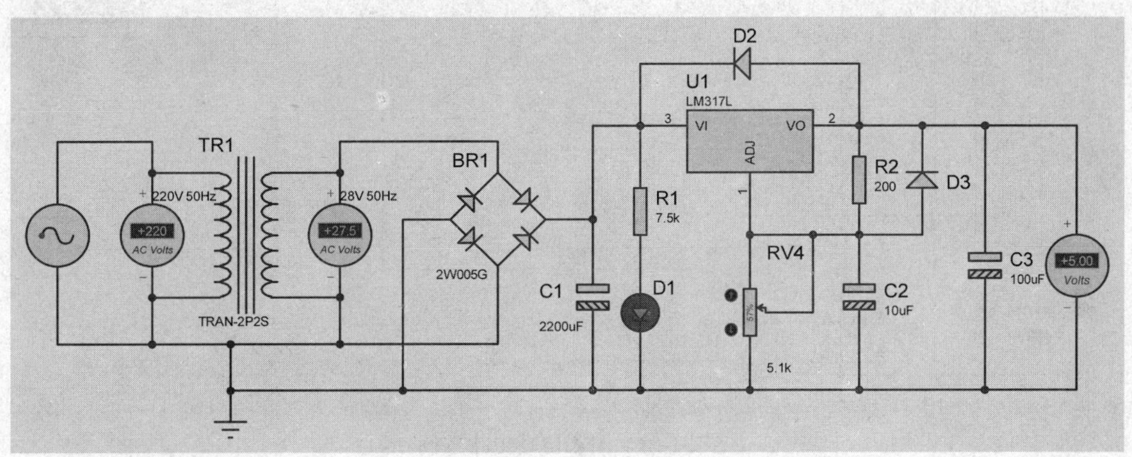

图 1-92　虚拟电表的使用举例

1.5　图表仿真

Proteus VSM 的虚拟仪器为用户提供交互动态仿真功能，但这些仪器的仿真结果和状态随着仿真结束也消失了，不能满足打印及长时间的分析要求。所以，Proteus ISIS 还提供一种静态的图表仿真功能，无须运行仿真，随着电路参数的修改，电路中的各点波形将重新生成，并以图表的形式留在电路图中，供以后分析或打印。这一节通过实例来介绍 Proteus ISIS 的图表仿真功能。

图表仿真涉及一系列按钮和菜单的选择。主要目的是把电路中某点对地的电压或某条支路的电流相对时间轴的波形自动绘制出来。图表仿真功能的实现包含以下步骤：

（1）在电路中被测点加电压探针，或在被测支路加电流探针。

（2）选择放置波形的类别，并在原理图中拖出用于生成仿真波形的图表框。

（3）在图表框中添加探针。

（4）设置图表属性。

（5）按图表仿真键生成所加探针对应的波形。

（6）存盘及打印输出。

1. 设置探针

绘制好一个完整电路。如图 1-93 所示，为 555 定时器内部的工作原理图，现在我们希望在图中绘制电容 C2 和输出 3 端的电压波形，同时监视内部电压比较器 U1 的反相端及 U2 的同相端的输入电压值。

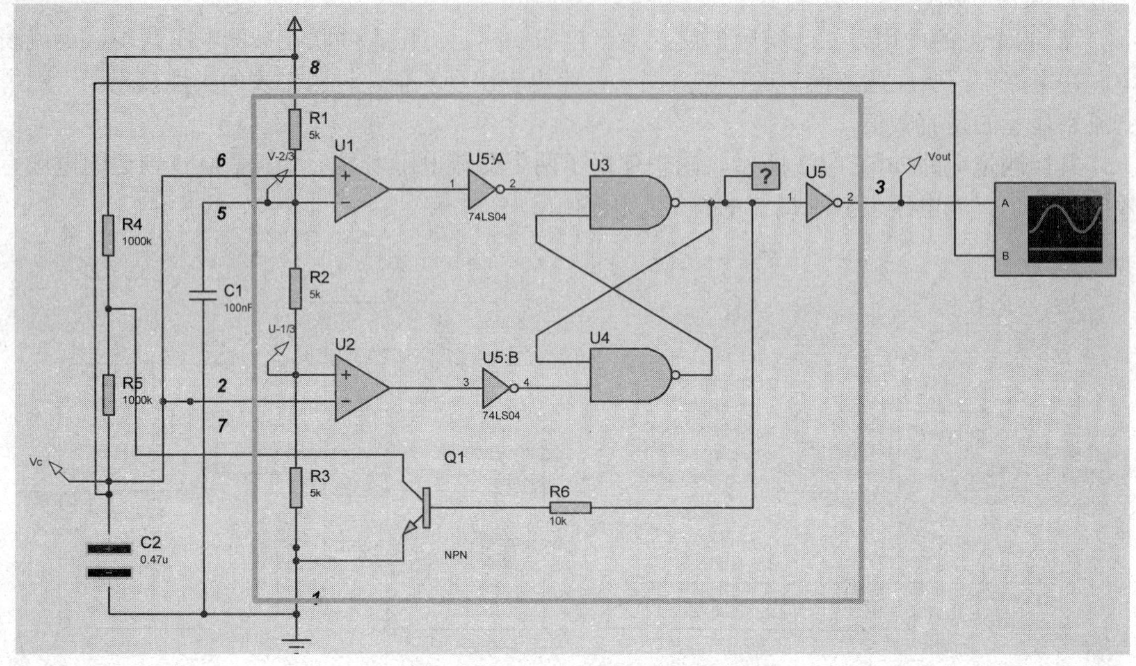

图 1-93　图表仿真电路举例

首先需要在这 4 点放置 4 个电压探针。在 Proteus ISIS 的左侧工具箱中选择电压探针（Voltage Probe）的按钮图标（为电流探针），在图 1-93 中的相应位置双击 4 次，放置 4 个电压探针，然后把电压探针与被测电压点连接在一起。

下面为 4 个电压探针命名。双击 C2 的电压探针，打开如图 1-94 所示的属性设置对话框。

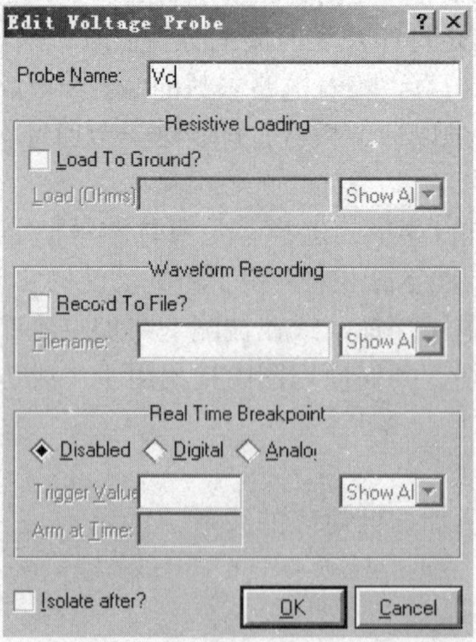

Edit Voltage Probe

Probe Name: Vc

Resistive Loading

Load To Ground?

Load (Ohms)　Show All

Waveform Recording

Record To File?

Filename:　Show All

Real Time Breakpoint

Disabled　Digital　Analog

Trigger Value　Show All

Arm at Time:

Isolate after?　OK　Cancel

图 1-94　电压探针属性设置对话框

把探针名命名（Probe Name）为 Vc，单击 OK 按钮关闭对话框即可。其他 3 个探针依次命名为 V-1/3、V-2/3 和 Vout。

2. 设置波形类别

在 Proteus ISIS 的左侧工具箱中选择图形模式（Graph Mode）的按钮图标，在对象选择区列出了所有的波形类别，如图 1-95 所示。其含义如表 1-29 所示。

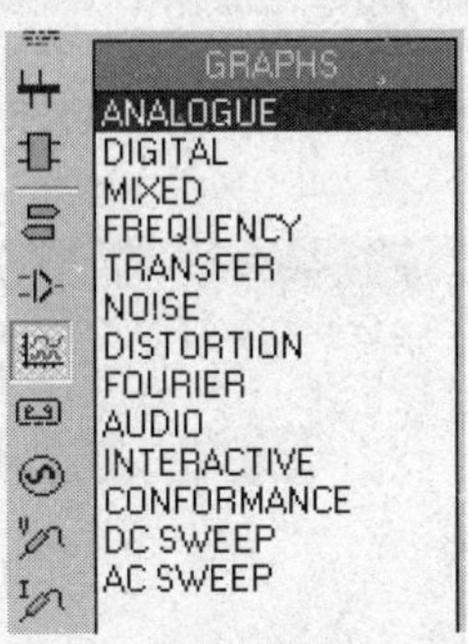

图 1-95　仿真波形类别

表 1-29　仿真波形类别及含义

波形类别名称	含义
ANALOGUE	模拟波形
DIGITAL	数字波形
MIXED	模数混合波形
FREQUENCY	频率响应
TRANSFER	转移特性分析
NOISE	噪声波形
DISTORTION	失真分析
FOURIER	傅里叶分析
AUDIO	音频分析
INTERACTIVE	交互分析
CONFORMANCE	一致性分析
DC SWEEP	直流扫描
AC SWEEP	交流扫描

在本例中，Vc 是模拟波形，Vout 是数字波形，因为要把二者放置在一个图表框中，故选定 MIXED 混合波形。单击图 1-95 中的 MIXED，然后在原理图编辑区用鼠标左键拖出一个方框，如图 1-96 所示。

3. 添加探针

接下来在图表框中添加两个电压探针。选择主菜单 Graph→Add Trace（图形→添加轨迹）命令，如图 1-97 所示，打开如图 1-98 所示轨迹添加对话框。

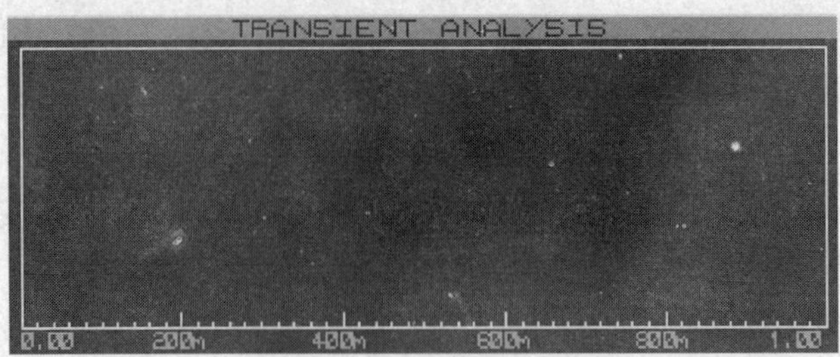

图 1-96 拖出的图表框

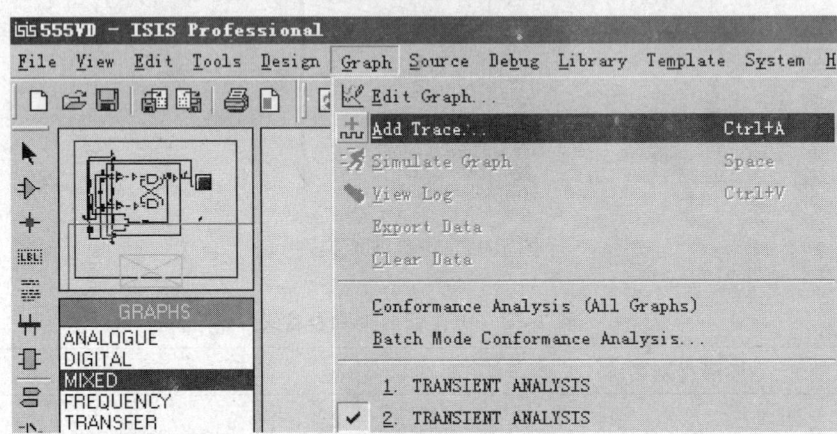

图 1-97 添加轨迹（探针）操作

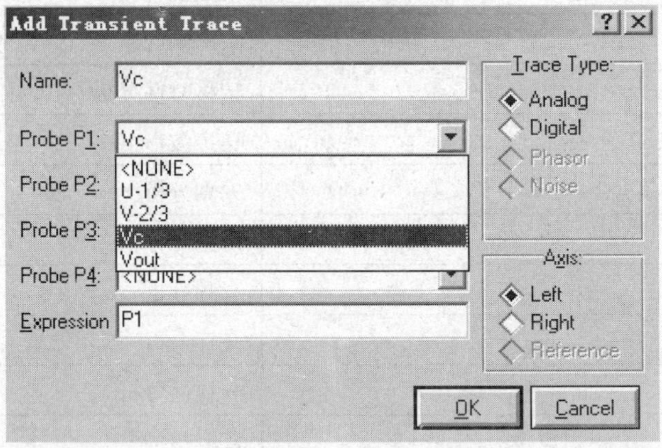

图 1-98 添加探针对话框

在图 1-98 中，单击轨迹类型（Trace Type）下面的 Analog 选择模拟波形，单击 Probe P1 的下拉箭头，出现如图 1-98 所示的所有探针名称。选中 Vc，则该探针自动到 Name 栏中去了。

接下来添加探针 Vout，重新选择 Graph→Add Trace 操作，打开如图 1-98 所示的轨迹添加对话框，只不过这次轨迹类型选 Digital 数字波形。一切 OK 后，出现如图 1-99 所示的图表框。图中多出了刚添加的两个探针的名称。

4. 图表属性设置

按空格键或选择 Graph→Simulate Graph 操作，则生成波形，如图 1-100 所示。可以看到，没有出现我们希望的电容充放电的完整波形和输出端的矩形波。这是因为图表框的时间轴太短导致的，缺省为 1 秒，接下修改波形的时间轴。

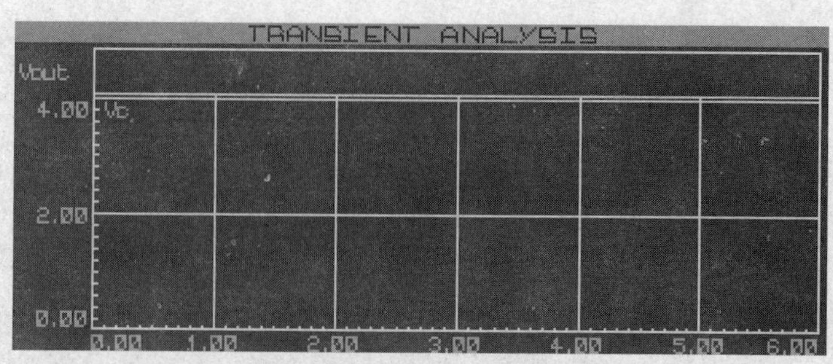

图 1-99　添加探针后的图表框

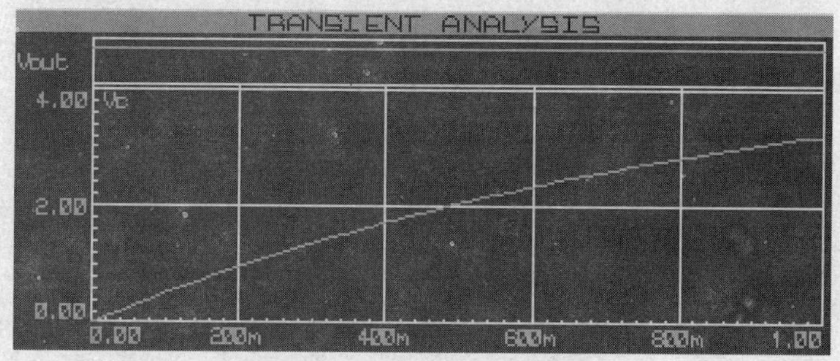

图 1-100　生成的不完整波形

双击图表框，打开如图 1-101 所示的对话框，把 Stop time 改为 6（秒），因为我们设计的电路中，波形的周期为 1 秒，这样可以显示 6 个周期的波形。同时在图中的 Graph tittle 栏可以修改或设置图表的名称，缺省名为 TRANSIENT ANALYSIS 暂态分析。

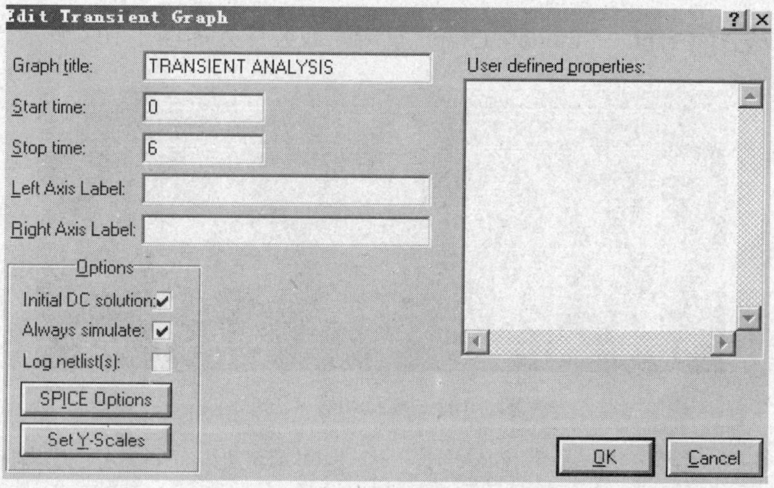

图 1-101　编辑图形属性对话框

把鼠标指向原理图中的图表框名称 TRANSIENT ANALYSIS，在绿色区双击，会出现如图 1-102 所示的对话框，可以设定背景及图形颜色等。

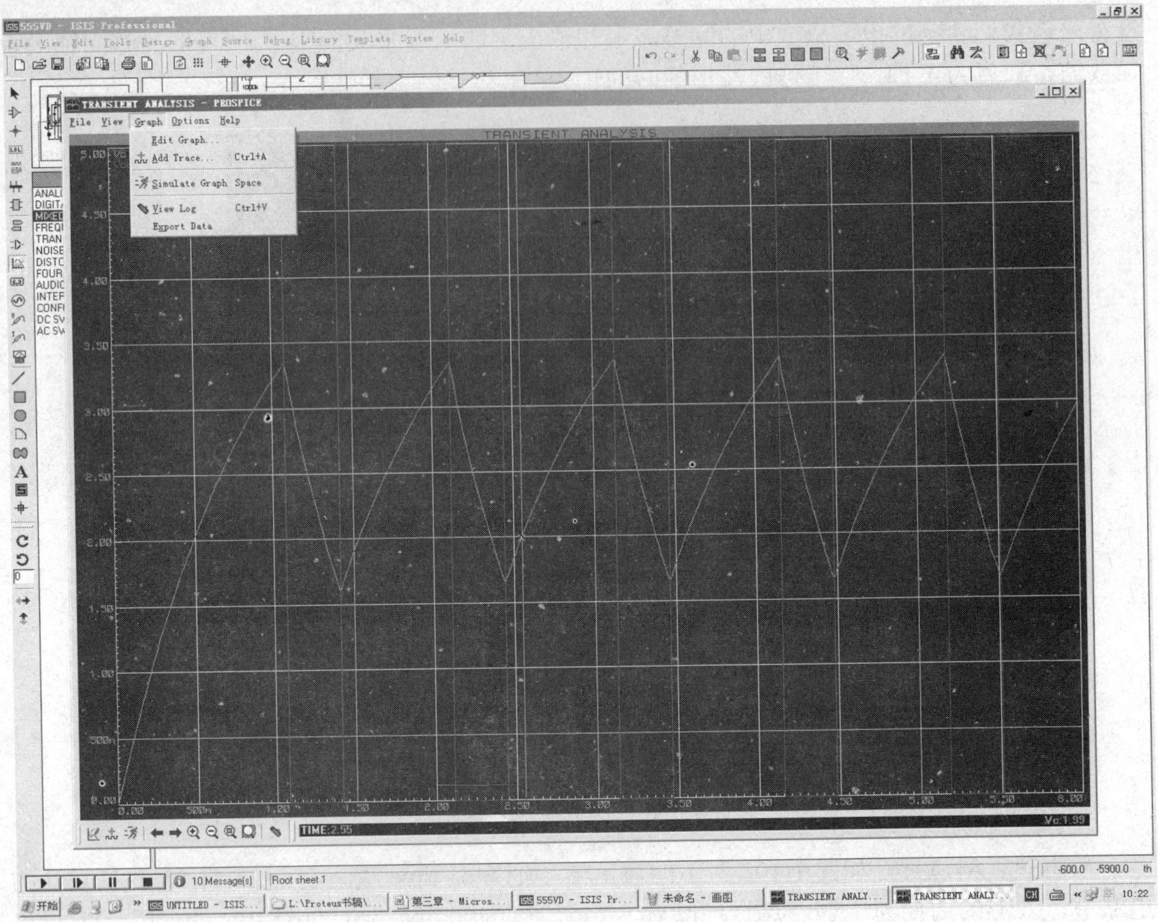

图 1-102 图表框的属性设置对话框

5. 生成波形

按空格键或选择 Graph→Simulate Graph 重新生成波形，如图 1-103 所示。

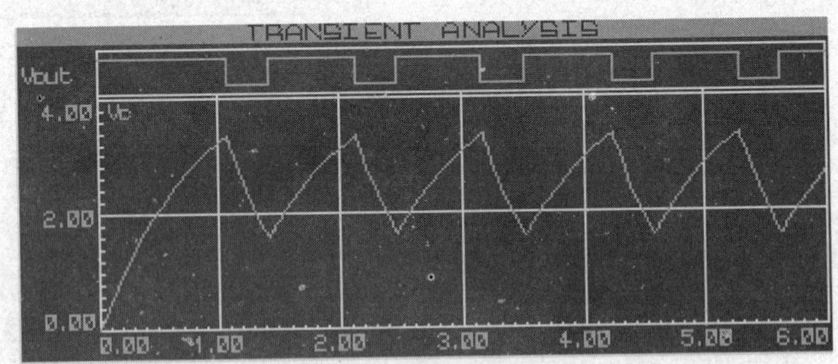

图 1-103 模拟和数字波形

在图 1-103 中，由于一个是数字波形，一个是模拟波形，所以它们分别在两个区，即 Y 轴的坐标起始点不一样。数字波形就像我们常见的时序图一样，每个波形一行。如果希望它们在同一个坐标起点，应在添加轨迹时把探针 Vc 和 Vout 都按模拟量加入，则生成如图 1-104 所示的波形。

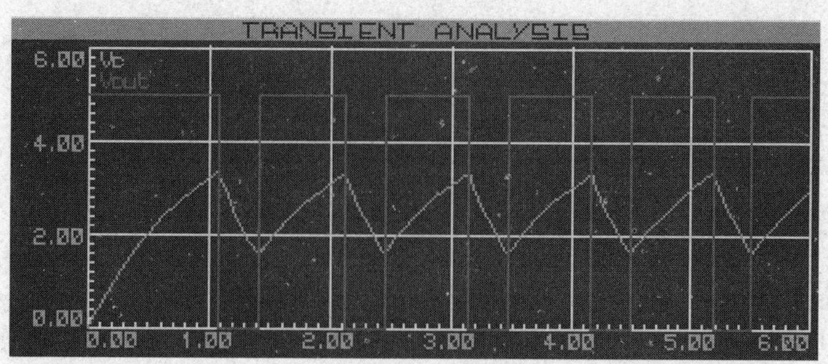

图 1-104　模拟波形

6. 电压监控

前面我们在电路中还放置了另外两个用来监控电压的探针 V-1/3 和 V-2/3，并没有在图表中添加，因为不需要绘制它们的波形，只是想看这两点的电压变化情况。它们的作用就像是两个电压表，在仿真运行时，可以看到电压值的变化或显示，电压探针都具有这一功能，仿真停止，则显示也结束，如图 1-105 所示。

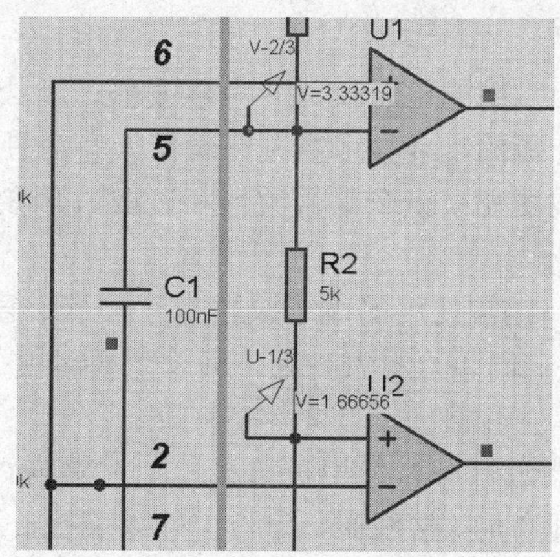

图 1-105　用电压探针监控电压

第 2 章　模拟电子技术实验

模拟电子技术实验是高等工科院校实践教学环节的一个重要组成部分，通过这门课程的学习，学生可将电子技术基础理论与实际操作有机地联系起来，加深对所学理论课程的理解，逐步培养和提高自身的实验能力、实际操作能力、独立分析问题的能力和解决问题的能力，以及创新思维能力和理论联系实际的能力。本章对模拟电路中的几个典型实验进行仿真和分析，目的不仅指导同学们在实验室更好地完成实验，而且对模拟电子技术实验所涉及的 Proteus 仿真元件及仪器有个基本的掌握，帮助大家更好地理解和学习模拟电子技术。

2.1　常用电子仪器的使用

1. 实验目的

- 学习电子电路实验中常用的电子仪器——示波器、函数信号发生器、直流稳压电源、交流毫伏表、频率计等的主要技术指标、性能及正确使用方法。
- 初步掌握用双踪示波器观察正弦信号波形和读取波形参数的方法。

2. 实验原理

在模拟电子技术实验中，经常使用的电子仪器有示波器、函数信号发生器、直流稳压电源、交流毫伏表、频率计等。它们和万用表一起，可以完成对模拟电子线路的静态和动态工作参数的测试。

实验中要对各种电子仪器进行综合使用，可按照信号流向，以连线简捷、调节顺手、观察与读数方便等原则进行合理布局。接线时，为防止外界干扰，各仪器的公共接地端应连接在一起，信号源和交流毫伏表的引线通常用屏蔽线或专用电缆线，示波器接线使用专用电缆线，直流电源的接线用普通导线。

函数信号发生器主要用来产生电路的输入信号，即正弦波、方波和三角波。输出信号幅度可由输出幅度调节旋钮进行。输出信号的频率可以通过频率大档调节按钮和微调旋钮配合来准确调节。

注意：函数信号发生器作为信号源，它的输出端不允许短接。

交流毫伏表只能工作在其工作频率范围内，用来测量正弦交流电压的有效值。

注意：为了防止过载而损坏，测量前一般先把量程开关置于量程较大位置处，然后在测量中逐档减小量程。接通电源后，将输入端短接，进行调零，然后断开短路线，即可进行测量。

3. 实验设备与器件

- 函数信号发生器
- 双踪示波器
- 交流毫伏表

4. 实验内容及步骤

（1）测量示波器内的校准信号。用机内校准信号（方波 f=1kHz±2%，电压幅度 1V±30%）对示波器进行自检。

1）调出“校准信号”波形。将示波器校准信号输出端通过专用电缆线与 Y_A 或 Y_B 输入插口接通，调节示波器各有关旋钮，将触发方式开关置“自动”位置，触发源选择开关置“内”，内触发选择开关置常态，对校准信号的频率和幅值正确选择扫描速度开关（t/div）及 Y 轴灵敏度开关（V/div）位置，则在荧光屏上可显示出一个或数个周期的方波。

分别将触发方式天关置“高频”和“常态”位置，并同时调节触发电平旋钮，调出稳定波形。体会三种触发方式的操作特点。

2）测校准信号的幅度。将 Y 轴灵敏度微调旋钮置“校准”位置，Y 轴灵敏度开关置适当位置，读取校准信号幅度，记入表 2-1 中。

表 2-1　示波器校准信号参数测量

	标准值	实测值
幅度	0.5V	
频率	1kHz	

3）测校准信号的频率。将扫描微调旋钮置“校准”位置，扫描速度开关置适当位置，读取校准信号周期，并用频率计进行校核，记入表 2-1 中。

（2）用示波器和交流毫伏表测量信号参数。令函数信号发生器输出频率分别为 100Hz、1kHz、10 kHz、100kHz，有效值均为 100mV（交流毫伏表测量值）的正弦波信号。

改变示波器扫描速度开关及 Y 轴灵敏度开关位置，测量信号源输出电压峰峰值，记入表 2-2 中。

表 2-2　信号参数测量

信号电压 频率（Hz）	示波器测量值		交流毫伏表读数 （V）	示波器测量值	
	周期（ms）	频率（Hz）		峰峰值	有效值
100					
1k					
10k					
100k					

（3）Proteus 中信号参数测量仿真。在 Proteus ISIS 中点出虚拟仿真仪器图标，出现如图 2-1 所示的画面。

对象选择器中第一个虚拟仪器 OSCILLOSCOPE 是示波器，第七个虚拟仪器 SIGNAL GENERATOR 信号发生器，倒数第二个 AC VOLTMETER 是交流电压表，可设置为交流毫伏表。

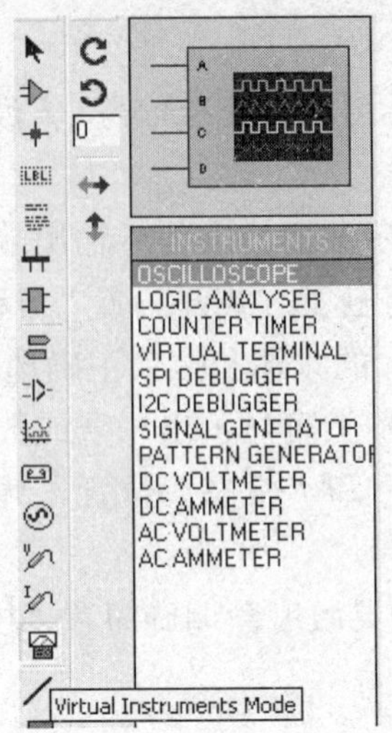

图 2-1 Proteus 中虚拟仪器

分别点击对象选择器中这 3 种仪器，放置在图形编辑区中去，并连接成如图 2-2 的方式。

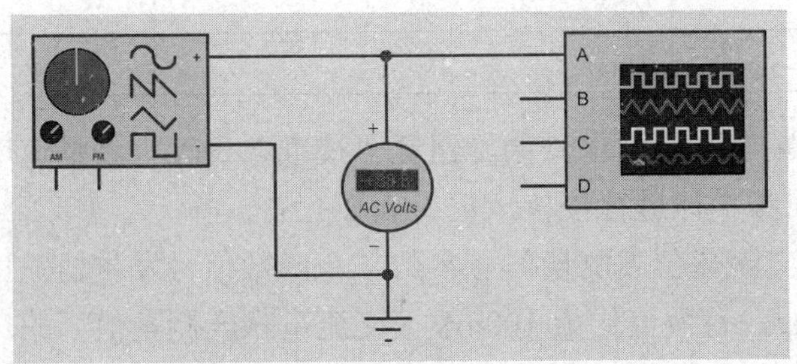

图 2-2 Proteus 中虚拟仪器的连接

先把交流电压表设置成为交流毫伏表。双击交流电压表，出现如图 2-3 所示的元件属性对话框。

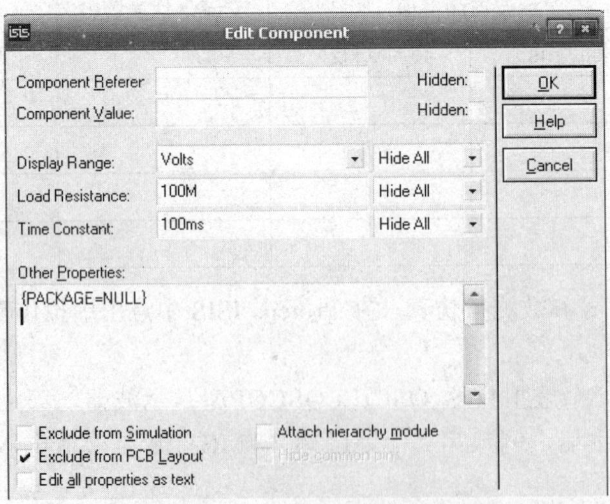

图 2-3 交流电压表属性设置对话框

在 Display Range 显示范围中选中 Millivolts 毫伏表选项，单击 OK 按钮完成设置。设置过程及设置完成后的毫伏表如图 2-4 所示。

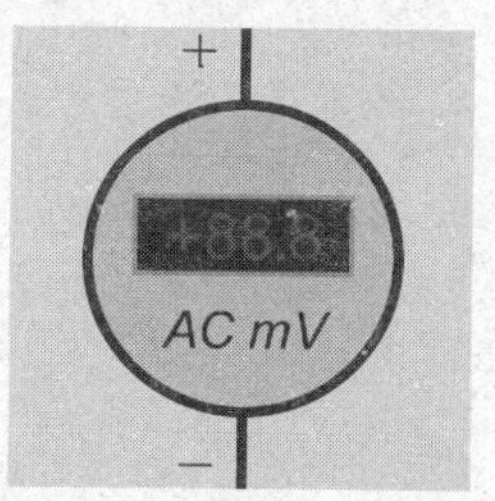

图 2-4　交流毫伏表的设置

单击仿真运行按钮▶，同时弹出示波器和信号发生器的仿真界面。先关闭示波器的仿真界面，对信号发生器的信号设置做详细介绍。

如图 2-5 所示，函数信号发生器面板的右侧上方是输出波形选择，通过单击 Waveform 按钮选择输出波形，通过右下角的 Polarity 按钮来选择匹配的电路（使用该信号发生器的电路）是双极型还是单极型。

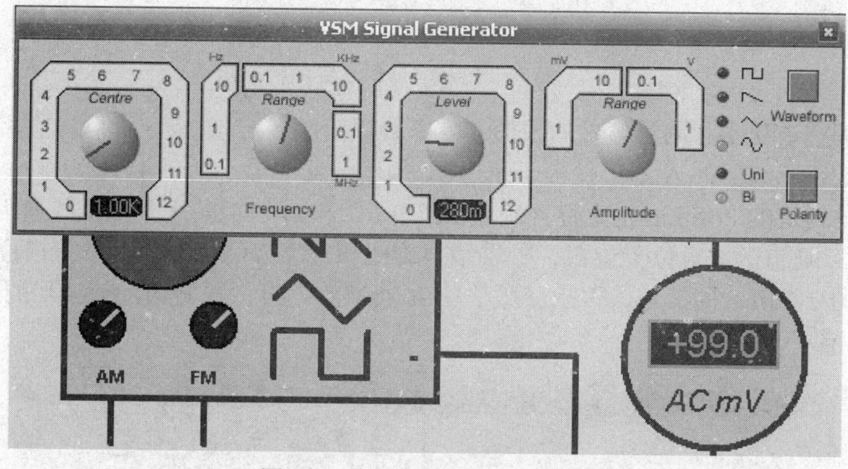

图 2-5　信号发生器的参数设置

接下来调出一个频率为 1kHz、电压有效值为 100mV 的正弦波信号。先把频率设置旋钮的 Range 范围设置为 1kHz，再旋转第一个频率微调旋钮，直到频率显示为 1.00kHz 为止。再来设置输出信号的幅值。因为信号发生器上所显示的信号电压不是有效值，是峰—峰值，故应该看着电路中的毫伏表显示来调节信号发生器的幅度。先把信号发生器的 Amplitute 幅度旋钮设置为 0.1V，再来仔细调节第三个幅度微调旋钮，直到毫伏表显示 100mV 为止，这里可能调不到 100mV，近似调到 99mV（或 101mV）即可，这时信号发生器显示信号的峰—峰值为 280mV。

在保持仿真运行的情况下，关闭信号发生器，调出示波器仿真界面。从主菜单 Debug 的子菜单最后几项中找到 3.Digital Oscilloscope，即出现示波器仿真界面，如图 2-6 所示。一般这样的虚拟仪器都是在停止仿真时自动关闭，下次运行仿真时又自动弹出。如在仿真运行时关闭，则下次运行仿真时需用这种方法再次打开。

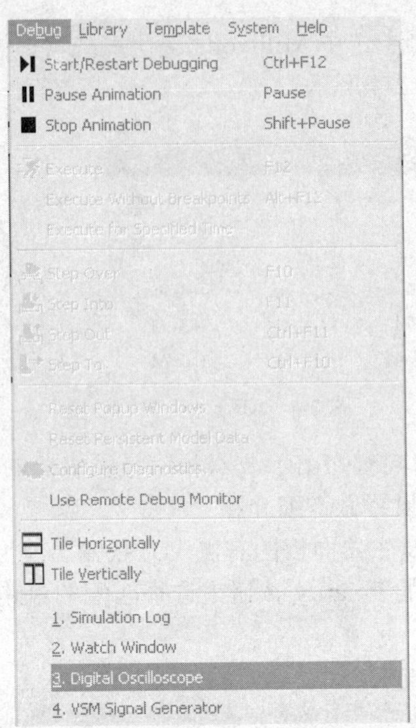

图 2-6　重新调出示波器仿真界面的方法

接下来调整、观察和测量信号的波形和频率、幅值。

四通道数字示波器的 A 通道接信号发生器，故示波器应显示的是 1kHz、100mV 的正弦波。先通过调节各通道的 Position 垂直位置旋钮，把 B、C 和 D 通道的水平扫描线向下放置。接下来通过调节 A 通道的垂直位置旋钮、Y 轴增益旋钮和左下方的扫描速度及扫描位置旋钮，使波形出现如图 2-7 所示的情形。再次微微移动 A 通道的垂直位置旋钮，使波形的 X 轴虚线闪现出来。

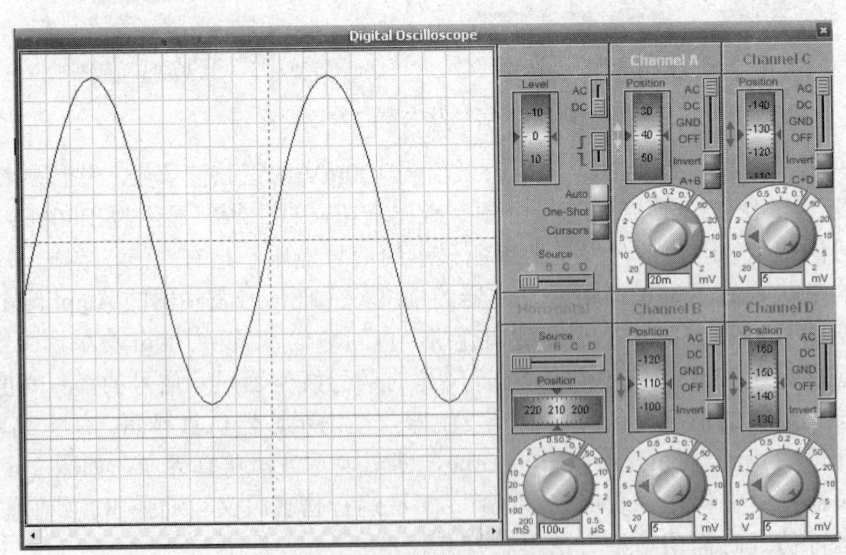

图 2-7　示波器仿真界面

把 A 通道的 Y 轴增益旋钮内环的微调旋钮顺时针旋转到底，把扫描速度旋钮的微调旋钮也顺时针旋转到底（读数时一定要这样做，否则读数不准）。调整波形的水平及垂直位置，使其一个波峰正好处在背景方格的一个顶角位置，数一个周期波形所占的水平格数，再乘以扫描速度旋钮的外环箭头所指的刻度值，即为波形的周期。

图 2-7 中波形周期 T=0.1ms×10=1ms，即 $f=\frac{1}{T}=1\text{kHz}$。读峰—峰之间所占的垂直格数，再乘以 A 通道 Y 轴增益旋钮的外环箭头所指的刻度值，即为波形的峰峰值。图中 Vpp=20mV×14=280ms，这与信号发生器中的显示值一致，通过计算可得该信号电压的有效值，即 $V=\frac{280}{2}\times\frac{\sqrt{2}}{2}\approx 99\text{mV}$。

5. 实验报告

（1）整理实验数据，并进行分析。

（2）双踪示波器采用“高频”、“常态”、“自动”三种触发方式有什么区别？通过实验对它们的操作特点及适用场合加以总结。

（3）变换不同的显示方式 Y_A、Y_B、Y_A+Y_A，总结多波形显示及叠加的使用方法。

2.2　晶体管共射极单管放大器

1. 实验目的

- 学会放大器静态工作点的调试方法，分析静态工作点对放大器性能的影响。
- 掌握放大器电压放大倍数、输入电阻、输出电阻及最大不失真输出电压的测量方法。
- 熟悉常用电子仪器及模拟电路实验设备的使用。

2. 实验原理

图 2-8 为电阻分压式稳定静态工作点的单管共射放大器实验原理图。它的偏置电路采用 RB1 和 RB2 组成的分压电路，并在发射极中接有电阻 RE，以稳定放大器的静态工作点。当在放大器的输入端加入输入信号 Ui 后，在放大器的输出端便可得到一个与 Ui 相位相反、幅值被放大了的输出信号 Uo，从而实现了电压放大。

在图 2-8 中，当流过偏置电阻 RB1 和 RB2 的电流远远大于晶体管 Q1 的基极电流 I_B 时（一般为 5～10 倍），则它的静态工作点可用下式估算：

$U_B\approx\frac{R_{B1}}{R_{B1}+R_{B2}}U_{CC}$，$I_E=\frac{U_B-U_{BE}}{R_E}\approx I_C$，$U_{CE}=U_{CC}-I_C(R_C+R_E)$，$A_V=-\beta\frac{R_C//R_L}{r_{be}}$，

$R_i=R_{B1}//R_{B2}//r_{be}$，$R_o\approx R_C$。

由于电子器件性能的分散性比较大，因此在制作晶体管放大电路时，离不开测量和调试技术。在设计前应测量所用元器件的参数，为电路设计提供必要的依据，在完成设计和装配后，还必须测量和调试放大器的静态工作点和各项性能指标。一个优质放大器，必定是理论设计与实验调整相结合的产物。因此，除了学习放大器的理论知识和设计方法外，还必须掌握必要的测量和调试技术。

放大器的测量和调试一般包括放大器静态工作点的测量与调试、消除干扰与自激振荡及放大器各项动态参数的测量与调试等。

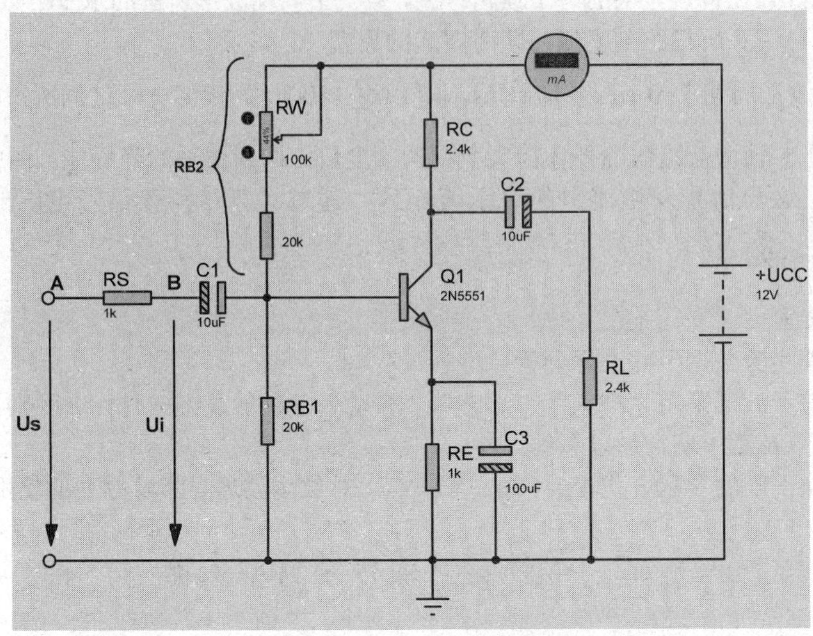

图 2-8　共射级单管放大器原理图

3. 实验设备与器件

- +12V 直流电源
- 函数信号发生器
- 双踪示波器
- 交流毫伏表
- 直流电压表
- 直流毫安表
- 万用表
- 晶体三极管 3DG6（β=50~100）或 9011
- 电阻、电容若干

4. 实验内容及步骤

各电子仪器按图连接，为防止干扰，各仪器的公共接地端必须连在一起。同时信号源、交流毫伏表和示波器的引线应采用专用电缆或屏蔽线（屏蔽线的外包金属网应接在公共接地端上）。

（1）放大电路静态工作点的调试.单管共射放大器及负反馈实验的电路如图 2-9 所示。先考虑单管共射放大器部分，即前一级电路，如图 2-10 所示。

照图 2-10 把整个电路图连接好。接上直流电源、信号发生器和示波器。下面调试第一级的静态工作点，即找到一个合适的静态工作点，然后再用直流表测量出来。

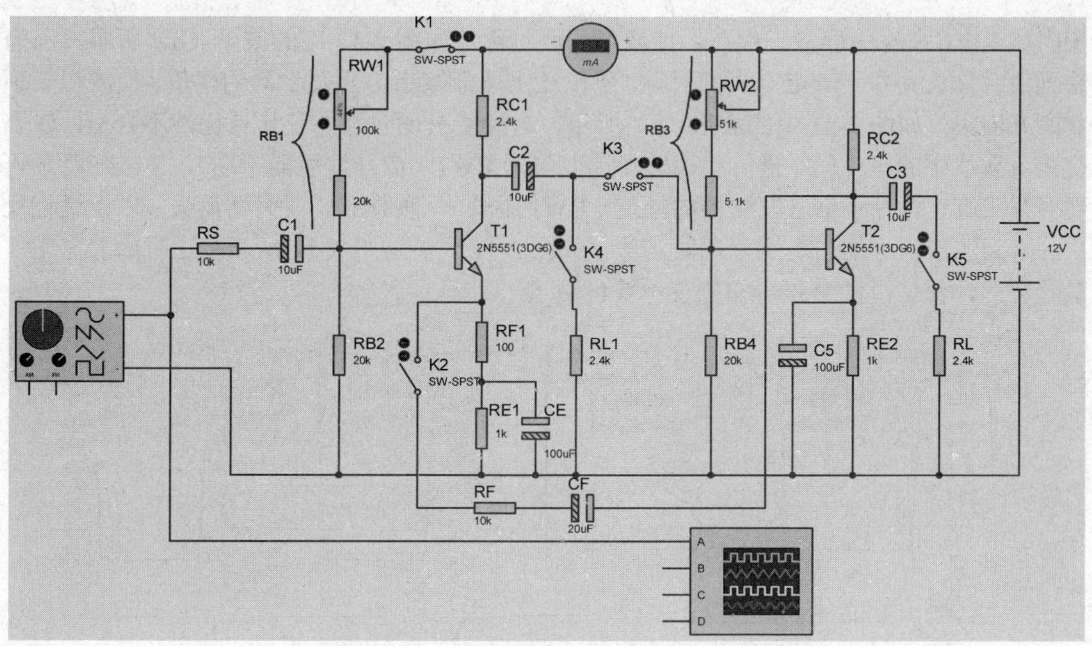

图 2-9　单管共射放大器及负反馈实验电路图

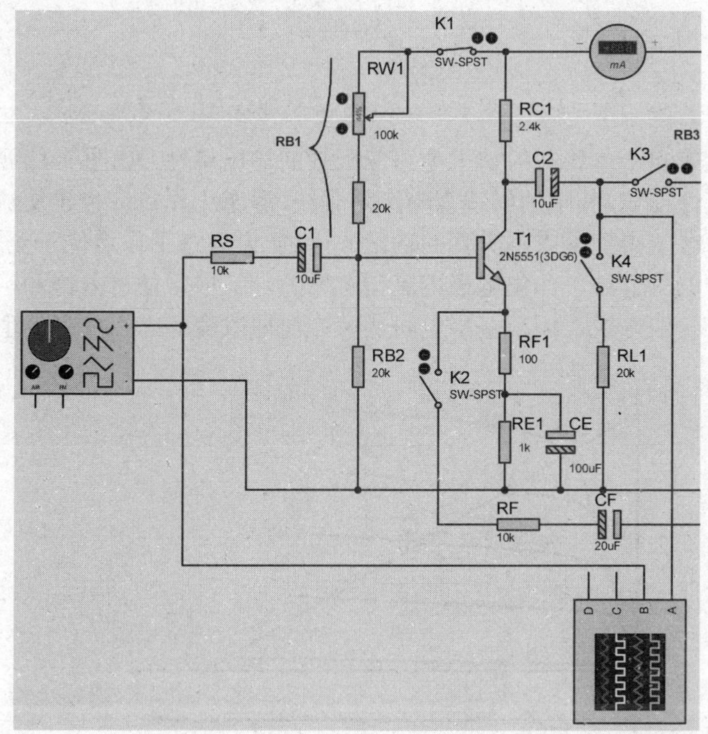

图 2-10　单管共射放大器实验电路图

把各开关按图示位置设置好，（在 Proteus 中按仿真运行按钮）把信号发生器的频率调为 1kHz，幅值尽可能大，直到观察到示波器显示的输出波形出现双顶失真为止，如图 2-11 中的波形（a）所示。观察这个失真的波形是否上下顶对称失真，如果不对称，调整图 2-10 中的滑动变阻器 RW1 来改变静态工作点，使波形看似对称，如图 2-11 中的波形（b）所示。因为眼睛看到的对称失真并不一定是真的对称，所以还需逐渐减小信号发生器的幅值，使波形一顶的失真刚好消失，如图 2-11 中的波形（c）所示，这种情况说明静态工作点仍然不合适，Q 点不在交流负载线中的正中间。进一步调整滑动变阻器 RW1（信号发生器不动），使波形两顶再次出现对称失真，再减小信号发生器的幅值（RW1 不动），使波形一顶失真消失。以上过程反复几次，直到波形两顶的失真刚好同时消失，如图 2-11 中的波形（d）所示，这时的静态工作点是最合适的，保持滑动变阻器的位置不要再动了。

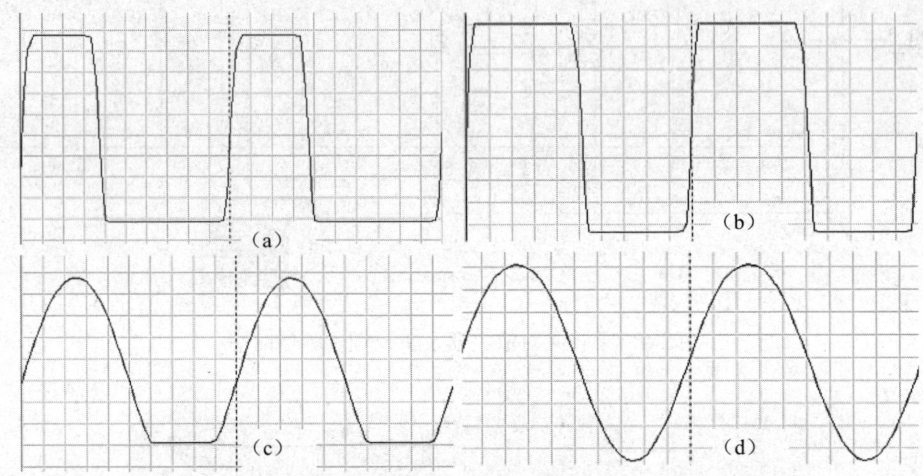

图 2-11 单管共射放大器调试静态工作点波形

调试的原理是来自于单管共射放大电路三极管的输出特性，如图 2-12 所示，为 NPN 双极型三极管的输出特性曲线，其中的斜线为交流负载线，静态工作点应位于交流负载线的中点 Q，交流信号在变化时才能得到最大不失真的输出波形。如果静态工作点位于交流负载线的 Q′点，则输出波形如图中的失真波，即集电极电流稍有增加，三极管便进入饱和区，产生饱和失真，使放大能力下降。一般来说，调整基极电阻，可方便地改变静态工作点的值。

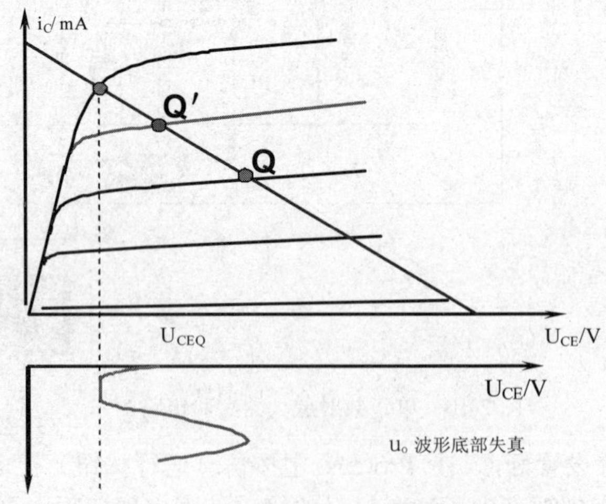

图 2-12 三极管的输出特性与静态工作点

上述的静态工作点调整方法，就是故意让输出波形失真来看失真的对称度，从而判断静态工作点是否位于交流负载线的中间，因为合适的静态工作点并不意味着不会产生失真，只要输入信号足够大，就会产生失真，只不过是产生对称的失真。通过反复调整输入信号的幅值和基极电阻的大小，来观察和改变静态工作点，从而找到一个最佳静态工作点，只有找到了最佳静态工作点，接下来的动态参数测量才有意义。给定一块电路板，不能盲目地去进行数据测量。

（2）单管共射放大电路静态工作点的测量。在实验电路中共有两个电源，一个是直流电压源，一个是交流电压源。根据线性叠加定理，当测量纯直流量时，交流电压源应短路，所以应按图 2-13 接线。虽然电容隔直，RS 左边的交流信号源的短路线可以省去，开路即可，但在没有电容的直接耦合电路中却不能开路，为了养成良好的习惯，建议使交流信号短接而不是开路。把直流电压表依次接在图中位置中进行三极电位测量，直流电流表（毫安表）如图连接。把测得数据填在表 2-3 中。其中，I_C 的数据是约等，表中后两列是计算值。

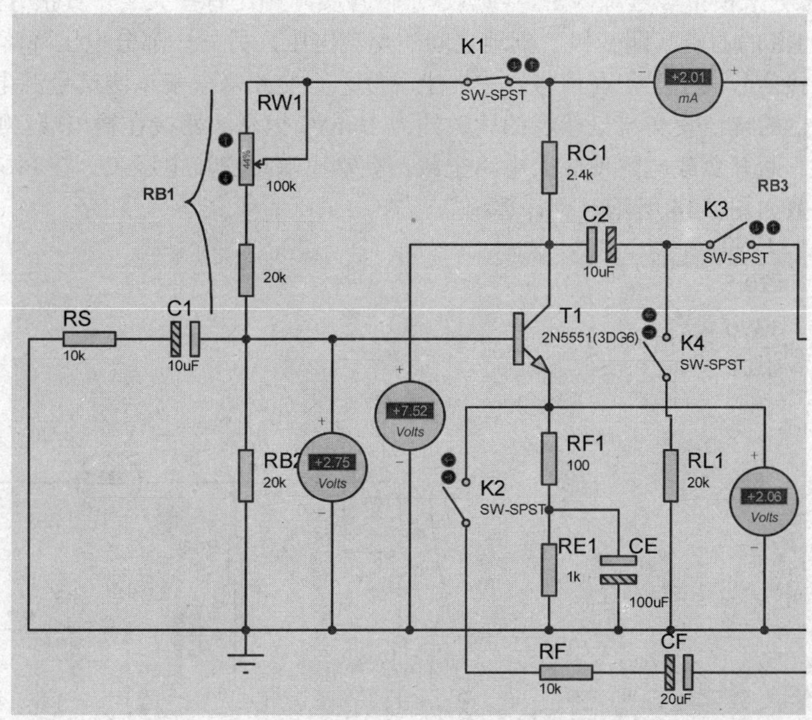

图 2-13　静态工作点的测量

表 2-3　单管共射放大电路静态工作点测量

测量值			计算值		
U_B（V）	U_E（V）	U_C（V）	I_C（mA）	U_{BE}（V）	U_{CE}（V）

注意：直流电压表一定直接连接到三极管的三个极上，不能在电容 C1 前或电容 C2 后测量。

请同学们根据实际电路的测量结果，填写自己的测量数据。

（3）单管共射放大电路动态参数的测量。前面提到，静态工作点的合适与否直接影响交流输出信号的幅值。那么是不是有了合适的静态工作点后，输出电压与信号源的比就一定能够得到最大值呢？不是的，影响放大倍数的还有放大电路的几个动态参数：输入电阻、输出电阻和带宽。

首先来讨论电压放大倍数的测量。

1）电压放大倍数。电压放大倍数有两种含义，一种是输出电压对信号源的比值，即 $A_{VS}=\frac{u_O}{u_S}$，另一种是输出电压对输入电压（除去信号源内阻分压后加到电路中的实际输入电压）的比值，即 $A_V=\frac{u_O}{u_i}$。

由于 Proteus 中的虚拟信号源都是理想电压源，没有内阻，所以，图 2-13 所示的电路中用电阻 RS（10kΩ）来模拟信号源内阻，当然这个值与实际相比有些大了。真正分到放大电路中的信号电压是 RS 的右端（即基极）到地之间的交流电压，另外一部分电压降落在了 RS 上。

在输入端接信号发生器，在信号发生器上并联一个交流毫伏表以测信号源电压的有效值。调节信号发生器的幅值使交流毫伏表的读数约为 10mV，把示波器接在输出端，观察输出波形，以不失真为准。断开负载电阻使放大电路空载，在输出端接交流电压表。在 Proteus 中运行仿真，各电表读数如图 2-14 所示。可计算出

$$A_{VS}=\frac{u_O}{u_S}=\frac{1390}{20.5}\approx -68$$

$$A_{Vi}=\frac{u_O}{u_i}=\frac{1390}{10.1}\approx -139$$

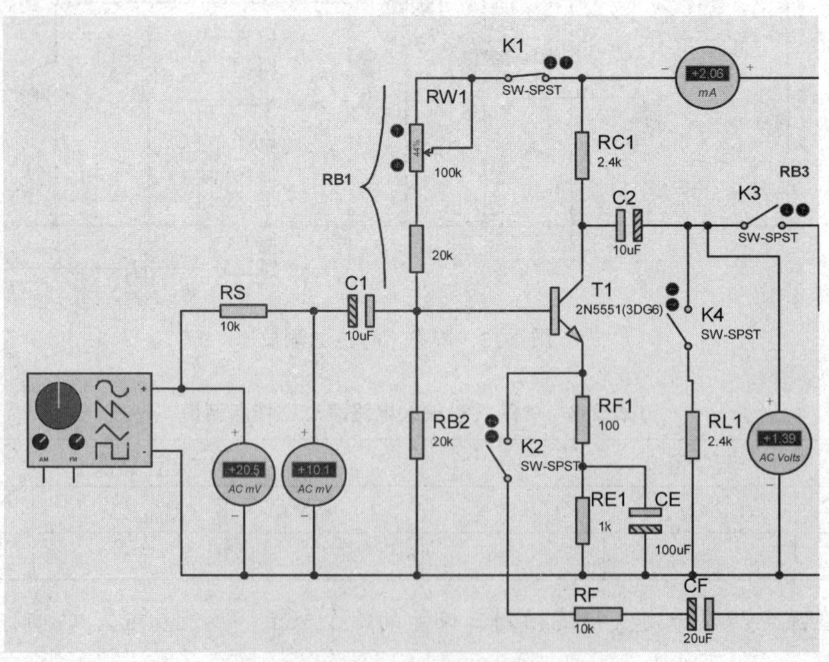

图 2-14　空载时电压放大倍数的测量

合上开关 K4 加上负载，再次测量输出电压并计算两个电压放大倍数。此时的输出电压幅值会下降，请大家自己测量、计算并分析原因。

由于是单管共射放大电路，所以输出波形和输入波形是倒相的，放大倍数应该是负值。示波器的输入输出波形如图 2-15 所示。

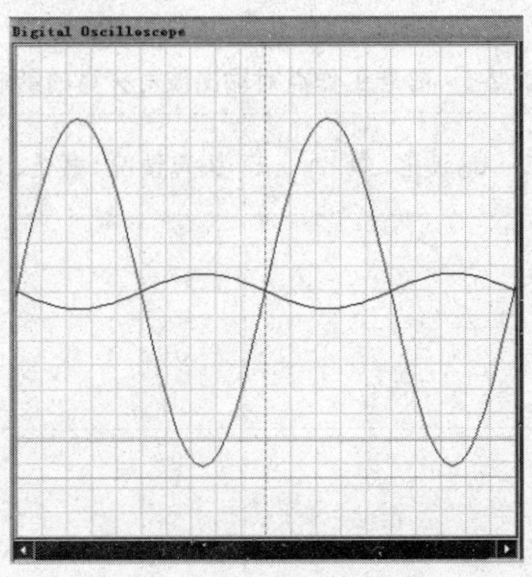

图 2-15　输入与输出波形

请根据以上分析，按表 2-4 中要求进行实验并填写相应的实验数据和波形。

表 2-4　单管共射放大电路电压放大倍数的测量

RC1（kΩ）	RL1（kΩ）	u_O（V）	A_V	观察绘制一组 u_O 和 u_i 的波形
2.4	∞			
1.2	∞			0
2.4	2.4			

2）观察静态工作点对电压放大倍数的影响。置 RC1=2.4kΩ，RL1=∞，u_i 适量，调节滑动变阻器 RW1，用示波器监视输出电压波形，在 u_O 不失真的前提下，测量数据 I_C 和 u_O 的值，记入表 2-5 中。注意测量 I_C 时，因为是直流值，应先把信号源输出旋钮幅值调为零，最好是直接把信号发生器去掉，把电路的输入端短接。在静态工作点附近取 5 个 I_C 值（一定要去掉交流信号后，通过调节 RW1 来实现）。每次调定一个 I_C 值后，再次加上合适的交流信号，观察示波器使输出不产生失真，交流毫伏表测量每次输入电压、输出电压的有效值（u_i 和 u_O 的单位一定要一致，计算出的电压放大倍数才准确）。

表 2-5　静态工作点对电压放大倍数的影响

I_C（mA）	1.0	1.5	2.0	2.5	3.0
u_O（V）					
A_V					

3）观察静态工作点对输出波形失真的影响。置 RC1=2.4kΩ，RL1=2.4kΩ，u_i=0，调节滑动变阻器 RW1 使 I_C=2.0mA，测出 U_{CE} 的值，再逐步加大输入信号，使输出电压 u_O 足够大但不失真。然后保持输入信号不变，分别增大和减小 RW1，使波形出现失真，绘出 u_O 的波形，并测出 I_C 和 U_{CE} 值，记入表 2-6 中，每次测 I_C 和 U_{CE} 值时都要将信号源的输出旋钮旋至零。

表 2-6 静态工作点对输出波形失真的影响

I_C（mA）	U_{CE}（V）	u_O 波形	失真情况（截止、饱和）	管子工作状态（放大、截止、饱和）
		0		
2.0		0		
		0		

4）测量最大不失真输出电压。置 RC1=2.4kΩ，RL1=2.4kΩ，调节输入信号的幅度和滑动变阻器 RW1，用示波器和交流毫伏表测量 u_{opp} 及 u_o 值，记入表 2-7 中。

表 2-7 测量最大不失真输出电压

I_C（mA）	u_{im}（mV）	U_{om}（V）	U_{opp}（V）
A_V			

5）输入、输出电阻的测量。放大电路的输入电阻是从放大电路输入端看进去的无源网络的等效电阻，计算此电阻要先画出放大电路的微变等效电路，也可以直接通过实验方法来测量，这样更方便和快捷。其原理如下：

如图 2-16 所示，可以把放大电路的交流通路看成是二端口网络，输入端为含有内阻的信号源，输出端接负载。其中，R_i 为输入电阻，R_o 为输出电阻。当电路设计好后，二端口的参数就确定不变了。空载时，输出电压 U_o 与输入电压 U_i 的比值是定值，但由于二端口外的元件 U_S、R_S 及 R_L 是随不同的用户使用而定的，所以根据两端串联分压原理，R_i 与 R_o 会分别影响 U_i 与 U_o 的值，从而引起输出电压的变化而影响电压放大倍数。

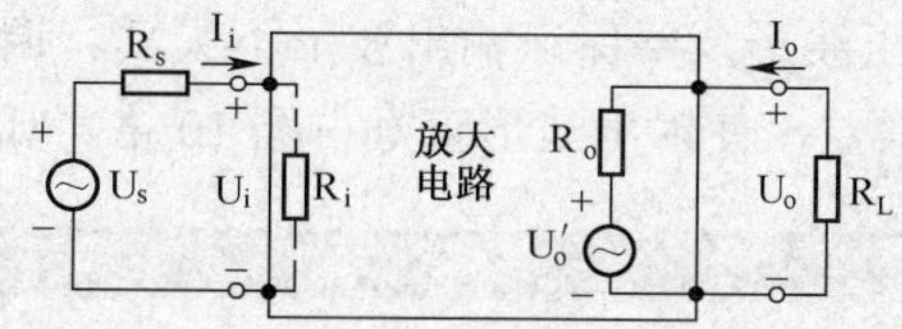

图 2-16　输入、输出电阻测量原理图

在图 2-16 中的输入端，有 $U_i=\frac{R_i}{R_i+R_S}U_S$，如果知道 U_S、R_S 及 U_i，就可以算出 R_i，测量输入电阻的原理就如此。

从实验图 2-14 知，U_S=20.5mV，U_i=10.1mV，R_S=10kΩ，则可算出 R_i≈10kΩ。可见，输入电阻越大，放大电路分得的电压就越大，输出电压就越大，当然这里模拟用的内阻 R_S 有点过大。

根据图 2-16 不难理解，如果把放大电路再看成一个电压源，对负载供电，则输出电阻 R_o 就是这个电压源的内阻，R_o 越小，负载上分得的电压就越大，放大电路的性能就越好。因此有 $U_o=\frac{R_L}{R_L+R_o}U_o'$，其中 U_o' 为空载电压。

测量输出电阻的实验是，分别测出空载和带负载情况下的输出电压 U_o'、U_o 及负载电阻 R_L，就可以算出 R_o 的值。

置 RC1=2.4kΩ，RL1=2.4kΩ，I_C=2.0mA。输入一个 f=1kHz 的正弦信号，在输出电压不失真的情况下，用交流毫伏表测出调节输入信号的 U_S、U_i 和 U_L 并记入表 2-8 中。保持 U_S 不变，断开 RL1，测量输出电压 U_O，记入表 2-8 中，计算出输出电阻 R_o。

表 2-8　输入、输出电阻的测量

U_o（V）	U_i（V）	R_i（kΩ）		U_L（V）	U_O（V）	R_o（kΩ）	
		测量值	计算值			测量值	计算值

6）带宽。前面分别提到静态工作点、交流输入及输出电阻会影响放大电路的电压放大倍数，但当这些参数都设计合理后，是不是放大电路的性能就完美无缺了呢？其实，前面提到的放大都是对某一固定频率信号的幅值进行的放大，我们在做实验的时候，通常把信号频率调节到 1kHz。如果保持信号的幅值不变而改变其频率，会发现放大倍数在某些频段会保持不变，而在另一些频段则会突然下降，甚至为零。这就是我们所说的频率响应，即频率对放大倍数的影响。不同的放大电路的频率响应是不一样的，这主要是因为电路中的电容（耦合电容、旁路电容、极间电容等）的阻抗会随频率而改变，从而导致电路的输入、输出阻抗变化，影响输出电压的大小。在单管共射放大电路中，频率过高和过低都会造成放大倍数的衰减，只有在中频段，放大倍数才稳定不变，这一段的频率范围称为带宽，通常用 f_{BW} 来表示。

测量单管共射放大电路带宽的方法是，在放大电路输入端先加一弱信号，比如 10mV、

1kHz，用示波器观察输出电压波形，要保证输出波形不失真。调节示波器的扫描旋钮，让波形集中，调整示波器的垂直增益，使输出波形正好占据 10 格，如图 2-17 所示。

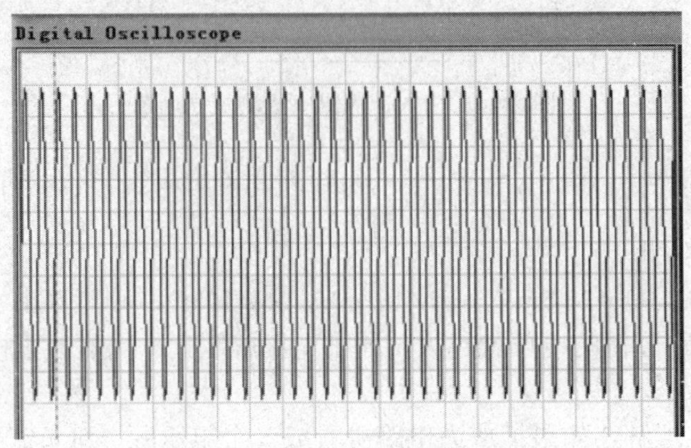

图 2-17　中频段输出波形的幅度

接下来减小信号发生器的频率，调整示波器的扫描旋钮，使波形在频率较低的情形下仍能相对集中，以便观察幅值所占的格数。继续减小信号发生器的频率值，直到输出波形在示波器中所占的格数减为 7 格，如图 2-18 所示，这时读信号发生器的频率为 13Hz，即放大电路的下限转折频率 f_L。以同样的方法读出上限转折频率为 400kHz，即 f_H。这个放大电路的带宽 $f_{WH}=f_H-f_L$ 约为 400kHz。

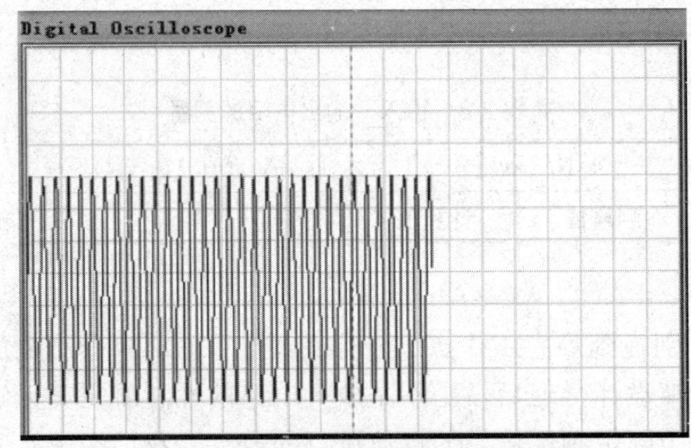

图 2-18　截止频率时的输出波形的幅度

根据单管共射放大倍数频率响应的幅频特性，如图 2-19 所示，在中频段，即 13Hz～400kHz 范围内，放大倍数基本恒定，当频率小于 13Hz 或大于 400kHz 时，放大倍数按每 10 倍频程 20 分贝的速度上升或衰减。图中显示的是理想幅频特性，其实，在转折频率处，中频放大倍数要下降 3dB，即是原来的 0.707 倍。

在本实验中，因为输入信号电压未变，输出电压变为原来的 0.7 倍，即放大倍数变为原来的 0.7 倍。故改变信号频率，使输出电压的幅值由原来的 10 格缩为 7 格时，即转折频率所对应的幅值，就测出了转折频率和带宽。

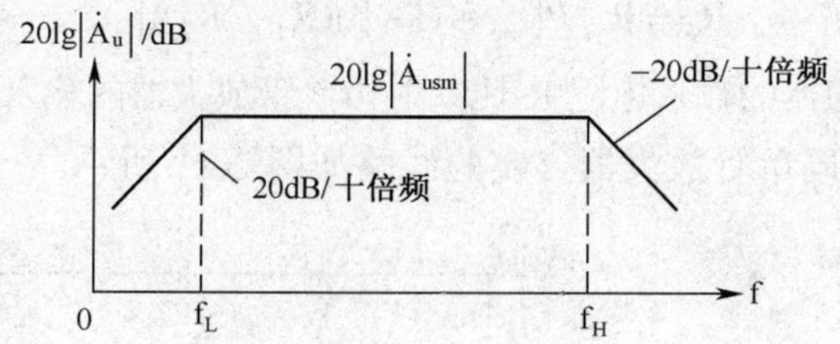

图 2-19　单管共射放大电路的频率响应

根据以上分析，自己动手在实际电路中测量带宽。

5. 实验报告

（1）列表整理测量结果，并把实测的静态工作点、电压放大倍数、输入电阻、输出电阻值与理论值相比较（取一组数据进行比较），分析产生误差的原因。

（2）总结 R_C、R_L 及静态工作点对放大器电压放大倍数、输入电阻、输出电阻的影响。

（3）讨论静态工作点变化对放大倍数和输出波形的影响。

（4）分析调试过程中出现的问题。

2.3　射极跟随器

1. 实验目的

- 掌握射极跟随器的特性及测试方法。
- 进一步学习放大器各项参数测试方法。

2. 实验原理

射极跟随器的原理图如图 2-20 所示。它是一个电压串联负反馈放大电路，具有输入阻抗高、输出阻抗低、输出电压能够在较大范围内跟随输入电压作线性变化以及输入输出信号同相等特点。

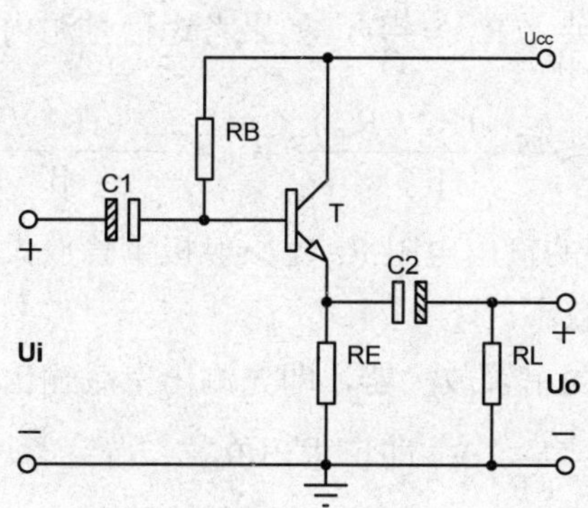

图 2-20　射极跟随器原理图

射极跟随器的输出取自发射极，故称其为射极跟随器。其特点如下：

（1）输入电阻 R_i 高。

在图 2-20 电路中，$R_i = r_{be} + (1+\beta)R_E$，如果考虑偏置电阻 R_B 和负载 R_L 的影响，则

$$R_i = R_B // [r_{be} + (1+\beta)(R_E // R_L)]$$

由上式可知，射极跟随器的输入电阻 R_i 比共射极单管放大器的输入电阻 $R_i=R_B//r_{be}$ 要高得多。输入电阻的测试方法同单管放大器，实验线路如图 2-21 所示。

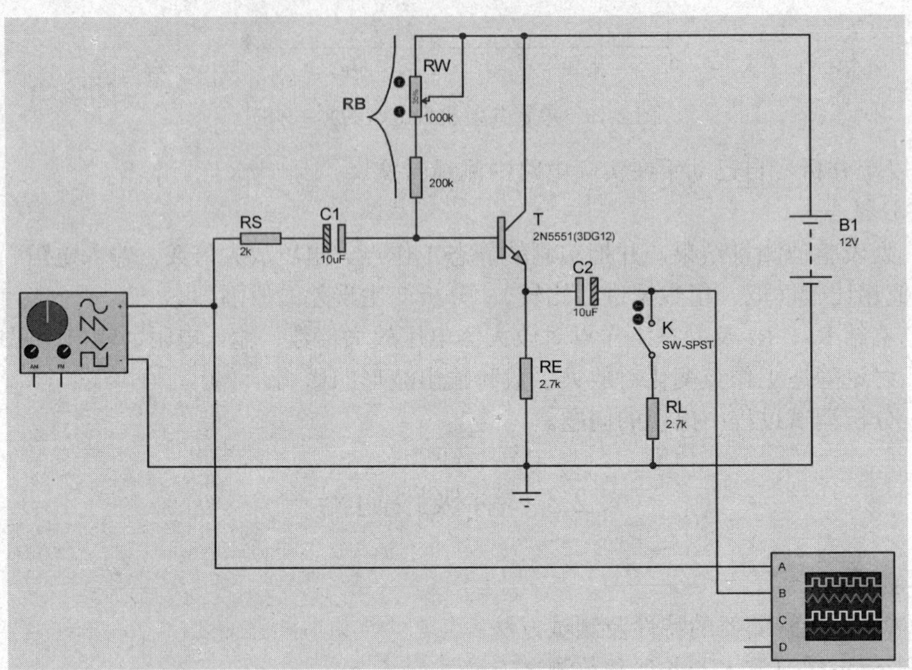

图 2-21 射极跟随器实验电路图

$R_i = \dfrac{U_i}{I_i} = \dfrac{U_i}{U_S - U_i} R_S$，即只要测得图 2-21 中电阻 R_S 前（U_s）后（U_i）对地交流电压即可。

（2）输出电阻 R_O 低。

在图 2-20 电路中，$R_O = \dfrac{r_{be}}{\beta} // R_E \approx \dfrac{r_{be}}{\beta}$，如果考虑信号源内阻 R_s，则

$$R_O = \frac{r_{be} + (R_S // R_B)}{\beta} // R_E \approx \frac{r_{be} + (R_S // R_B)}{\beta}$$

由上式可知，射极跟随器的输出电阻 R_O 比共射极单管放大器的输出电阻 $R_O=R_C$ 低得多。三极管的β值愈高，输出电阻愈小。

输出电阻 R_O 的测试方法同单管放大器，即先测出空载输出电压 U_O，再测接入负载 R_L 后的输出电压 U_L，根据 $U_L = \dfrac{U_O}{R_O + R_L} R_L$ 即可求出 R_O:

$$R_O = \left(\frac{U_O}{U_L} - 1\right) R_L$$

（3）电压放大倍数近似等于 1。

在图 2-20 电路中

$$A_V = \frac{(1+\beta)(R_E // R_L)}{r_{be} + (1+\beta)(R_E // R_L)} < 1$$

上式说明，射极跟随器的电压放大倍数小于近似等于 1，且为正值。这是深度电压负反馈的结果。但它的射极电流仍比基极电流大（1+β）倍，所以它具有一定的电流和功率放大作用。

射极跟随器并不能放大电压，它能够放大电流，它的输入电阻高，输出电阻低，电路的动态性能比较好，适合做多级放大电路的初级和末级。但由于差动放大电路和功率放大电路的出现，在高性能运放的输入级和输出级一般不使用射极跟随器。

3. 实验设备与器件

- +12V 直流电源
- 函数信号发生器
- 双踪示波器
- 交流毫伏表
- 直流电压表
- 万用表
- 晶体三极管 3DG12（β=50~100）电阻器、电容器若干

4. 实验内容及步骤

（1）按图 2-21 组接电路。

（2）静态工作点的调整。由于射极跟随器的电压不能被放大，所以在调试静态工作点时需要加比较高的输入电压才能观察到失真的出现，一般从 1V（交流有效值）加起，逐渐加大。静态工作点调整合适后，照图 2-22 接线，测量静态工作点。注意，测量静态工作点所用的都是直流表，测量集电极电位的电压表可省去，因为集电极直接接 12V 直流电源。在 Proteus 中，电流表要在属性对话框中改为毫安表，注意电流从正端流向负端。测得的数据如图 2-22 中各电表所示，请把测得的值及相关计算填入表 2-9 中。

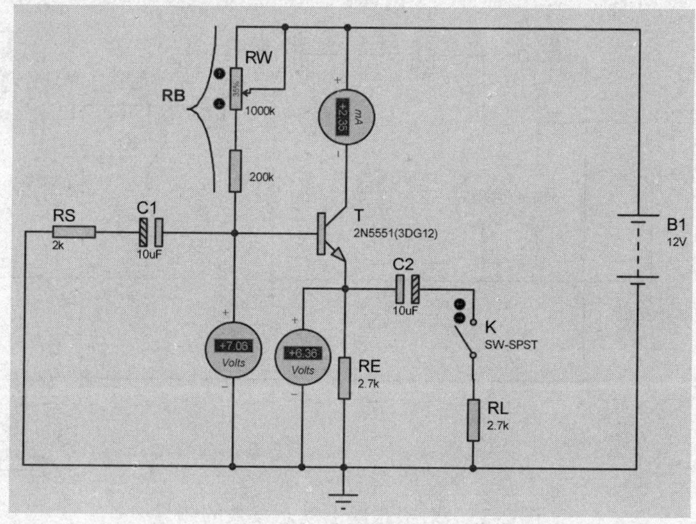

图 2-22　射极跟随器的静态工作点测量电路

表 2-9 射极跟随器静态工作点测量值

U_B（V）	U_E（V）	U_C（V）	$I_E=U_E/R_E$（mA）

在接下来的实验过程中，应保持 RW 值不变，即静态工作点不变。

（3）测量射极跟随器的动态参数。动态参数仍然是电压放大倍数、输入电阻、输出电阻和带宽。照图 2-21 接线，在 Proteus 中运行仿真，把信号发生器的频率调为 1kHz，调节信号发生器的幅度使电路的输入电压 U_i 有效值为 2V，读得信号发生器的电压有效值 U_S 为 2.02V，输出电压有效值 U_o 为 1.99V，于是可以算出各动态参数。

1）电压放大倍数。

$$A_V=\frac{U_o}{U_i}=\frac{1.99}{2.00}=0.995,\quad A_{VS}=\frac{U_o}{U_S}=\frac{1.99}{2.02}=0.985$$

2）输入电阻。

$$R_i=\frac{U_i}{U_S-U_i}R_S=\frac{2.00}{2.02-2.00}\times 2=200\text{k}\Omega$$

3）输出电阻。

保持输入信号不变，空载和接负载时分别测得输出电压，如图 2-23 和图 2-24 所示，可计算输出电阻如下：

$$R_o=\frac{U_o'-U_o}{U_o}R_L=\frac{1.99-1.97}{1.97}\times 2.7=27.4\Omega$$

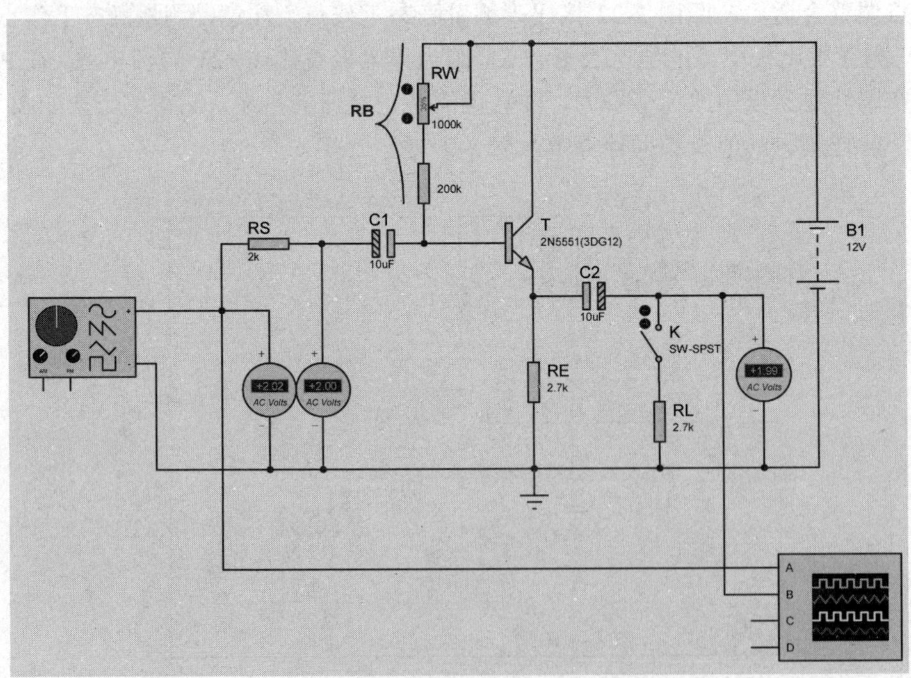

图 2-23 射极跟随器动态参数的测量

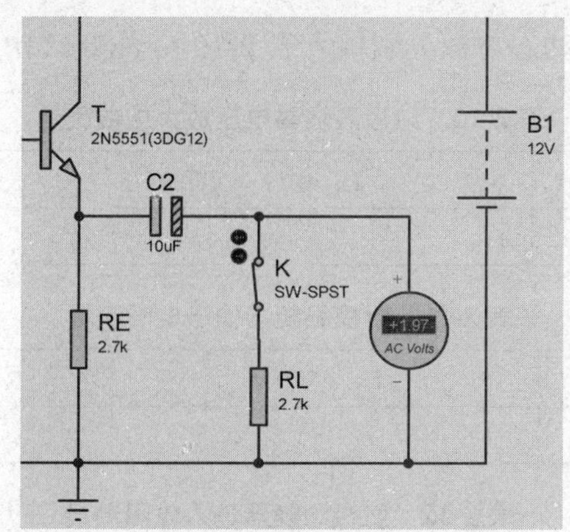

图 2-24　射极跟随器输出电阻的测量

通过计算可以发现，此射极跟随器的输入电阻高达到 200kΩ，输出电阻低至 27.4Ω，电压放大倍数接近 1 但小于 1。至于带宽，同学们可以借鉴前面单管共射放大电路的方法自己来测算，下面来观察输入输出电压波形。

4）观察输入输出电压波形。

在以上各动态参数的测量过程中，前提是输出电压不失真，最好是把示波器接在输出端，每测量或改变一个参数，都要观察输出电压的波形，确保输出不失真。

现在来观察、对比输入输出电压波形，验证输出电压是否与输入电压大小约相等、方向相同。在输入端加上使输出不失真的合适输入电压，使输出空载，把输入、输出分别接到示波器的 A、B 通道，调节示波器的扫描旋钮和 A、B 通道的垂直位移及增益旋钮，保持两通道的增益一致，垂直位移稍有不同，否则两波形将重叠，不易观察。观察到的波形如图 2-25 所示。由此可验证射极跟随器名称的由来。

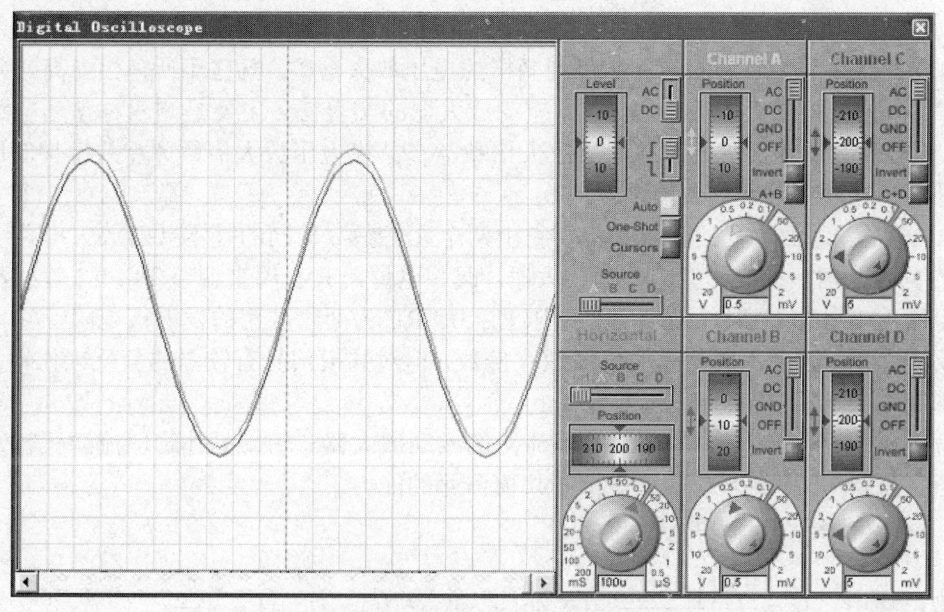

图 2-25　射极跟随器的输入输出波形

请同学们把自己测量的动态参数分别填入表 2-10 至表 2-12 中。

表 2-10 射极跟随器电压放大倍数测量

U_i（V）	U_L（V）	$A_V= U_L/U_i$

表 2-11 射极跟随器输出电阻测量

U_O（V）	U_L（V）	$R_O=[(U_O/U_L)-1] R_L$（kΩ）

表 2-12 射极跟随器输入电阻测量

U_S（V）	U_i（V）	$R_i=[U_i/(U_S-U_i)] R_S$（kΩ）

5. 实验报告

（1）整理实验数据并画出曲线 $U_L=f(U_i)$及 $U_L=f(f)$。

（2）分析射极跟随器的性能和特点。

2.4 差动放大器

1. 实验目的

- 加深对差动放大器性能及特点的理解。
- 学习差动放大器主要性能指标的测试方法。

2. 实验原理

差动放大器用在多级放大电路的第一级，主要目的是减少零漂。与单管共射放大电路相比，差动放大器使用了双倍的元件却得到同样的电压放大倍数，但它却具有相当高的共模抑制比，即对共模信号的放大倍数近似为零。差动放大器的实验任务主要是测两种差动电路的静态工作点、单端和双端输出时的差模电压放大倍数 A_d、共模电压放大倍数 A_c、共模抑制比 K_{CMRR} 以及两种电路接法下这些参数的比较。

图 2-26 是差动放大器的基本结构。它由两个元件参数相同的基本共射放大电路组成。当开关 K 拨向左边时，构成典型的差动放大器。调零电位器 RW 用来调节 T1、T2 管的静态工作点，使得输入信号 $U_i=0$ 时，双端输出电压 $U_O=0$。RE 为两管共用的发射极电阻，它对差模信号无负反馈作用，因而不影响差模电压放大倍数，但对共模信号有较强的负反馈作用，故可以有效地抑制零漂，稳定静态工作点。

当开关 K 拨到右边时，构成具有恒流源的差动放大器。它用晶体管恒流源代替发射极电阻 RE，可以进一步提高差动放大器抑制共模信号的能力。

（1）静态工作点的估算。

典型电路中，$I_E=\dfrac{|U_{EE}|-U_{BE}}{R_E}$（认为 $U_{B1}=U_{B1}\approx 0$），$I_{C1}=I_{C2}=\dfrac{I_E}{2}$

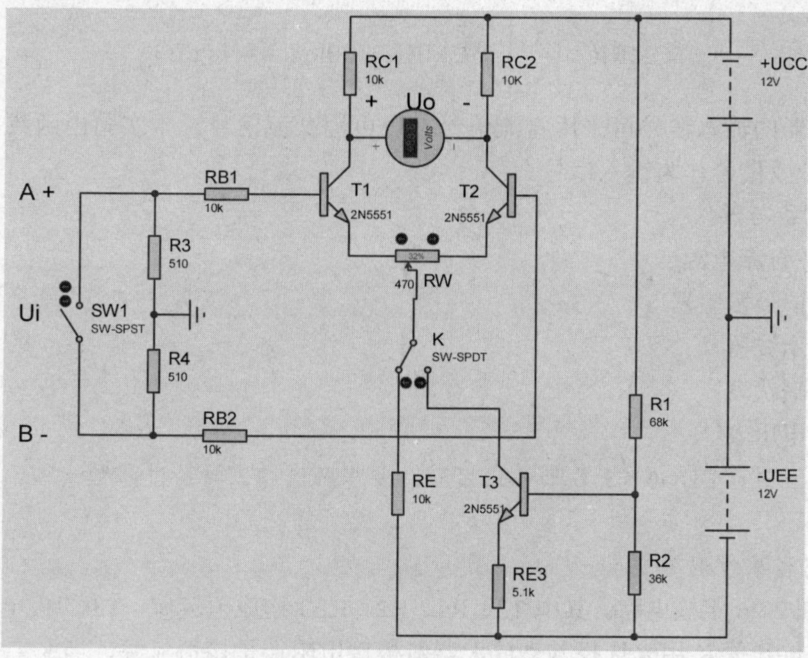

图 2-26　差动放大器实验电路

恒流源电路中，$I_{C3}=I_{E3}=\dfrac{\dfrac{R_2}{R_1+R_2}(U_{CC}+|U_{EE}|)-U_{BE}}{R_{E3}}$，$I_{C1}=I_{C2}=\dfrac{I_{C3}}{2}$

（2）差模电压放大倍数和共模电压放大倍数。当差动放大器的射极电阻 RE 足够大时，或采用恒流源电路时，差模电压放大倍数 A_d 由输出端方式决定，而与输入方式无关：

双端输出 RE=∞，RW 在中心位置时，有

$$A_d=\frac{\Delta U_O}{\Delta U_i}=-\frac{\beta R_C}{R_B+r_{be}+\dfrac{1}{2}(1+\beta)R_W}$$

单端输出有

$$A_{d1}=\frac{\Delta U_{C1}}{\Delta U_i}=\frac{1}{2}A_d，\quad A_{d2}=\frac{\Delta U_{C2}}{\Delta U_i}=-\frac{1}{2}A_d$$

当输入共模信号时，若为单端输出，则有

$$A_{C1}=A_{C2}=\frac{\Delta U_{C1}}{\Delta U_i}=-\frac{\beta R_C}{R_B+r_{be}+(1+\beta)(\dfrac{1}{2}R_W+2R_E)}\approx-\frac{R_C}{2R_E}$$

若为双端输出，在理想情况下有

$$A_C=\frac{\Delta U_O}{\Delta U_i}=0$$

实际上由于元件不可能完全对称，因此 A_C 也绝不会等零。

（3）共模抑制比。为了表征差动放大器对有用信号（差模信号）的放大作用和对共模信号的抑制能力，通常用一个综合指标来衡量，即共模抑制比

$$\mathrm{CMRR}=\left|\frac{A_d}{A_C}\right| \text{或} \mathrm{CMRR}=20\log\left|\frac{A_d}{A_C}\right| \text{（dB）}$$

差动放大器的输入信号可采用直流信号，也可用交流信号。本实验由函数信号发生器产生 f=1kHz 的正弦信号作为输入信号。

3. 实验设备与器件

- +12V 直流电源
- 函数信号发生器
- 双踪示波器
- 交流毫伏表
- 直流电压表
- 晶体三极管 3DG6×3（或 9011×3），要求 T1、T2 管特性参数一致。电阻器、电容器若干

4. 实验内容及步骤

（1）按图 2-26 组接电路。其中 T3、R1、R2、RE3 构成恒流源，T3 的集电极电流为恒流源的输出。两位开关 K 用来选择差动放大器射极接电阻还是接恒流源，当 K 拨到左边，差动放大器接 10k 的射极电阻 RE，拨到右边接恒流源，共模抑制能力更强。RW 是调零电阻，在 Proteus 仿真时，因为可以做到差动对管及相应的元件完全对称，而在实际电路中却不能，利用调零电阻 RW 来调节两个共射放大电路的对称性。开关 SW1 用来在测静态工作点时短接信号源。直流电源采用两个 12V 电压串联，中间点接地。

（2）测量静态工作点。

1）电路调零。在测各参数之前，先进行电路调零。如图 2-27 所示，在 T1、T2 管两集电极之间接一直流伏特表，闭合开关 SW1（即交流输入端短接），把开关 K 打在左侧，这时电路中全部为直流电量。调节滑动变阻器 RW，使电表的读数接近零为止。调零完成，去掉电压表，保持 RW 的触头位置不变。

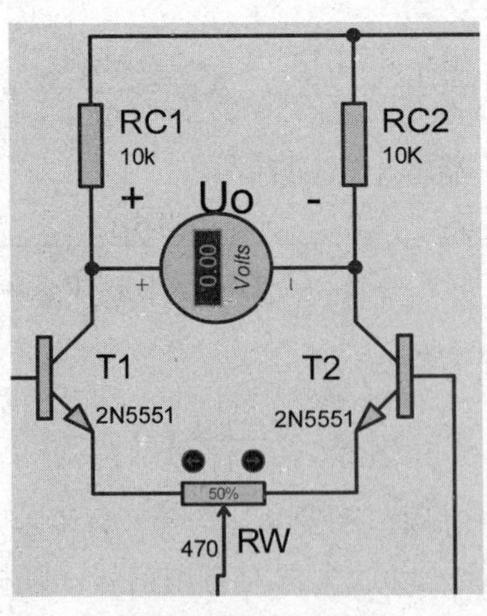

图 2-27 调零电路

2）测量静态工作点。在只有直流电源作用的情况下，测得电路中的基极电位、射极电位、集电极电位和集电极电流。

照图 2-28 连接电路，测得的数据及计算值填入表 2-13 中。注意基极和射极电位均为负值。

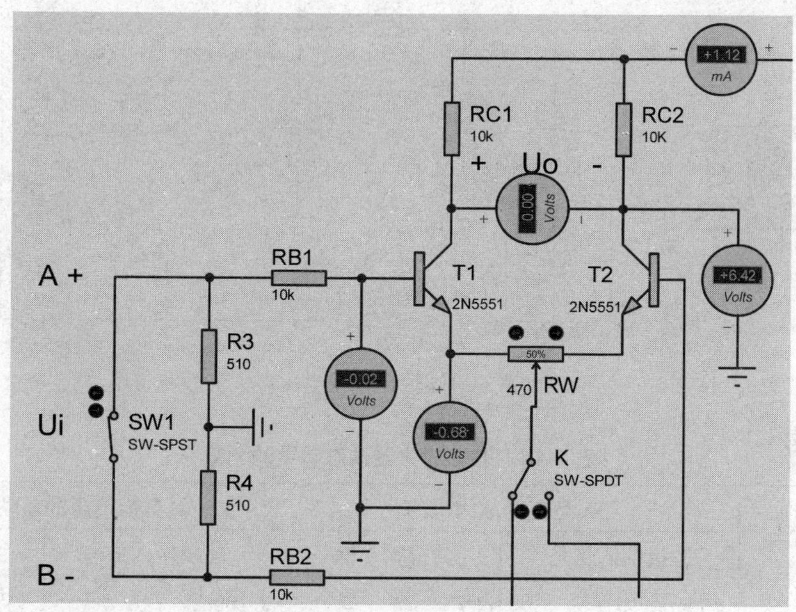

图 2-28　差动放大器的静态工作点测量电路

表 2-13　差动放大器静态工作点测量值

V_B（V）	V_E（V）	V_C（V）	I_C（Ma）	V_{BE}（V）	V_{CE}（V）

（3）单端输出时电压放大倍和共模抑制比测量。

1）单端输出时的差模电压放大倍数测量。打开 SW1，在差模输入端接一信号源，并联交流毫伏表，调节信号发生器，使差模信号的频率为 1kHz，调节信号源的幅值使交流毫伏表的读数约为 100mV（有效值）。在 T1 管的集电极接一交流伏特表（万用表），同时在 T1 管集电极接示波器，观察输出电压波形不失真为准。测量接线如图 2-29 所示。

先把开关 K 拨到左侧，测得 T1 管的集电极输出电压为；再把开关 K 拨到右侧，测得 T1 管的集电极输出电压。可计算出射极分别接电阻和恒流源时的单端输出差模电压放大倍数。把测量值和计算值填入表 2-14 中。

再把开关 K 拨到右侧，所有接线不变，在输出电压不失真的情况下读出输出电压值，并填入表 2-14 中。

2）单端输出共模电压放大倍数。如图 2-30 所示，把 T1、T2 管的两输入端并联，即把开关 SW 合上，再接一频率为 1kHz、有效值为 1V 的共模输入信号。

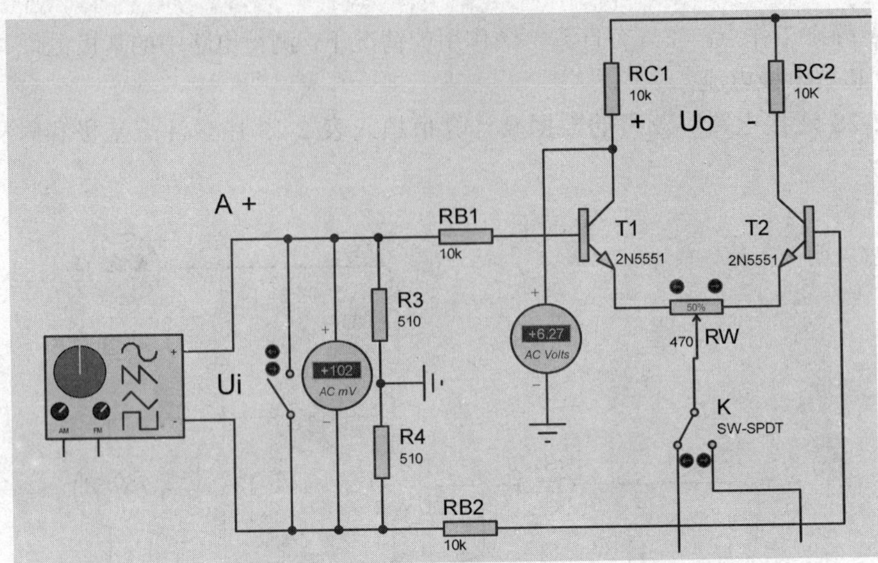

图 2-29　差动放大器的单端输出差模电压放大倍数测量电路

表 2-14　差动放大器动态参数的测量

	典型差动放大电路		具有恒流源的差动放大电路	
	差模输入信号	共模输入信号	差模输入信号	共模输入信号
U_i	100mV	1V	100mV	1V
U_{c1}（V）				
U_{c2}（V）				
$A_{d1}=\frac{U_{C1}}{U_i}$		/		/
$A_d=\frac{U_O}{U_i}$		/		/
$A_{C1}=\frac{U_{C1}}{U_i}$	/		/	
$A_C=\frac{U_O}{U_i}$	/		/	
$CMRR=\left\|\frac{A_{d1}}{A_{C1}}\right\|$				

先把开关 K 拨到左侧，测得 T1 管的集电极输出电压；再把开关 K 拨到右侧，测得 T1 管的集电极输出电压。

把以上测得的两个共模输出电压填入表 2-14 中。

3）单端输出时的共模抑制比计算。把单端输出时的差模电压放大倍数比共模电压放大倍数，它们的绝对值即共模抑制比，能反映一个电路对共模信号的抑制能力，此值越大越好。把计算值填入表 2-14 中，比较两种接法的电路共模抑制比的大小并分析电路性能的好坏。

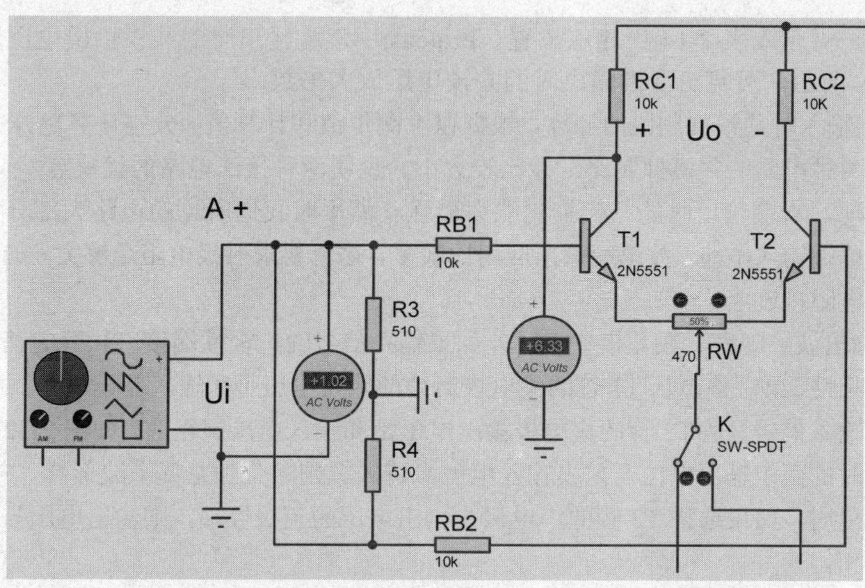

图 2-30　差动放大器的单端输出共模电压放大倍数测量电路

（4）双端输出时电压放大倍数和共模抑制比测量。

1）双端输出时差模电压放大倍数测量。按照前面介绍的差模输入信号的接法，先在输入端接 1kHz、有效值约为 100mV 的差模输入信号，在 T1 和 T2 管的集电极之间接一交流电压表，把开关 K 拨到左边读输出电压表读数，填入表 2-14 中相应位置；再把开关 K 拨到右边读出输出电压值，并填入表 2-14 中相应位置。Proteus 中双端输出时的差模输出电压测量读数如图 2-31（a）所示。可算出双端输出时的差模电压放大倍数。

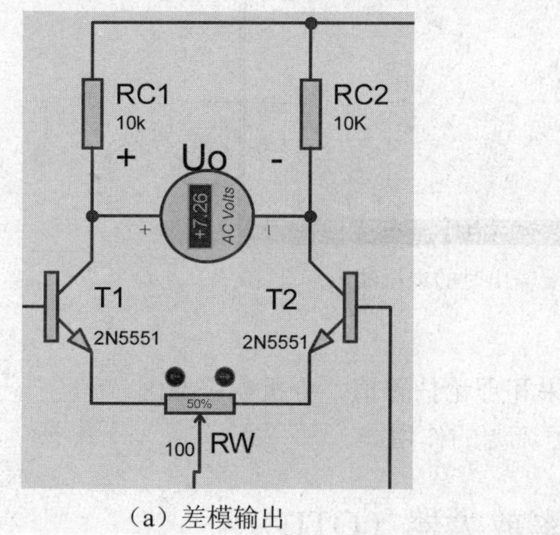

（a）差模输出

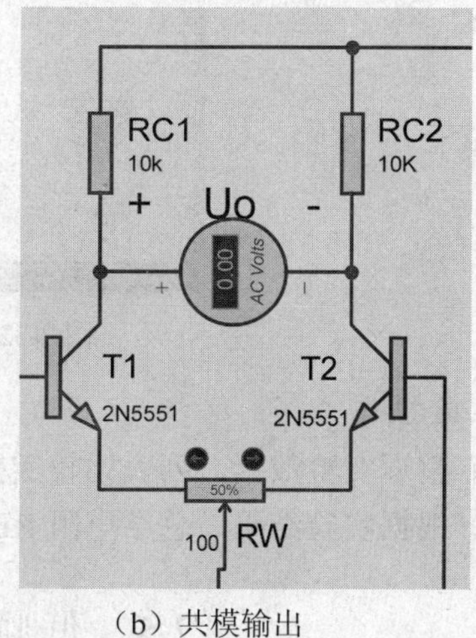

（b）共模输出

图 2-31　差动放大器的双端输出测量电路

2）双端输出时共模电压放大倍数测量。按照前面介绍的共模输入信号的接法，先在输入端接 1kHz、有效值为 1V 的共模输入信号，在 T1 和 T2 管的集电极之间接一交流电压表，把开关 K 拨到左边读输出电压表读数，填入表 2-14 中相应位置；再把开关 K 拨到右边读出输出电压值，并填入表 2-14 中相应位置。Proteus 中双端输出时的共模输出电压测量读数如图 2-31（b）所示。可算出双端输出时的共模电压放大倍数。

3）双端输入时共模抑制比的计算。根据以上测量值和计算值，分别计算出开关 K 拨到左边和右边时两种电路的共模抑制比，并比较大小，说明两种接法电路的优缺点。

可以发现，双端输出时的共模抑制能力最强。而平时我们所见的电路大部分在差动电路后面还要接单端输入电路，故单端输出应用比较多，这就要求射极电阻足够大，最好接理想恒流源，它的电阻接近∞。

（5）输出波形观察。在差模输入时，如果输入信号的正极性端接 T1 管的基极，由于共射电路的倒相性，单端输出从 T1 管的集电极对地的输出电压是和输入差模信号倒相的。相反，对于同样的输入信号，从 T2 管的集电极输出电压是和输入电压同相的，如图 2-32 所示，分别是单端输出时的两个输出电压及差模输入电压，请大家判断分别是哪个波形。

双端输出时，如果选择 T2 管的集电极为输出电压的正极性端，则输出电压与输入电压同相，否则反相。

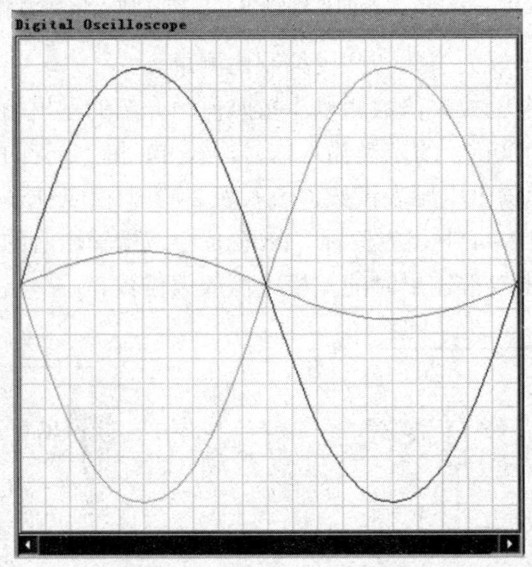

图 2-32　单端输出时的电压波形

5. 实验报告

（1）整理实验数据，列表比较实验结果和理论估算值，分析误差原因。

（2）根据实验结果，总结电阻 RE 和恒流源的作用。

2.5　低频功率放大器（OTL）

1. 实验目的

- 进一步理解 OTL 功率放大器的工作原理。
- 学会 OTL 电路的调试及主要性能指标的测试方法。

2. 实验原理

这里要讨论的低频功率放大器是一个 OTL（无输出变压器）电路，5V 单直流电源供电，输出端接 1000μF 的大电容，通过充放电，做负电源使用，原理上和 OCL 电路还是一样的。如图 2-33 所示，电路中采用由 R、C2 组成的自举电路来抬高 A 点的电位，提高输出电压正半周的幅度，以得到更大动态范围。在本实验中，我们主要调试和观察交越失真波形、测量最大不失真输出电压及计算最大输出效率。

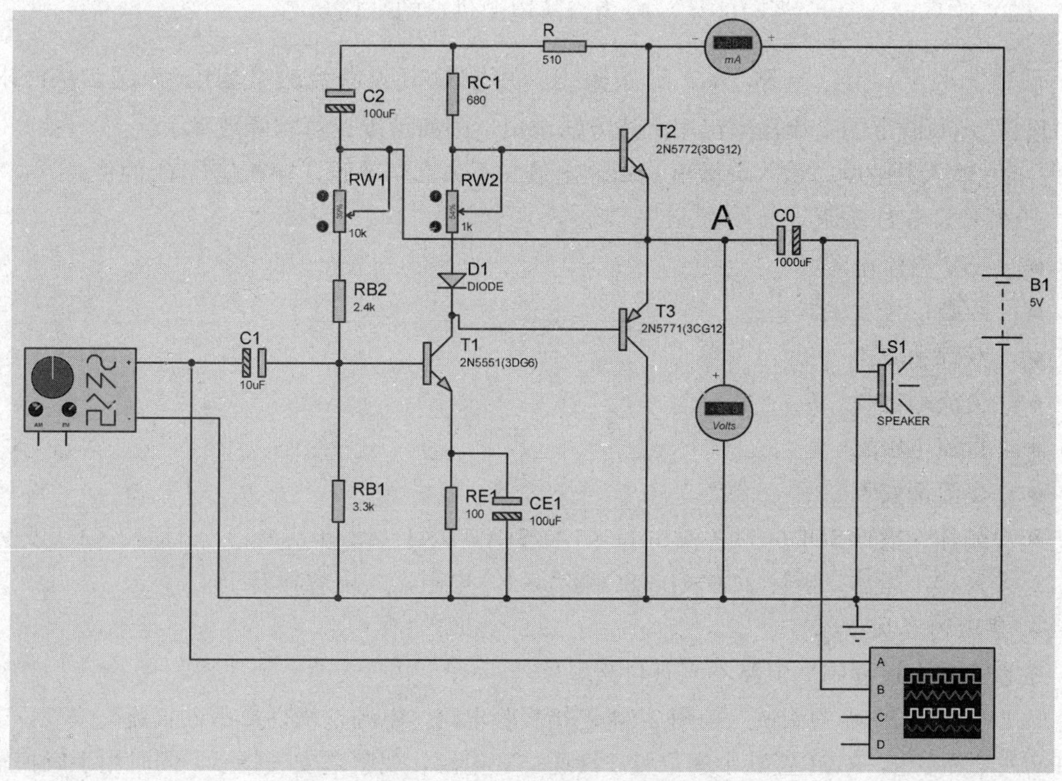

图 2-33　OTL 功率放大器实验接线图

由晶体管三极管 T1 组成推动级（也称前置放大级），T2、T3 是一对参数对称的 NPN 和 PNP 型晶体管，它们组成互补推挽 OTL 功放电路。由于每一个管子都接成射极输出器形式，因此具有输出电阻低、负载能力强等优点，适合于作功率输出级。T1 管子工作在甲类状态，它的集电级电流 I_{C1} 由电位器 RW1 进行调节。I_{C1} 的一部分流经电位器 RW2 及二极管 D1，给 T2、T3 提供偏压。调节 RW2，可以使 T2、T3 得到合适的静态工作电流而工作于甲、乙类工作状态，以克服交越失真。静态时要求输出端中点 A 的电位 $U_A=0.5U_{cc}$，可以通过调节 RW1 来实现，由于 RW1 的一端接在 A 点，因此在电路中引入交、直流电压并联负反馈，一方面能够稳定放大器的静态工作点，同时也改善了非线性关系。

当输入正弦交流信号 U_i 时，经 T1 管放大、倒相后同时作用于 T2、T3 的基极，U_i 的负半周使 T2 管导通（T3 管截止），有电流通过负载 R_L，同时向电容 C0 充电，在 U_i 的正半周，T3 导通（T2 截止），则已充好电的电容器 C0 起着电源的作用，通过负载 R_L 放电，这样在 R_L 上就得到完整的正弦波。

OTL 电路的主要性能指标：

（1）最大不失真输出功率 $P_{om}=\frac{U_{CC}^2}{8R_L}$。在实验中可通过测量 R_L 两端的电压有效值，来求得实际的 $P_{om}=\frac{U_O^2}{R_L}$。

（2）效率η。$\eta=\frac{P_{om}}{P_E}\times100\%$，$P_E$ 为直流电源供给的平均功率。

理想情况下，$\eta_{max}=78.5\%$。在实验中，可测量电源供给的平均电流 I_{dc}，从而求得 $P_E=U_{cc}\cdot I_{dc}$，负载上的交流功率已用上述方法求出，因而可以计算实际效率了。

（3）输入灵敏度。输入灵敏度是指输出最大不失真功率时，输入信号 U_i 的值。

3. 实验设备与器件

- +5V 直流电源
- 函数信号发生器
- 双踪示波器
- 交流毫伏表
- 直流电压表
- 交流毫安表
- 晶体三极管 3DG6×1（或 9011×1），3DG12×1（或 9013×1），3CG12×1（或 9012×1），晶体二极管 2CP×1，8Ω喇叭×1，电阻器、电容器若干

4. 实验内容及步骤

在整个测试过程中，电路不应有自激现象。

（1）静态工作点的测试。按图 2-34 连接实验电路，电源正极性端串入直流毫安表，电位器 RW2 置最小值，RW1 置其中间位置。接通+5V 电源，观察毫安表指示，同时用手触摸输出级管子，若电流过大，或管子温升显著，应立即断开电源检查原因（如 RW2 开路、电路自激、或输出管性能不好等）。如无异常现象，可开始调试。

1）调节输出中点电位 U_A。调节电位器 RW1，用直流电压表测量 A 点电位，使 $U_A=U_{CC}/2$，即 2.5V。

2）观察交越失真波形。调节 RW2 使毫安表的读数在 5～10mA 之间。这时两个管子的 V_{CE} 均为 2.5V，电容 C0 通过直流电源、T1 和 8Ω扬声器负载充电至 2.5V。

RW2 和 D1 是专门用来消除输出波形的交越失真的。但现在我们故意来调节 RW2 使 T2 与 T3 两基极间电压减小，从而在输出波形中出现交越失真。按图 2-33 分别在输入端和输出端接交流信号发生器和示波器。信号发生器的频率为 1kHz，调节其幅值，观察示波器上的波形，使其不出现上下顶失真。接下来把 RW2 往下调，直到输出波形出现交越失真为止，如图 2-35 所示。

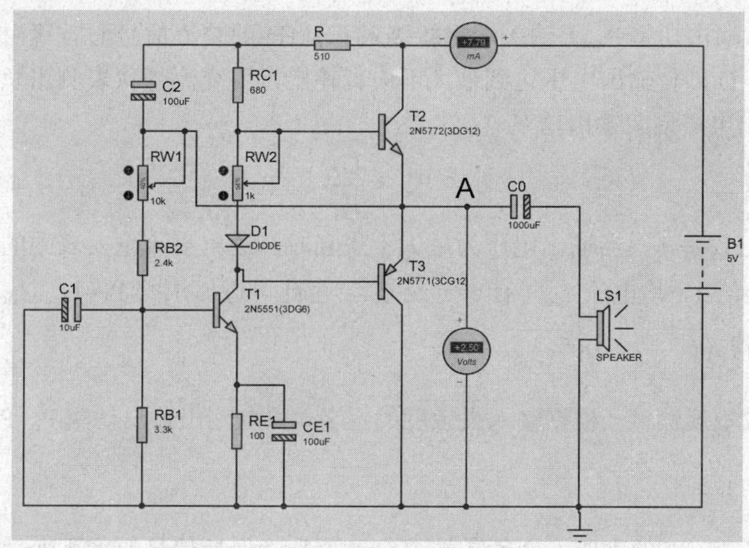

图 2-34　OTL 功率放大器静态工作点测试

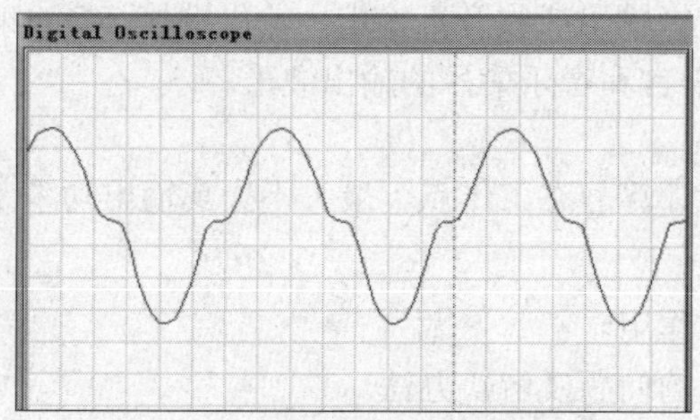

图 2-35　输出波形的交越失真现象

观察了交越失真之后，继续调节滑动变阻器 RW2，使其值变大，直至交越失真消失为止。然后加大输入信号的幅值，使输出波形上下顶出现失真，然后调节 RW1，使失真对称，减小输入信号幅值，观察失真是否真的对称，这样反复调节 RW1 和减小输入信号幅值，直到输出波形上下顶的波形失真刚刚同时消失为止。这时的静态工作点是最合适的。

去掉交流信号源，保持电路电位器不变。重新按图 2-34 接线，即把输入端短路，测量各级静态工作点，并填入表 2-15 中（$I_{C1}=I_{C2}=$ 　mA，$U_A=2.5V$）。

表 2-15　OTL 功率放大器静态工作点的测量

	T1	T2	T3
U_B（V）			
U_C（V）			
U_E（V）			

注意：在调整 RW2 时，一是要注意旋转方向，不要调得过大，更不能开路，以免损坏输出管；静态工作点调整好后，如无特殊情况，不得随意旋动 RW2 的位置。

（2）最大输出功率 P_{om} 和效率 η 的测试。

1）测量最大输出功率 P_{om}。输入端重新接入 f=1kHz 的交流信号 U_i，输出端用示波器观察波形。逐渐增大 U_i，使输出电压达到最大不失真输出，用交流毫伏表测出负载 R_L 上的电压 U_{om}，则或计算出电路最大输出功率

$$P_{om}=\frac{U_O^2}{R_L}$$

2）测量输出效率 η。当输出电压为最大不失真时，读出直流毫安表中的电流值，此电流即为直流电源供给的平均电流 I_{dc}（有一定误差），由此可近似求得 $P_E=U_{cc}\cdot I_{dc}$，再根据上面测得的 P_{om} 即可求得 $\eta=\frac{P_{om}}{P_E}\times100\%$。

（3）输入灵敏度测试。根据输入灵敏度的定义，只要测出输出功率 $P_o=P_{om}$ 时的输入电压 U_i 即可。

（4）试听。

1）在输出端接 8Ω的喇叭，在输入端接交流信号，保持信号幅度不变，连续改变接输入信号频率，听喇叭音调的改变。

2）输入信号改为录音机输出或收音机输出，输出端接 8Ω的喇叭或试听音箱，同时接示波器，开机试听，并观察语言和音乐信号的输出波形。

5. 实验报告

（1）整理实验数据，计算静态工作点、最大不失真输出功率 P_{om} 和效率 η 等，并与理论值进行比较。

（2）分析自举电路的作用。

（3）讨论实验中发生的问题及解决办法。

2.6 负反馈放大器

1. 实验目的

- 加深理解放大器电路中引入负反馈的方法。
- 负反馈对放大器各项性能指标的影响。

2. 实验原理

负反馈在电子电路中有着非常广泛的应用。虽然它使放大器大倍数降低，但能够在多方面改善放大器的动态指标，如稳定放大倍数、改变输入、输出电阻、减少非线性失真和展宽通频带等。因此，几乎所有使用的放大器都带有负反馈。

负反馈放大器有四种组态，即电压串联、电压并联、电流串联和电流并联。本实验以电压串联负反馈为例，分析负反馈对放大器各项性能指标的影响。

图 2-9 即为带有负反馈的两级阻容耦合放大电路，在电路中通过 RF 把输出电压 U_O 引回到输入端，加在晶体管 T1 的发射极上，在发射极电阻 RF1 上形成负反馈电压 U_f。根据负反馈的判断方法可知，它属于电压串联负反馈。主要性能指标如下：

- 闭环电压放大倍数 $A_{vf}=\dfrac{A_v}{1+A_vF_v}$，其中：

$A_v=\dfrac{U_O}{U_i}$ 为基本放大器（无反馈）的电压放大倍数，即开环电压放大倍数。

$1+A_vF_v$ 为反馈深度，它的大小决定了负反馈对放大器性能改善的程度。

- 反馈系数 $F_v=\dfrac{R_{F1}}{R_{F1}+R_F}$。
- 输入电阻 $R_{if}=(1+A_vF_v)R_i$，R_i 为基本放大器的输入电阻（不包括偏置电阻）。
- 输出电阻 $R_{Of}=\dfrac{R_O}{1+A_{vO}F_v}$，$R_O$ 为基本放大器的输出电阻，A_{vO} 为基本放大器开路时的电压放大倍数。

3. 实验设备与器件

- +12V 直流电源
- 函数信号发生器
- 双踪示波器
- 交流毫伏表
- 直流电压表
- 晶体三极管 3DG6×2（β=50~100）或 9011×2、电阻器、电容器若干

4. 实验内容及步骤

（1）测量静态工作点。按图 2-9 连接实验电路，取 U_{CC}=+12V，U_i=0，断开反馈网络和两级之间的连接，按照前面介绍的静态工作点调试方法，分别对两级电路进行静态工作点调试，调试完成后，用直流电压表分别测量第一级、第二级的静态工作点，并记入表 2-16 中。

表 2-16　负反馈放大器静态工作点的测量

	U_B（V）	U_E（V）	U_c（V）	I_c（mA）
第一级				
第二级				

（2）测试基本放大器的各项性能指标。将电路中的开关 K2 断开，即为基本放大电路。

1）测量中频电压放大倍数、输入电阻和输出电阻。

以 f=1kHz，U_S=5mV 的正弦信号输入放大器，用示波器监视输出波形 U_O，在 U_O 不失真的情况下，用交流毫伏表测量 U_S、U_i 和 U_L，记入表 2-17 中。

表 2-17　放大器各项性能指标的测量

	U_S（mV）	U_i（mV）	U_L（mV）	U_O（V）	A_V	R_i（kΩ）	R_o（kΩ）
基本放大器							
负反馈放大器							

保持 U_S 不变，断开负载电阻 R_L（注意，反馈支路不要断开），测量空载时的输出电压 U_O，并记入表 2-17 中。

2）测量通频带。接上负载电阻 R_L，保持 U_S 不变，然后增加和减小输入信号的频率，用示波器或交流毫伏表测出上、下限频率 f_H 和 f_L，记入表 2-18 中。

表 2-18 负反馈放大器通频带的测量

	f_L（Hz）	f_H（kHz）	△f（kHz）
基本放大器			
负反馈放大器			

（3）测试负反馈放大器的各项性能指标。将电路中的开关 K2 合上，即为负反馈放大电路。适当加大 U_S（约为 10mV），在输出波形不失真的条件下，测量负反馈放大器的 A_{vf}、R_{if} 和 R_{Of}，记入表 2-17 中；测量 f_H 和 f_L，记入表 2-18 中。

（4）观察负反馈对非线性失真的改善

1）实验电路改接成基本放大电路形式，在输入端加入 f=1kHz 的正弦信号，输出端接示波器，逐渐增大输入信号的幅度，使输出波形稍稍出现失真，记下此时的波形和输出电压的幅度。

2）再将实验电路改接成负反馈放大电路形式，增大输入信号幅度，使输出电压的幅度大小与上一步相同，比较有负反馈时，输出电压波形的变化。

5. 实验报告

（1）将基本放器和负反馈放大器动态参数的实测值和理论估算值列表进行比较。

（2）根据实验结果，总结电压串联负反馈对放大器性能的影响。

2.7 正弦波振荡器

1. 实验目的

- 进一步学习 RC 正弦波振荡器的组成及振荡条件。
- 学会测量、调试振荡器。

2. 实验原理

正弦波振荡器由四部分组成，分别是放大电路、选频网络、正反馈电路和稳幅环节。正弦波振荡电路的典型特征是无交流输入信号，却在输出端产生了正弦波输出信号。它的原理是，在直流电源闭合的一瞬间，频率丰富的干扰信号串入振荡电路的输入端，经过放大后出现在电路的输出端，但是由于幅值很小而频率又杂，不是我们希望的输出信号。此信号再经过选频兼正反馈网络，把某一频率信号筛选出来（而其他信号被抑制），再送回放大电路的输入端，整个电路的回路增益应略大于 1，这样不断地循环放大，得到失真的输出信号，最后经稳幅环节可输出一个频率固定、幅值稳定的正弦波信号。正弦波振荡器的结构框图如图 2-36 所示。

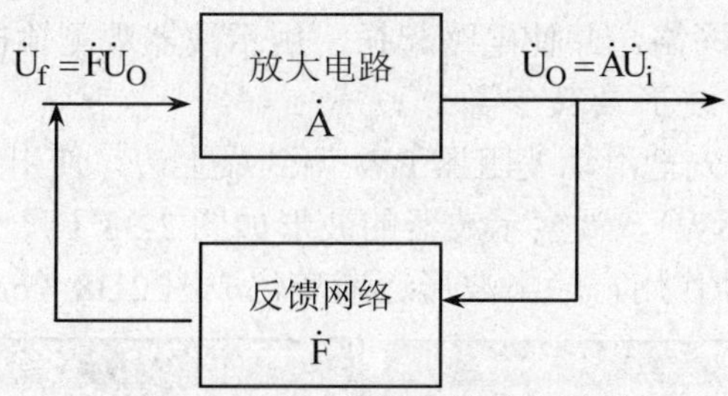

图 2-36　正弦波振荡器的结构框图

根据正弦波振荡电路选频网络的结构来区分和命名正弦波振荡电路，RC 电路有 RC 串并联振荡电路、三节 RC 移相式振荡电路和双星型振荡电路；LC 电路有变压器反馈式振荡电路、电容三点式和电感三点式振荡电路以及石英晶体振荡电路等。

本实验介绍 RC 串并联振荡电路，如图 2-37 所示。电路共由三部分组成：T1、T2 组成的两级共射放大电路，R1、C1、R2、C2 组成的 RC 串并联选频兼正反馈网络以及 RW 和 RF 组成的电压串联负反馈稳幅环节。

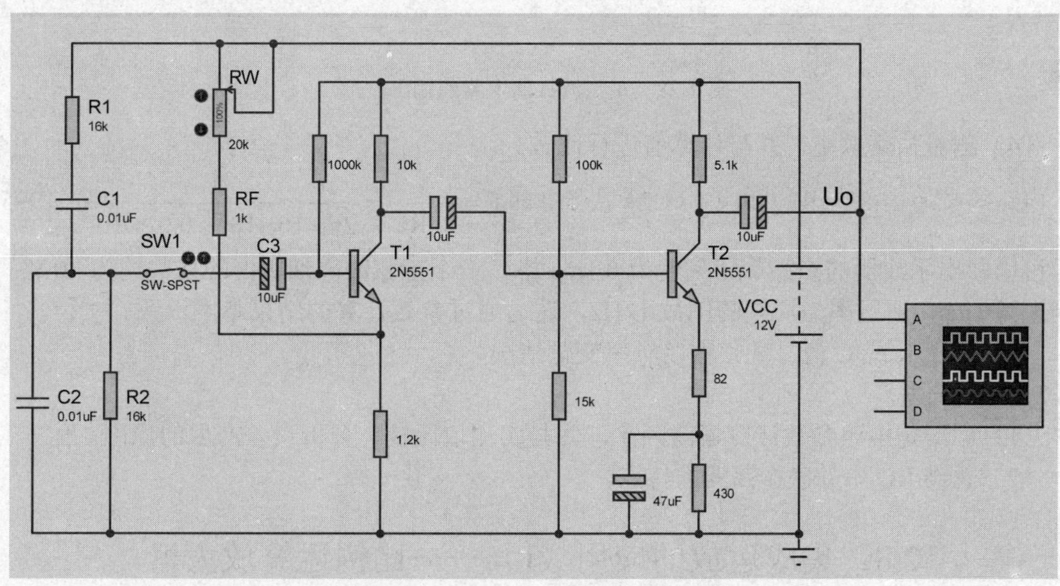

图 2-37　RC 串并联正弦波振荡电路

3. 实验设备与器件

- +12V 直流电源
- 函数信号发生器
- 双踪示波器
- 直流电压表
- 晶体三极管 3DG12×2 或 9013×2、电阻器、电容器若干

4. 实验内容及步骤

（1）按图 2-37 组接电路。

（2）断开 RC 串并联网络，测量放大器零态工作点及电压放大倍数。

（3）接通 RC 串并联网络，并使电路起振，用示波器观测输出电压波形，调节 RW 使获得满意的正弦信号，记录波形及其参数。

在 Proteus 中仿真时，先把滑动变阻器 RW 调到最上边，使引入负反馈最弱，放大电路的放大倍数最大。合上开关 SW1，观察示波器的波形如图 2-38（a）所示，出现失真波形。慢慢向下调节 RW，加大负反馈作用，输出波形逐渐变化成图 2-38（b）所示的正弦波。

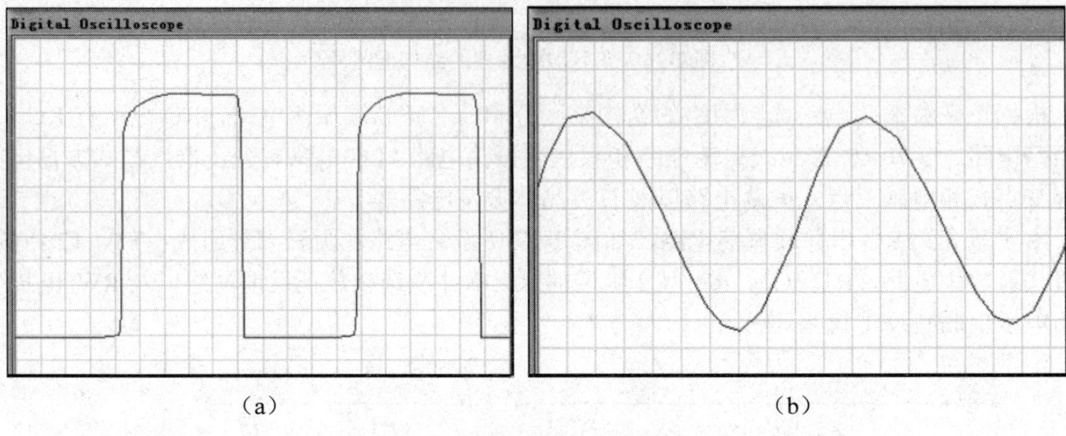

（a）　　　　　　　　　　（b）

图 2-38　正弦波振荡电路的输出波形

（4）测量振荡频率，并与计算值进行比较。

电路的频率由 R1（R2）和 C1（C2）决定，即 $f=\dfrac{1}{2\pi RC}=\dfrac{1}{2\pi\times16\times10^{3}\times0.01\times10^{-6}}\approx995\text{Hz}$

可以读出示波器的扫描旋钮刻度为 0.1ms/格，一个正弦波周期所占的格数约为 10 格，算出周期为 1ms，即频率为周期的倒数 1kHz，这与通过参数计算的结果基本一致。

（5）改变 R 或 C 值，观察振荡频率变化情况。

5. 实验报告

（1）由给定电路参数计算振荡频率，并与实测值比较，分析误差产生的原因。

（2）总结 RC 串并联振荡器的特点。

2.8　集成运放的应用（I）——比例运算放大器

1. 实验目的

- 加深理解比例运算放大器输出电压与输入电压之间的关系。
- 验证比例运放电路的运算关系。

2. 实验原理

根据流入理想运算放大器同相端和反相端的电流为零，以及具有深度负反馈的比例运算电路输入电位相等，可得出反相比例运放输出电压与输入电压的关系为 $V_O=-\dfrac{R_f}{R_1}V_i$，同相比例运放输出电压与输入电压的关系为 $V_O=\left(1+\dfrac{R_f}{R_1}\right)V_i$。

本实验采用的运算放大器为集成运放 LM324，它内部包含四个运放，引脚图如图 2-39 所示。其中 11 端可接地，也可接对称负电源。

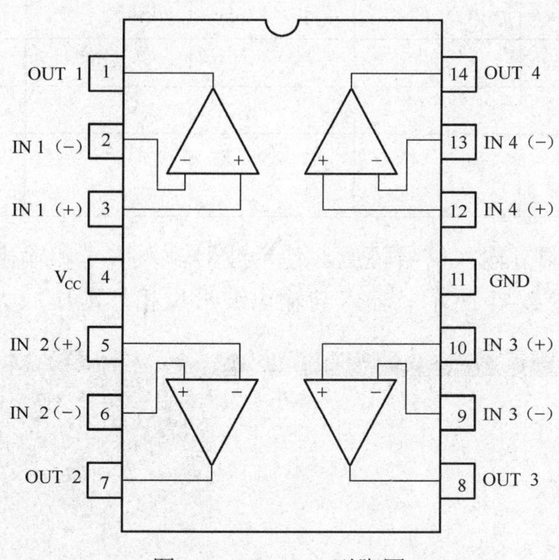

图 2-39　LM324 引脚图

3. 实验设备与器件

- -18V～+18V 直流电源
- 函数信号发生器
- 双踪示波器
- 交流毫伏表
- 万用表
- 运算放大器 LM324×1、电阻、电位器和导线若干

4. 实验内容及步骤

（1）反相比例运算放大器。连接如图 2-40 所示的电路，使信号发生器调出 100mV～1500mV、1kHz 的正弦波信号加在输入端 V_i，用示波器同时观察输入电压 V_i 和输出电压 V_O，并用交流毫伏表测量输出电压 V_O，计算 V_O/V_i，填入表 2-19 中。

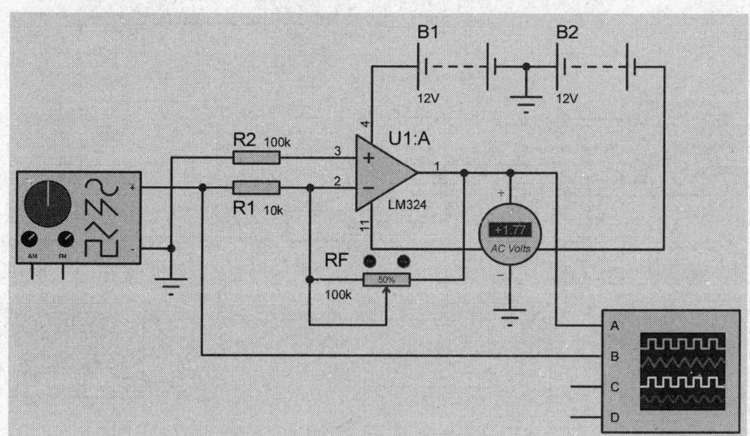

图 2-40　Proteus 中反相比例实验接线图

表 2-19 反相比例运放参数的测量

V_i（mV）	100	200	500	700	1000	1500
V_0（mV）						
A_v（V_0/V_i）						
波形						

在图 2-40 中，适当调节输入信号幅度，使示波器输入信号和输出信号 Y 轴增益刻度值保持一致，测得的波形如图 2-41 所示。输入与输出波形反相，电压放大倍数为 5。

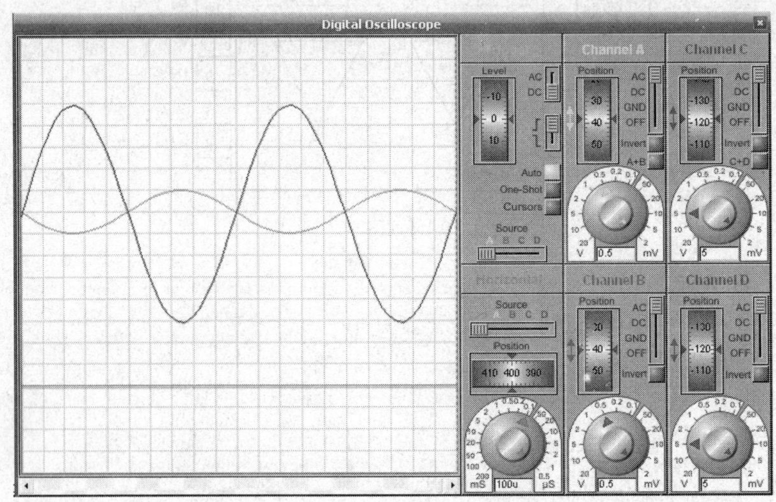

图 2-41 Proteus 中反相比例输入、输出电压波形

（2）同相比例运算放大器。连接如图 2-42 所示的电路，使信号发生器调出 100mV～1500mV、1kHz 的正弦波信号加在输入端 V_i，用示波器同时观察输入电压 V_i 和输出电压 V_O，并用交流毫伏表测量输出电压 V_O，计算 V_O/V_i，填入表 2-20 中。

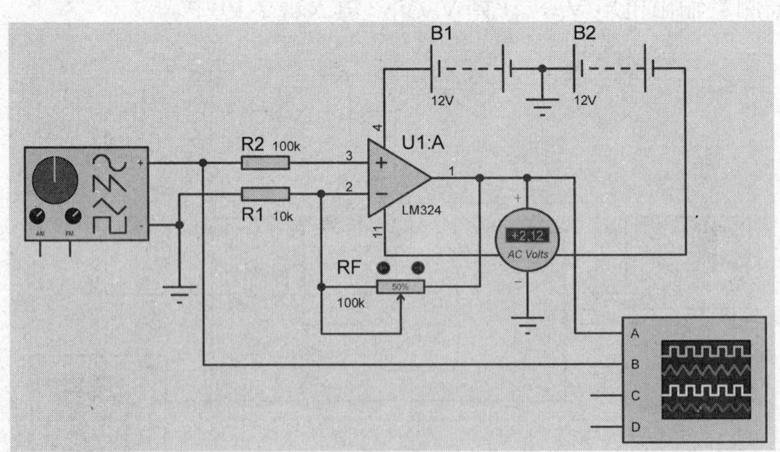

图 2-42 Proteus 中同相比例实验接线图

表 2-20　同相比例运放参数的测量

V_i（mV）	100	200	500	700	1000	1500
V_0（mV）						
A_v（V_0/V_i）						
波形						

在图 2-42 中，适当调节输入信号幅度，使示波器输入信号和输出信号 Y 轴增益刻度值保持一致，测得的波形如图 2-43 所示。输入与输出波形同相，电压放大倍数为 6。

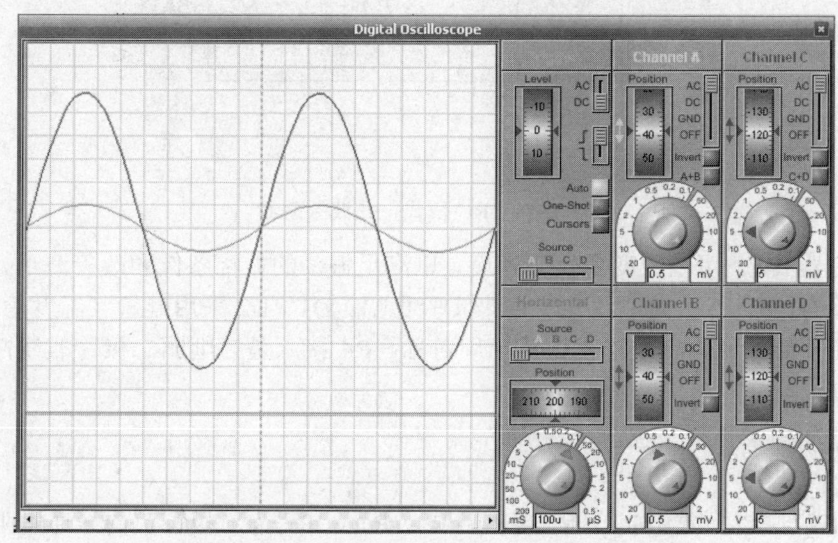

图 2-43　Proteus 中同相比例输入、输出电压波形

5. 实验报告

（1）整理并计算相关数据，认真填写表格和画出实验波形。

（2）比较两种比例运算放大器的电路特征和放大特性。

2.9　集成运放的应用（II）——波形发生器

1. 实验目的

- 学习用集成运放构成正弦波、方波和三角波发生器。
- 学习波形发生器的调整和主要性能指标的测试方法。

2. 实验原理

由集成运放构成的正弦波、方波和三角波发生器有多种形式，本实验选用最常用的电路加以分析。

（1）RC 桥式正弦波振荡器（文氏电桥振荡器）。图 2-44 为 RC 桥式正弦波振荡器。其中 RC 串、并联电路构成正反馈支路，同时兼作选频网络，R3、R4、R5、RW 及二极管等元件构成负反馈和稳幅环节。

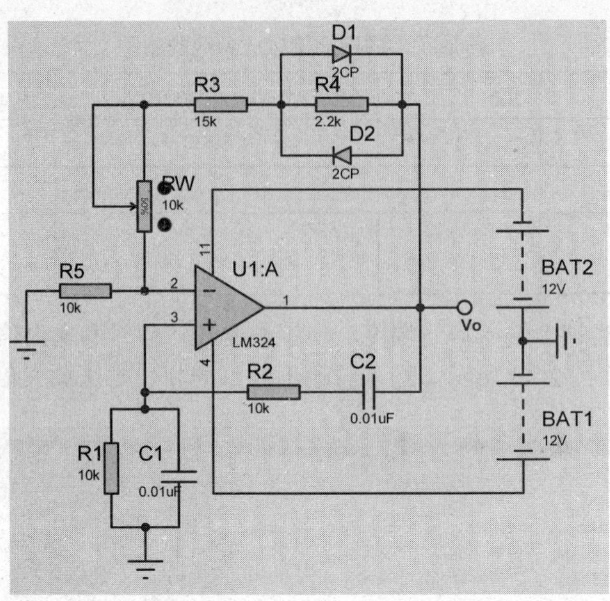

图 2-44　RC 桥式正弦波振荡器

调节电位器 RW，可以改变负反馈深度，以满足振荡的振幅条件和改善波形。利用两个反向并联二极管 D1 和 D2 正向非线性特性来实验稳幅。D1、D2 采用硅管（温度稳定性好），且要求特性匹配才能保证输出波形正、负半周对称。R4 接入是为削弱二极管非线性的影响，以改善波形失真。

电路的振荡频率 $f_0 = \dfrac{1}{2\pi R_1 C_1}$

起振条件 $\dfrac{R_f}{R_5} \geqslant 2$，式中 $R_f = R_W + R_3 + R_4 // R_D$，$R_D$ 为二极管正向导通电阻。

调整反馈电阻 R_f（调 RW），使电路起振，且波形失真最小。如不能起振，则说明负反馈太强，应适当加大 R_f。如波形失真严重，则应适当减小 R_f。

改变选频网络的参数（C1、C2 或 R1、R2），即可调节振荡频率。一般采用改变电容 C 作频率量程切换，而调节 R 作量程内的频率细调。

（2）方波发生器。由集成运放构成的方波发生器和三角波发生器，一般均包括比较器和 RC 积分器两大部分。图 2-45 所示为由滞回比较器及简单 RC 积分电路组成的方波——三角波发生器。它的特点是线路简单，但三角波的线性度较差。主要用于产生方波或对三角波要求不高的场合。

电路的振荡频率 $f_0 = \dfrac{R_2}{4R_1(R_F + R_W)C_1}$

方波的幅值 $U'_{om} = \pm U_Z$

三角波的幅值 $U_{om} = \dfrac{R_1}{R_2} U_Z$

调节 RW 可以改变振荡频率，改变比值 $\dfrac{R_1}{R_2}$ 可调节三角波的幅值。

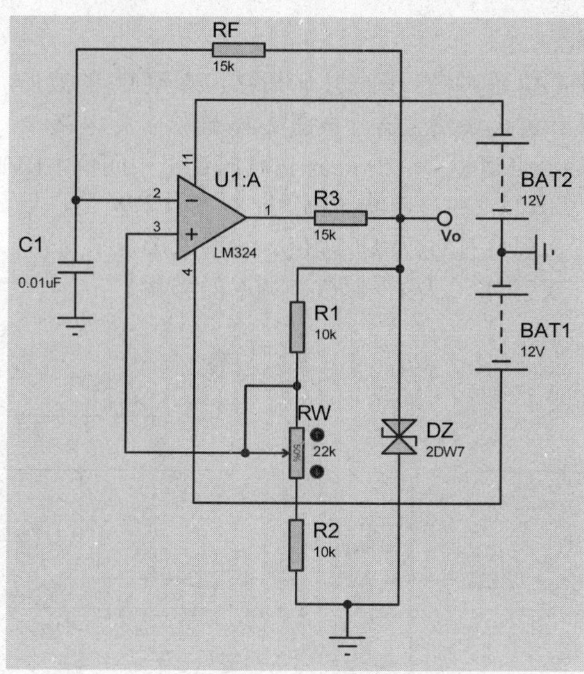

图 2-45　方波发生器

3. 实验设备与器件

- -18V～+18V 直流电源
- 双踪示波器
- 交流毫伏表
- 运算放大器 LM324×1、2DW7×1、2CP×2、电阻、电位器和电容器及导线若干

4. 实验内容及步骤

（1）RC 桥式正弦波振荡器。按图 2-44 连接实验电路，输出端接示波器。

1）接通±12V 直流电源，调节电位器 RW，使输出波形从无到有，从正弦波到出现失真。描绘 U_o 波形，记下临界起振、正弦波输出及失真情况下的 RW 值，分析负反馈强弱对起振条件及输出波形的影响。

2）调节电位器 RW，使输出电压 U_o 幅值最大且不失真，用交流毫伏表分别测量输出电压 U_o、反馈电压 U_+ 和 U_-，分析研究振荡的幅值条件。

3）用示波器或频率计测量振荡频率 f_0，然后在选频网络的两个电阻 R1、R2 上并联同一阻值电阻，观察记录振荡频率的变化情况，并与理论值进行比较。

4）断开二极管 D1、D2，重复第二步的内容，将测试结果与没有断开二极管时的测试结果相比较，分析 D1、D2 的稳幅作用。

（2）方波发生器。按图 2-45 连接实验电路。

1）将电位器 RW 调至中心位置，用双踪示波器观察并描绘方波 U_o 及三角波 U_C 的波形（注意参对应关系），测量其幅值及频率，记录之。

2）改变 RW 动点的位置，观察 U_o 和 U_C 的幅值及频率变化情况。把动点调至最上端和最下端，测出频率范围，记录之。

3）将 RW 恢复至中心位置，将一只稳压管短接，观察 U_o 的波形，分析 DZ 的限幅作用。

（3）方波、三角波和锯齿波发生器。按图 2-46 连接实验电路。

1）将电位器 RV1 调至合适位置（Proteus 仿真时调至中间位，RV1 选用 POT-HG），用示波器观察并描绘三角波输出 U_o 及 U_o'，测其幅值、频率及 RW 值，记录之。

2）改变 RW 的位置，观察对 U_o 及 U_o' 幅值、频率的影响。

3）改变 R1 和 R2，观察对 U_o 及 U_o' 幅值、频率的影响。

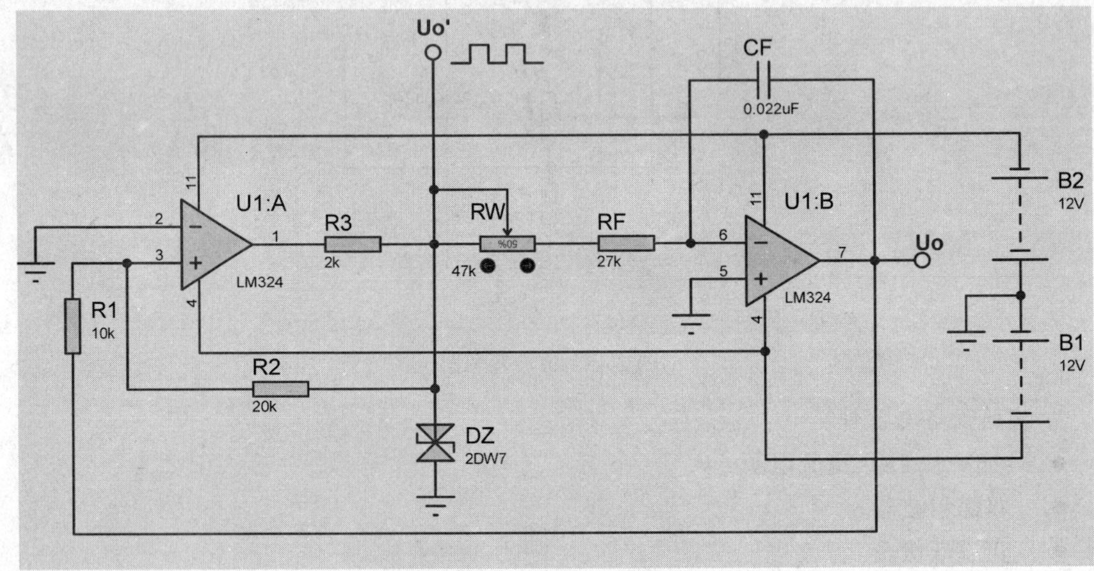

图 2-46　三角波、方波发生器

5. 实验报告

（1）正弦波发生器。

1）列表整理实验数据，画出波形，把实测数据与理论值进行比较。

2）根据实验分析 RC 振荡器的振幅条件。

3）讨论二极管 D1、D2 的稳幅作用。

（2）方波发生器。

1）列表整理实验数据，在同一座标纸上，按比例画出方波和三角波的波形图（标出时间和电压幅值）

2）分析 RW 变化时，对 U_o 波形的幅值及频率的影响。

3）讨论 DZ 的限幅作用。

（3）三角波和方波发生器。

1）整理实验数据，把实测频率与理论值进行比较。

2）在同一座标纸上，按比例画出方波和三角波的波形图（标出时间和电压幅值）。

3）分析电路参数变化（R1、R2 和 RV1）对输出波形频率及幅值的影响。

2.10　直流集成稳压电源

1. 实验目的

- 研究集成稳压器的特点和性能指标的测试方法。
- 了解集成稳压器扩展性能的方法。

2. 实验原理

集成稳压器件具有体积小、外接线简单、使用方便、工作可靠和通用性等优点，因此在各种电子设备中应用十分普遍，基本上取代了由分立元件构成的稳压电路。集成温压器的种类很多，应根据设备对直流电源的要求来进行选择。对于大多数电子仪器、设备和电子电路来说，通常是选用串联线性集成稳压器。而在这种类型的器件中，又以三端式稳压器应用最为广泛。

78、79 系列三端式集成稳压器的输出电压是固定的，在使用中不能进行调整。78 系列三端式稳压器输出正极性电压，一般有 5V、6V、9V、12V、15V、18V 和 24V 七个档次，输出电流最大可达 1.5A（加散热片）。同类型 78M 系列稳压器的输出电流为 0.5A，78L 系列稳压器的输出电流为 0.1A。若要求负极性输出电压，则可选用 79 系列稳压器。图 2-47 为中功率 78/79 系列三端集成稳压器的外形和引脚注释。

图 2-47　中功率 78/79 系列三端集成稳压器封装

除固定输出三端稳压器外，还有可调三端稳压器，后者通过外接元件对输出电压进行调整，以适应不同的需要。

本实验所用集成稳压器为三端固定正稳压 7812，它的主要参数有：输出直流电压 U_o=+12V；输出电流 78L12 为 0.1A，78M12 为 0.5A，7812 为 1A；输出电阻 R_o=0.15Ω；输入电压 U_i 的范围为 15～17V。因为一般 U_i 比 U_O 大 3～5V，才能保证集成稳压器工作在线性区。

图 2-48 是用三端稳压器 7812 构成的单电源电压输出串联型稳压电源的实验电路图。其中整流部分采用了有 4 个二极管组成的桥式整流器（又称桥堆）成品，型号为 ICQ-4B。滤波电容 C1 和 C2 一般选取几百至几千微法。当稳压器距离整流滤波电路比较远时，在输出端必须接入电容器 C3（0.33μF），以抵消线路的电压效应，防止产生自激振荡。输出端电容 C4（0.1μF）用以滤除输出端的高频信号，改善电路的暂态响应。

其中 C1 与 C2 值一般相关 22 倍。比如 C1 取 2200μF，则 C2 取 100μF；如 C1 取 1000μF，则 C2 取 47μF。

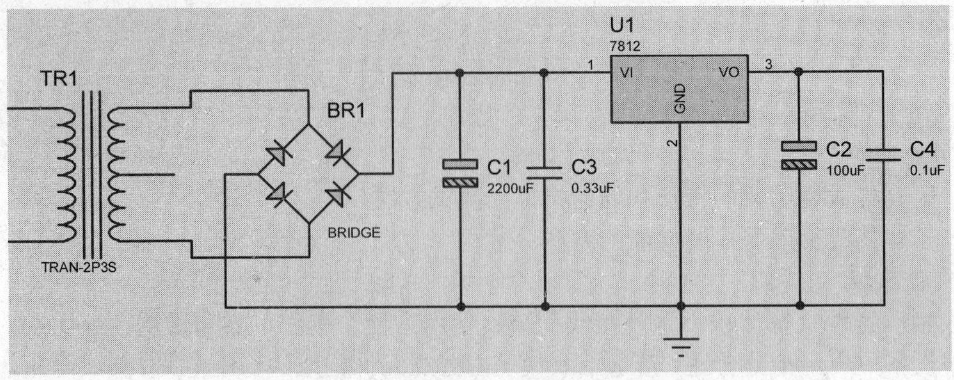

图 2-48　由 7812 组成的集成稳压电路

图 2-49 为正、负双电压输出电路，例如需要 U_{o1}=+18V，U_{o2}=－18V，则可选 7818 和 7918 三端稳压器，这时的 U_o 应为单端输出时的两倍。

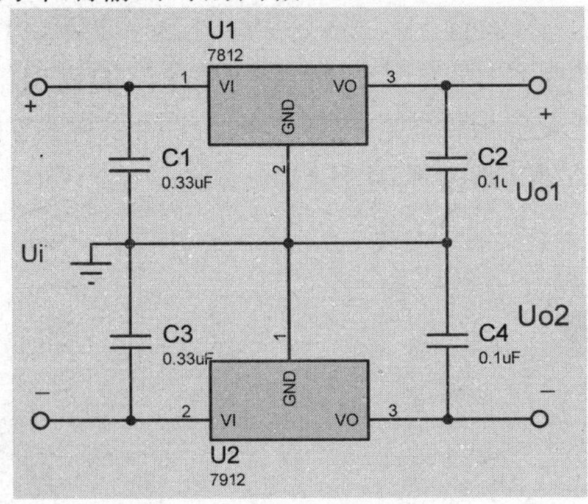

图 2-49　正负双电压输出电路

当集成稳压器本身的输出电压或输出电流不能满足要求时，可通过外接电路来进行性能扩展。图 2-50 是一种简单的输出电压扩展电路。如 7812 稳压器的 2、3 端间输出电压为 12V，因此只要适当选择 R1 的值，使稳压管 DZ 工作在稳压区，则输出电压 U_o=12+U_Z，可以高于稳压器本身的输出电压。

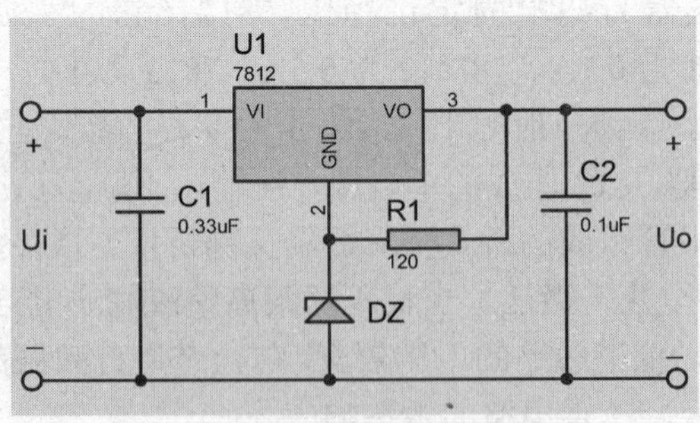

图 2-50　输出电压扩展电路

图 2-51 是通过外接晶体管 T 及电阻 R1 来进行电流扩展的电路。电阻 R1 的阻值由外接晶

体管的发射结导通电压 U_{BE}、三端稳压器的输入电流 I_i（近似等于三端稳压器的输出电流 I_{O1}）和 T 的基极电流 I_B 来决定，即

$$R_1 = \frac{U_{BE}}{I_R} = \frac{U_{BE}}{I_i - I_B} = \frac{U_{BE}}{I_{O1} - \frac{I_C}{\beta}}$$

式中，I_C 为晶体管 T 的集电极电流，$I_C=I_O-I_{O1}$；β为 T 的电流放大系数，对于锗管 U_{BE} 可按 0.3V 计算，对于硅管 U_{BE} 可按 0.7V 计算。

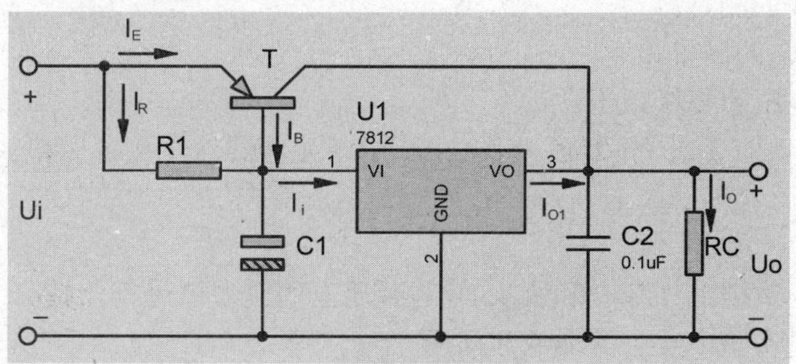

图 2-51　输出电流扩展电路

3. 实验设备与器件

- 可调工频（50Hz）电源
- 双踪示波器
- 交流毫伏表
- 直流电压表
- 直流毫安表
- 三端稳压器 7812、7819，桥堆 ICQ-4B，稳压二极管 2DW7、电阻、电容器及导线若干

4. 实验内容及步骤

（1）整流滤波电路测试。按图 2-52 连接实验电路，取可调工频电源 14V 电压作为整流电路输入电压 U_2。接通工频电源，测量输出端直流波纹电压 U_L，用示波器观察 U_2 和 U_L 的波形，把数据及波形填入自拟的表格中。

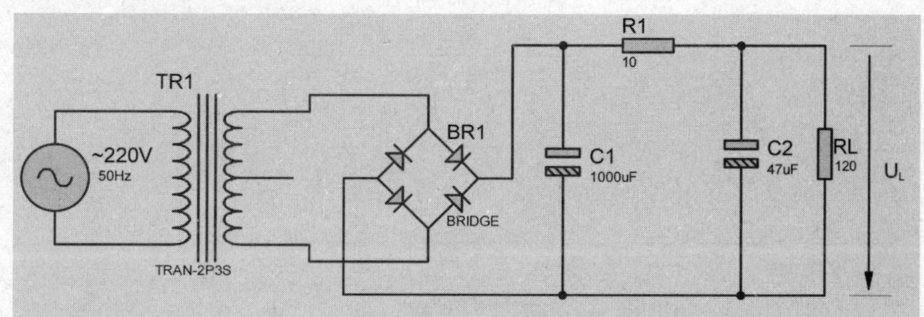

图 2-52　整流滤波电路

（2）集成稳压器性能测试。断开工频电流，按图 2-48 改接电路，取负载电阻 R_L=120Ω。

1）初测。接交流电源，测量变压器副边电压 U_2 的值大致为 14V，或直接给定 14V 电压作为整流输入电压。测 7812 输入、输出电压，并与理论值相比较，如相差太远，说明电路中有故障，应查找并排除。

2）各项性能指标测试。

① 输出电压 U_O 和最大输出电流 I_{Omax}。

在输出端接负载电阻 R_L=120Ω，由于 7812 输出电压为 12V，因此流过负载电阻 R_L 的 I_{Omax}=12/120=100mA。这时 U_O 应基本保持不变，若变化较大则说明集成块性能不良。

② 稳压系数 S 的测量。

③ 输出电阻 R_O 的测量。

④ 输出波纹电压的测量。

3）根据实验器材，选取图 2-49 和图 2-50 中各元件器件，并自拟测试方法与表格，记录实验结果。

5. 实验报告

（1）整理实验数据，计算 S 和 R_O，并与手册上的典型值进行比较。

（2）分析讨论实验中发生的现象和问题。

第 3 章　数字电子技术实验

数字电子技术实验的目的是熟练掌握中规模数字集成芯片的功能，研究这些集成芯片的应用，通过综合实验实践教学，使学生巩固和运用所学的数字电子技术理论知识和实验技能，掌握一般数字电子系统的分析、组装、调试和设计方法，培养学生的动手能力、综合运用所学理论知识独立分析和解决实际问题的能力，为以后从事有关数字电子系统的设计和研究开发工作打下基础。

本章结合 Proteus 软件对数字电子技术中的实验进行归类，列举了原理验证型实验、创新型实验、设计型实验和综合型实验共 11 个项目，涵盖了数字电子技术中的所有知识点并具有一定的创新性和综合性。

3.1　Proteus 中数字电路常用元件及仪器

在 Proteus 中，元件是按类存放在元件库中，数字电路中常用的元件列在以下几节中，以帮助读者更好更快地找到自己所需的元件。数字电路中的元件一般为集成芯片，此集成芯片的名称如 74LS00 即为元件名称，可以从元件拾取对话框中直接输入元件名称进行查找。对于元件名不太清楚的，可以按大类—子类来逐级查找。

3.1.1　CMOS 4000 系列

打开 Proteus 元件拾取对话框，在元件分类中位于第三的是 CMOS 4000 Series，即 CMOS 4000 系列元件，如图 3-1 所示，属早期生产的 CMOS 器件，在国外已限用，但由于这类器件比较便宜，目前在我们国家使用得还比较多。

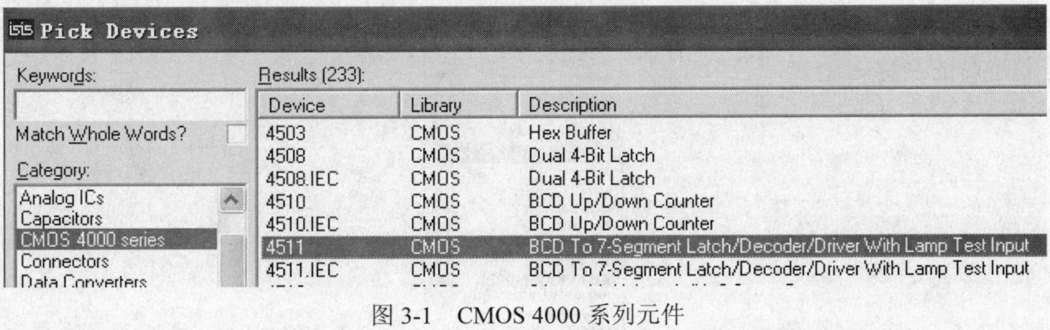

图 3-1　CMOS 4000 系列元件

4000 系列与 74 系列是对应的，比如 4000 系列的 4511 和 74 系列的 7448 对应，都是 BCD 到七段显示译码器，输出高电平有效，如图 3-2 所示。从图中可以看出，除了 4、5 管脚的标识和用法稍有不同外，其他管脚号及标识都一样。它们用来驱动共阴极七段数码显示。但提醒大家注意的是，它们的工作电压和逻辑电平标准并不完全一致。

4000 系列元件的子类划分，如图 3-3 所示，与 74 系列也是对应的，如表 3-1 所示。

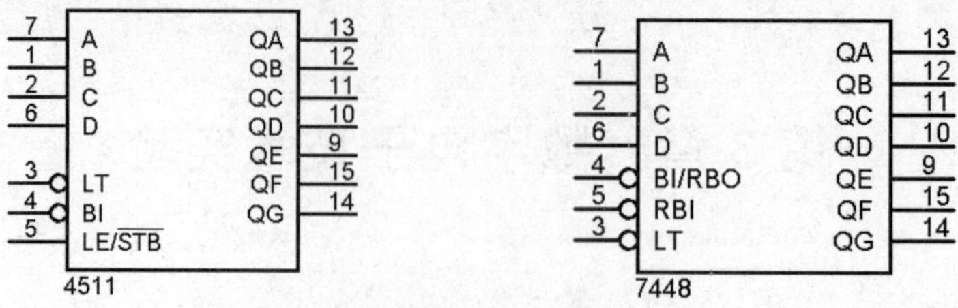

图 3-2 BCD 到七段显示译码器 4511 与 7448

表 3-1 4000 系列元件

名称	含义
Adders	加法器
Buffers & Drivers	缓冲器和驱动器
Comperators	比较器
Counters	计数器
Decoders	译码器
Encoders	编码器
Flip-Flops & Latches	触发器和锁存器
Frequency Dividers & Timers	分频器和定时器
Gates & Inverters	门电路和反相器
Memory	存储器
Misc. Logic	混杂逻辑器件
Multiplexers	选择器
Multivibrators	多谐振荡器
Phase-Locked-Loops（PLL）	锁相环
Registers	寄存器
Signal Switches	信号开关

另外，元件也可按生产厂家来查找，如图 3-3 中的 Fairchild、Miccochip 和 Texas Instruments 都是制造商的名称。

图 3-3 4000 系列元件的子类

3.1.2 TTL 74 系列

TTL 74 系列根据制造工艺的不同又分为如图 3-4 所示的几大类，每一类的元件的子类都相似，比如 7400 和 74LS00 功能一样。

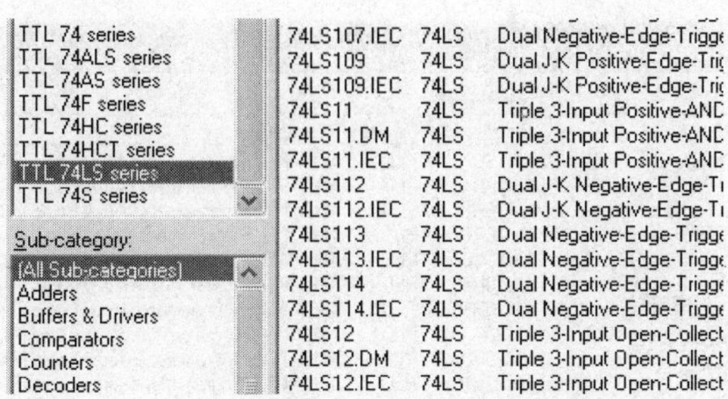

图 3-4 TTL 74 系列

由于每一类元件众多，而对于学过数字电子技术的读者来说，对常用的元件功能代号已熟悉，可在元件拾取对话框中的 Keywords 中键入元件名称，采用直接查询的方式比较省时，如图 3-5 所示。

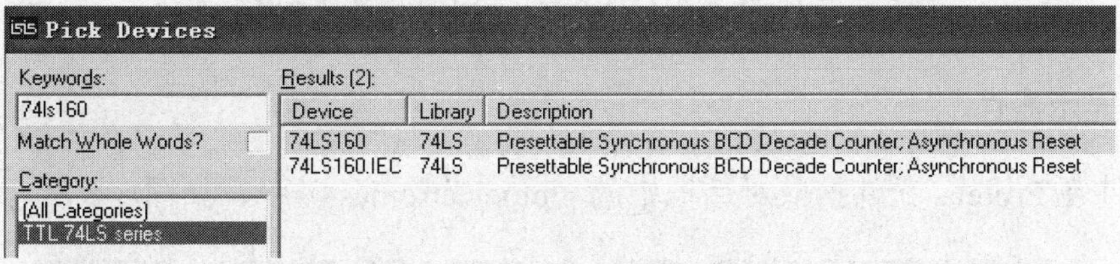

图 3-5 直接拾取元件对话框

3.1.3 数据转换器

数据转换器在 Proteus 元件拾取对话框中的 Data Converters 类中，如图 3-6 所示。常用数据转换器有并行 8 位模数转换器（如 ADC0809）、8 位数模转换器（如 DAC0808）、LF××采样保持器、MAX××串行数模转换器、$3\frac{1}{2}$位双斜坡 AD 转换器、具有 I^2C 接口的小型串行数字湿度传感器 TC74 及具有 SPI 接口的温度传感器 TC72 和 TC77 等，可按子类来查找。

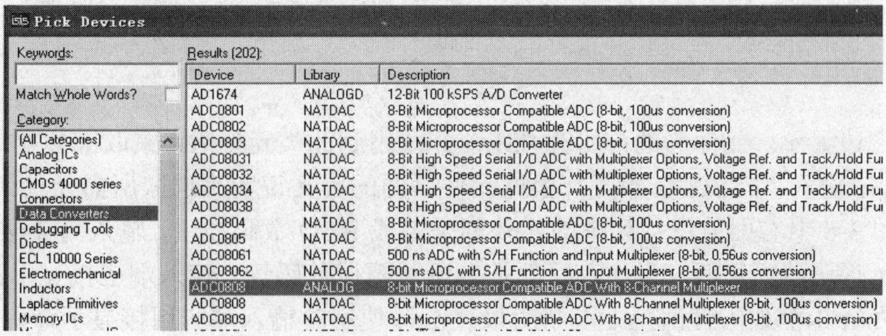

图 3-6 数据转换器类元件拾取对话框

3.1.4 可编程逻辑器件和现场可编程逻辑阵列

可编程逻辑器件及现场可编程逻辑阵列位于 Proteus 元件拾取对话框中的 PLDs & FPGAs 类中，此类元件较少，没有再划分子类，一共有十二个元件，如图 3-7 所示。

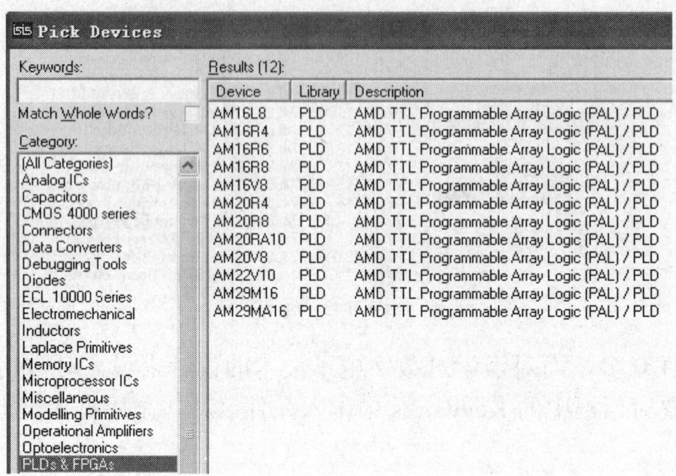

图 3-7 可编程逻辑器件及现场可编程逻辑阵列类元件

3.1.5 显示器件

显示器件在 Proteus 元件拾取对话框中的 Optoelectronics 类中，如图 3-8 所示。

Pick Devices

Keywords:

Match Whole Words?

Category:

Analog ICs
Capacitors
CMOS 4000 series
Connectors
Data Converters
Debugging Tools
Diodes
ECL 10000 Series
Electromechanical
Inductors
Laplace Primitives
Memory ICs
Microprocessor ICs
Miscellaneous
Modelling Primitives
Operational Amplifiers
Optoelectronics
PLDs & FPGAs

Results (96):

Device	Library	Description
7SEG-BCD	DISPLAY	7-Segment Binary Coded Decimal (BCD) Display
7SEG-BCD-BLUE	DISPLAY	Blue, 7-Segment Binary Coded Decimal (BCD) Display
7SEG-BCD-GRN	DISPLAY	Green, 7-Segment Binary Coded Decimal (BCD) Display
7SEG-COM-AN-BLUE	DISPLAY	Blue, 7-Segment Common Anode
7SEG-COM-AN-GRN	DISPLAY	Green, 7-Segment Common Anode
7SEG-COM-ANODE	DISPLAY	Red, 7-Segment Common Anode
7SEG-COM-CAT-BLUE	DISPLAY	Blue, 7-Segment Common Cathode
7SEG-COM-CAT-GRN	DISPLAY	Green, 7-Segment common Cathode
7SEG-COM-CATHODE	DISPLAY	Red, 7-Segment common Cathode
7SEG-DIGITAL	DISPLAY	Digital, 7-Segment Display
7SEG-MPX2-CA	DISPLAY	Red, 2 Digit, Common Anode, 7-Segment Display
7SEG-MPX2-CA-BLUE	DISPLAY	Blue, 2 Digit, 7-Segment Anode Display
7SEG-MPX2-CC	DISPLAY	Red, 2 Digit, 7-Segment Cathode Display
7SEG-MPX2-CC-BLUE	DISPLAY	Blue, 2 Digit, 7-Segment Cathode Display
7SEG-MPX4-CA	DISPLAY	Red, 4 Digit, 7-Segment Anode Display
7SEG-MPX4-CA-BLUE	DISPLAY	Blue, 4 Digit, 7-Segment Anode Display
7SEG-MPX4-CC	DISPLAY	Red, 4 Digit, 7-Segment Cathode Display
7SEG-MPX4-CC-BLUE	DISPLAY	Blue, 4 Digit, 7-Segment Cathode Display
7SEG-MPX6-CA	DISPLAY	Red, 6 Digit, 7-Segment Anode Display

图 3-8 显示器件

常用的七段显示，元件名的前缀为 7SEG-，在用到此类元件时，采取部分查询方法，直接在 Keywords 中输入“7SEG-”即可，根据元件后面的英文说明来选取所需元件。

比如，图 3-8 中右面前三行列举的元件都是七段 BCD 数码显示，输入为 4 位 BCD 码，用时可省去显示译码器；第四、五、六行都是七段共阳极数码管，输入端应接显示译码器 7447。第七、八、九行 3 个数码管都是七段共阴极接法，使用时输入端应用接显示译码器 7448。

我们来仔细看一下显示器件的子类划分，如图 3-9 所示。显示器件共分十类，如表 3-2 所示。

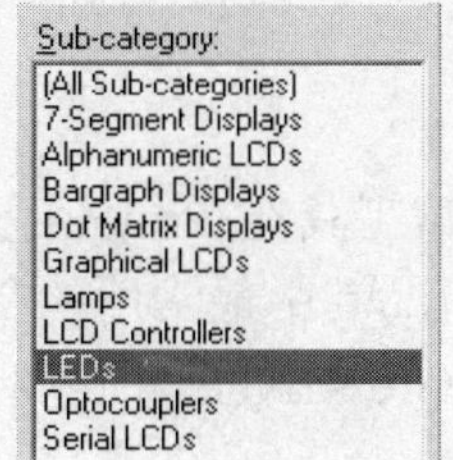

图 3-9　显示器件的子类

表 3-2　显示器件的分类

名称	含义
7-Segment Displays	七段显示
Alphanumeric LCDs	数码液晶显示
Bargraph Displays	条状显示(十位)
Dot Matrix Displays	点阵显示
Graphical LCDs	图形液晶显示
Lamps	灯泡
LCD Controllers	液晶控制器
LEDs	发光二极管
Optocouplers	光电耦合器
Serial LCDs	串行液晶显示器

常用的发光二极管 LEDs 子类中的元件如图 3-10 所示。选用时要用 ACTIVE 库中的元件而不用 DEVICE 库中的元件，在本书中，我们都使用这一规定，ACTIVE 库中的元件是能动画演示的，而 DEVICE 是不能的，但像一般电阻就不需要动画演示，可用 DEVICE 库中的元件。

Results (10):

Device	Library	Description
DIODE-LED	DEVICE	Generic light emitting diode (LED)
LED	DEVICE	Generic light emitting diode (LED)
LED-BIBY	ACTIVE	Animated BI-Colour LED model (Blue/Yellow) with Self-flashing
LED-BIGY	ACTIVE	Animated BI-Colour LED model (Green/Amber) with Self-flashing
LED-BIRG	ACTIVE	Animated BI-Colour LED model (Red/Green) with Self-flashing
LED-BIRY	ACTIVE	Animated BI-Colour LED model (Red/Yellow) with Self-flashing
LED-BLUE	ACTIVE	Animated LED model (Blue)
LED-GREEN	ACTIVE	Animated LED model (Green)
LED-RED	ACTIVE	Animated LED model (Red)
LED-YELLOW	ACTIVE	Animated LED model (Yellow)

图 3-10　子类 LEDs 中的器件

Bargraph Displays 条状显示子类中只有两个元件，如图 3-11 所示。主要区别在于颜色不同，这个元件相当于十个 LED 二极管并排放置在一起，管脚号小的一端接高电平，管脚号大的一端接低电平。在多个发光二极管共同使用时，通常用它比较方便。

Results (2):

Device	Library	Description
LED-BARGRAPH-GRN	DISPLAY	Green LED Bargraph Display
LED-BARGRAPH-RED	DISPLAY	Red LED Bargraph Display

图 3-11　条状显示

3.1.6 调试工具

数字电路分析与设计中常用的调试工具在 Proteus 元件拾取对话框中的 Debugging Tools 类中，一共不到二十个，如图 3-12 所示。其中最常用的是逻辑电平探测器 LOGICPROBE[BIG]（用在电路的输出端）、逻辑状态 LOGICSTATE 和逻辑电平翻转 LOGICTOGGLE（用在电路的输入端）。不妨调出来试试看。

Pick Devices

Keywords:

Match Whole Words?

Category:

(All Categories)
Analog ICs
Capacitors
CMOS 4000 series
Connectors
Data Converters
Debugging Tools
Diodes
ECL 10000 Series
Electromechanical
Inductors
Laplace Primitives
Memory ICs
Microprocessor ICs
Miscellaneous
Modelling Primitives
Operational Amplifiers
Optoelectronics

Results (19):

Device	Library	Description
LOGICPROBE	ACTIVE	Logic State Indicator
LOGICPROBE (BIG)	ACTIVE	Logic State Indicator - Large Version
LOGICSTATE	ACTIVE	Logic State Source (Latched Action)
LOGICTOGGLE	ACTIVE	Logic State Source (Momentary Action)
RTDBREAK	REALTIME	Real time digital breakpoint generator
RTDBREAK_1	REALTIME	Real time digital breakpoint generator (1 bit)
RTDBREAK_16	REALTIME	Real time digital breakpoint generator (16 bit)
RTDBREAK_2	REALTIME	Real time digital breakpoint generator (2 bit)
RTDBREAK_3	REALTIME	Real time digital breakpoint generator (3 bit)
RTDBREAK_4	REALTIME	Real time digital breakpoint generator (4 bit)
RTDBREAK_8	REALTIME	Real time digital breakpoint generator (8 bit)
RTIBREAK	REALTIME	Real time analog current breakpoint generator
RTIMON	REALTIME	Real time analog current monitor - verifies current is within specified range
RTVBREAK	REALTIME	Real time voltage breakpoint generator
RTVBREAK_1	REALTIME	Real time voltage breakpoint generator (single ended)
RTVBREAK_2	REALTIME	Real time voltage breakpoint generator (differential)
RTVMON	REALTIME	Real time voltage monitor - verifies that voltage is within specified range
RTVMON_1	REALTIME	Real time voltage monitor - verifies that voltage is within specified range
RTVMON_2	REALTIME	Real time voltage monitor (differential) - verifies that voltage is within specified range

图 3-12 调试工具

上述讲到的显示元件和调试工具的应用例子如图 3-13 所示。

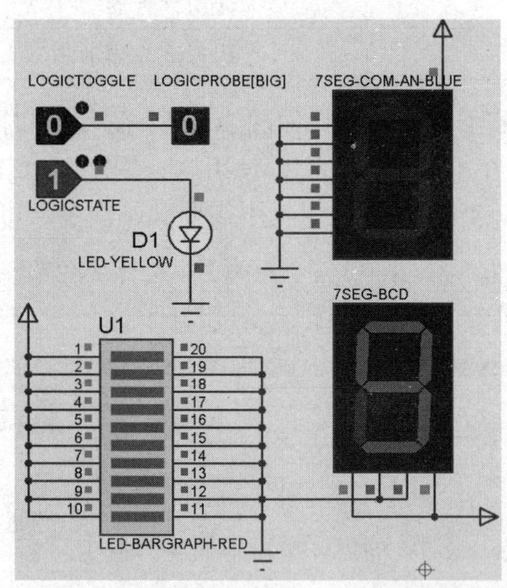

图 3-13 部分元件和调试工具的使用方法

3.2 555 定时器

555 定时器是一个非常有用的模拟数字混合器件，在进行数字逻辑电路设计时经常要用它来组成无稳态或单稳态电路，产生连续或单个脉冲。555 定时器能在宽电源电压范围内工作，可承受较大的负载电流。双极型 555 定时器的电源电压为 5～16V，最大负载电流为 200mA。CMOS 型 7555 定时器的电源电压为 3～18V，最大负载电流为 4mA。

下面对 555 定时器内部的工作原理及几种应用电路进行详细介绍。

3.2.1　555 定时器的内部构成

555 定时器因其内部有三个 5K 串联电阻而得名。内部仿真原理图见图 3-14，其中 4 端复位未给出。U1 和 U2 为两个模拟器件，接成了电压比较器；U3 和 U4 两个与非门接成了低电平输入有效的锁存器，前面各加上一个反相器，变成了输入高电平有效的锁存器，U5 为反相缓冲器，驱动输出；Q1 为三极管，发射极 1 端应接地，通过控制其基极电位使其工作在导通或关断两个状态。

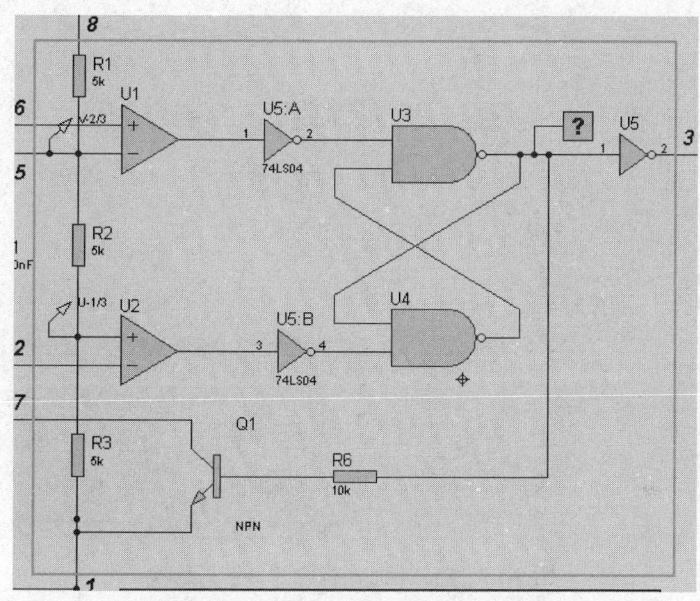

图 3-14　555 定时器的内部仿真原理图

由于理想运放输入端电流可考虑为零，所以三个 5K 电阻串联对 8 端的直流电源 Vcc 进行分压，其中 U1 的反相端和 U2 的同相端分别为 2Vcc/3 和 Vcc/3。555 定时器的三个输入端与输出端及内部三极管的状态之间的关系如表 3-3 所示。

表 3-3　555 定时器输入输出之间的关系

输入			输出	
复位(4)	V_{I1}(6)	V_{I2}(2)	V_O(3)	Q_1 状态
低	×	×	低	导通
高	$>2V_{CC}/3$	$>V_{CC}/3$	低	导通
高	$<2V_{CC}/3$	$>V_{CC}/3$	不变	不变
高	$<2V_{CC}/3$	$<V_{CC}/3$	高	关断
高	$>2V_{CC}/3$	$<V_{CC}/3$	高	关断

3.2.2 555 定时器组成的多谐振荡器

555 定时器外接一个电容充放电电路即可构成一个无稳态多谐振荡器，在 3 端产生方波信号，且频率可调，如图 3-15 所示。

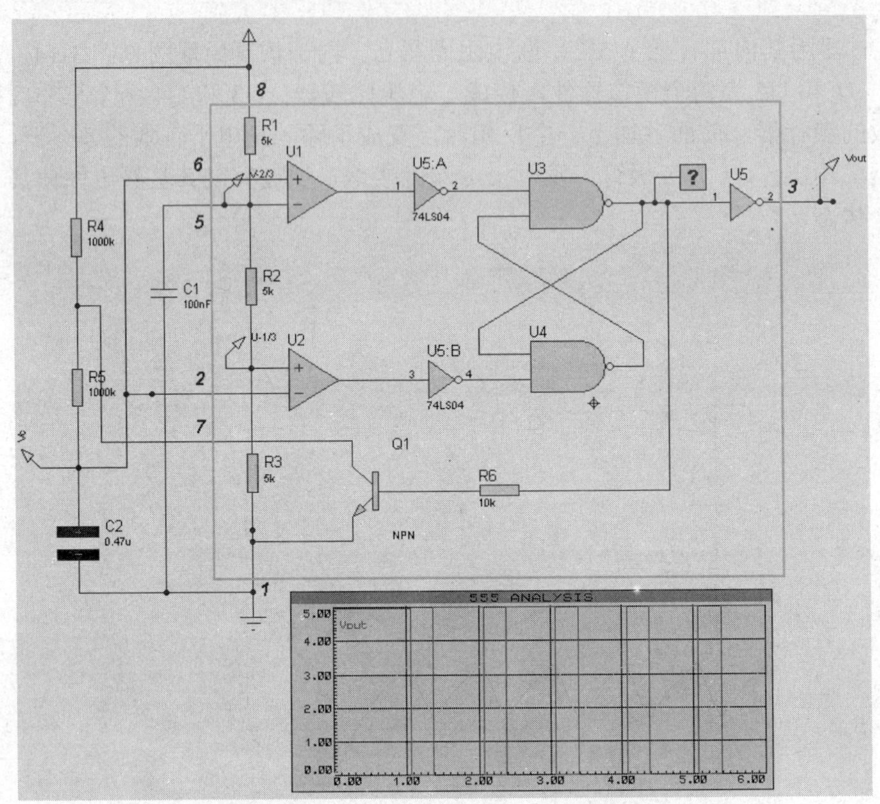

图 3-15 555 定时器构成的多谐振荡器

在 555 定时器的电源 8 端和接地 1 端之间从上到下串接电阻 R4、R5 和电容 C2。把 555 定时器的 6 端和 2 端（即内部两个电压比较器的同相和反相输入端）连在一起，再接到电容 C2 上端，即两个比较器的外部输入电压都取为电容 C2 上的变化量，再与各自的固定电压 2Vcc/3 和 Vcc/3 比较，触发锁存器，使 Q1 饱和导通。因 7 端接在 R5 上方，此时相当于接地，C2 通过 R5 和 Q1 放电。然后 R4、R5 和 C2 回路再充电，反复进行的结果，将导致 3 端输出方波。

为了观看这种效果，C2 应拾取 CAPACITOR（ACTIVE 库）元件，且在 U5 前放置 LOGICPROBE[BIG]逻辑电平探测器，观察输出电平的变化及与 Q1 导通之间的关系。

下面再放置一个图表分析。

首先应停止仿真。单击左边工具栏内的图表类型按钮，在对象选择区 GRAPHS 中选 MIXED（混合）项，如图 3-16 所示。然后在图形编辑区单击拖出一个图表分析框，再次单击确认，如图 3-17 所示。

在图 3-17 中的非标题区，即中间的空白区双击，出现如图 3-18 所示的对话框，可修改图表分析的标题为 555 ANALYSIS。再把横轴的时间长度改为 6 秒。因为本题 555 构成的方波周期为 1 秒，这样可出现 6 个周期，当然也可以再少几个周期。

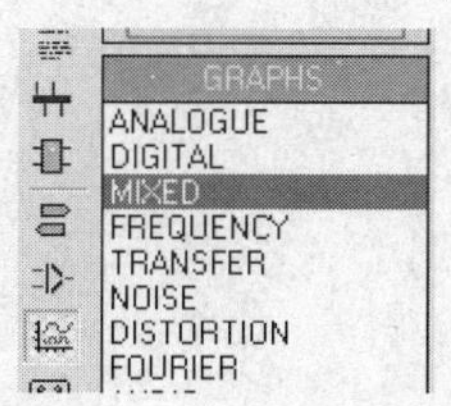

图 3-16　图表类型选择

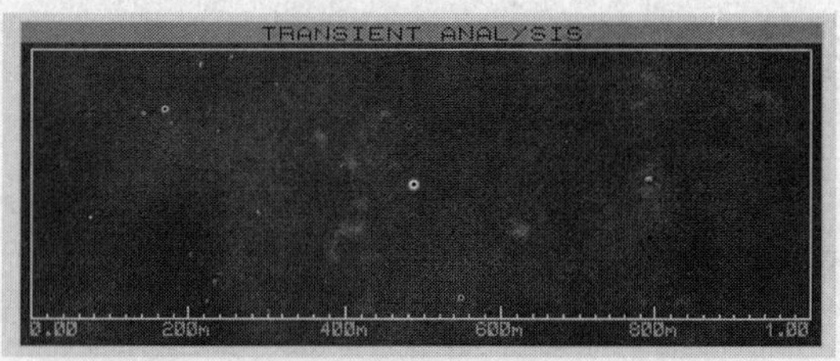

图 3-17　图表分析框

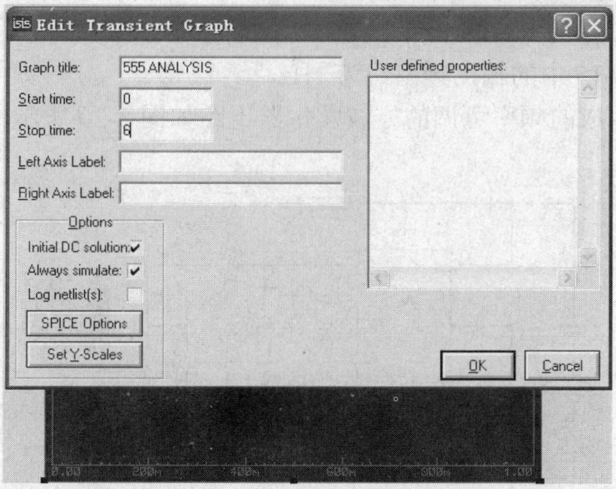

Edit Transient Graph

Graph title: 555 ANALYSIS

Start time: 0

Stop time: 6

Left Axis Label:

Right Axis Label:

User defined properties:

Options

Initial DC solution: ✓

Always simulate: ✓

Log netlist(s):

SPICE Options

Set Y-Scales

OK　Cancel

0.00　200m　400m　600m　800m　1.00

图 3-18　修改标题及横坐标

接下来可在图表框中加入轨迹。添加轨迹的第一步是在被测点加上电压探针。Proteus ISIS 中左侧图标和分别为电压和电流探针，这里使用电压探针，即相当于实际万用表的正极性表笔。选中电压探针后，直接把它接在 555 定时器的 6 端和 3 端，分别命名为 V_c 和 V_{out}。双击探针名称，然后把它们分别拖入图表分析框。

按 Space 空格键即生成相应的波形，而不必单击仿真运行按钮。

移动鼠标指针到图表分析框的标题处，鼠标变成画笔状，双击，出现图表分析的放大画面，可修改它的各项属性，尤其是背景及轨迹的颜色，如图 3-19 所示。

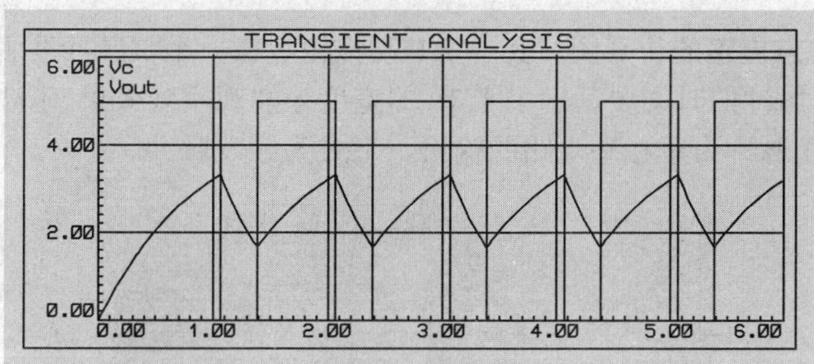

图 3-19　555 定时器的图表分析

555 定时器接成多谐振荡器时的频率计算公式为

$$T_{on} = (R_1 + R_2)C_1 \ln\frac{V_{CC} - V_{T-}}{V_{CC} - V_{T+}} = (R_1 + R_2)C_1 \ln 2$$

$$T_{off} = R_2C_1 \ln\frac{0-V_{T+}}{0-V_{T-}} = R_2C_1 \ln 2$$

$$T = T_{on} + T_{off} = (2R_2 + R_1)C_1 \ln 2 \approx 0.7(2R_2 + R_1)C_1$$

$$f = \frac{1}{T} = \frac{1}{0.7(2R_2 + R_1)C_1}$$

其中，$V_{T-} = \frac{1}{3}V_{CC}$，$V_{T+} = \frac{2}{3}V_{CC}$。上试中 R1、R2 和 C1 应分别对应于图 3-15 中的 R4、R5 和 C2；对应图 3-20 中的 R2、R1 和 C1。

由此可计算出图 3-15 中的输出频率约为 1Hz。

由集成器件连接而成的频率可调的方波发生器电路如图 3-20 所示。

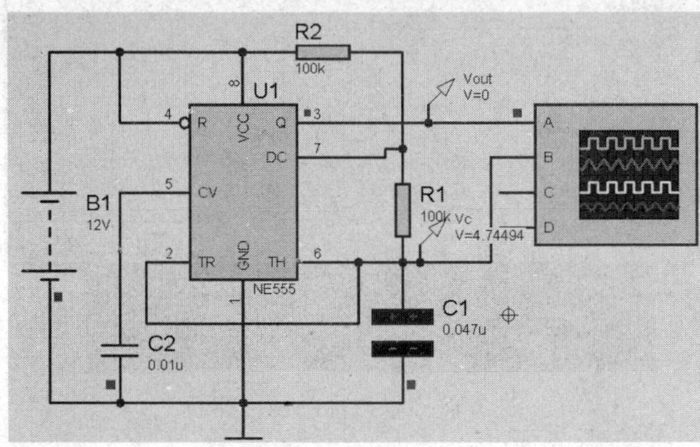

图 3-20　由集成 555 定时器构成的多谐振荡器

3.2.3　555 定时器组成的单稳态电路

555 定时器接成单稳态电路时，通过外部触发可产生单脉冲，且脉冲宽度 T_w 可通过下面式子计算。

$$T_W = R_2C_1 \ln\frac{V_{CC}-0}{V_{CC}-\frac{2}{3}V_{CC}} = R_2C_1 \ln 3 = 1.1R_2C_1$$

图 3-21 为单稳态电路的仿真图。其中 R1 和按钮组成一个负脉冲发生器，操作时动作尽量为快，这个触发负脉冲的时间要远远小于 T_w 的宽度才能观察到效果。示波器的图形如图 3-22 所示，其中上方的正脉冲为单稳态电路的输出，下方为触发脉冲。

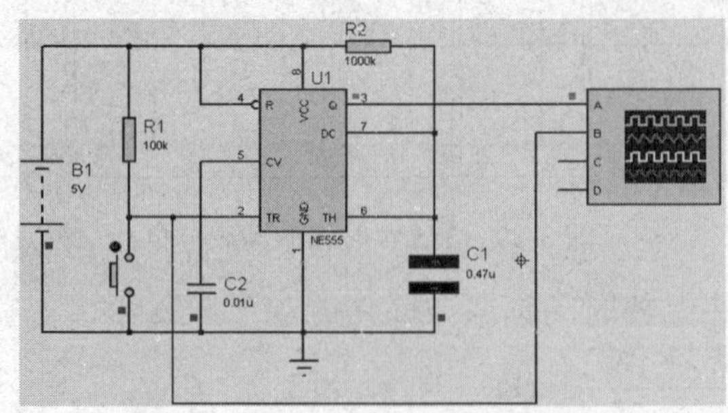

图 3-21　555 构成的单稳态电路

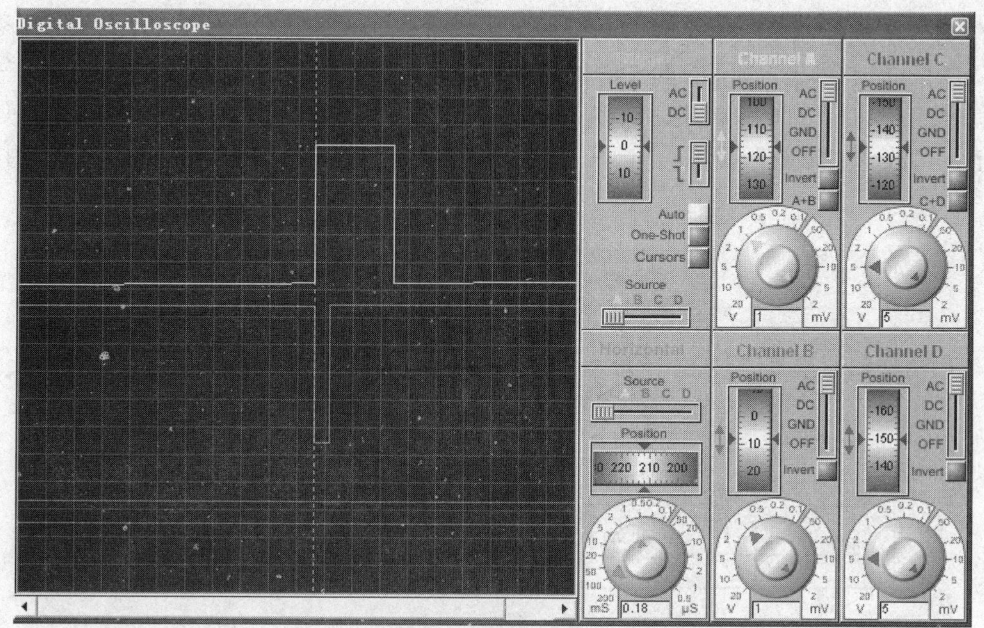

图 3-22　555 构成的单稳态电路示波器波形

3.2.4　555 定时器应用电路

1. 救护车变音警笛电路

图 3-23 所示为模拟救护车变音警笛电路的原理图。图中 U1、U2 都接成自激多谐振荡的工作方式。其中，U1 输出的方波信号通过 R1 去控制 U2 的 5 脚电平。当 U1 输出高电平时，由 U2 组成的多谐振荡器电路输出频率较低的一种音频；当 U1 输出低电平时，由 U2 组成的多谐振荡器电路输出频率较高的另一种音频。因此，U2 的振荡频率被 U1 的输出电压调制成为两种音频频率，使喇叭发出“嘀、嘟、嘀、嘟……”的与救护车鸣笛声相似的变音警笛声。改变 R2、C2 的值，可改变滴、嘟的间隔时间；改变 R5、C4 的值，可改变滴、嘟声音的音调。

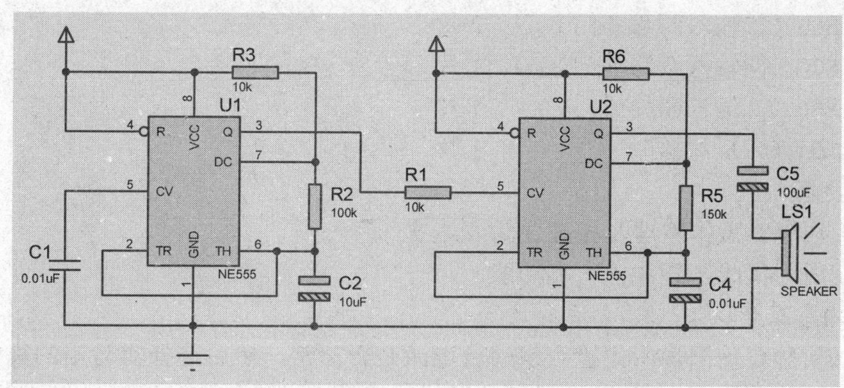

图 3-23　555 构成的救护车变音警笛电路

2. 消防车变音警笛电路

图 3-24 所示为模拟消防车变音警笛电路的原理图。它与救护车变音警笛电路的唯一区别

是 U2 的第 5 脚的控制电平不是取自 U1 的输出 3 脚，而是经过由晶体管 Q1 接成的射级跟随器接在 U1 的 2、6 脚上，即 U2 的 5 脚的控制电平不是“突变”的方波，而是“逐渐”变调的与消防车警笛声相似的鸣笛效果。改变 R2、C2 的值，可改变警笛声的渐变时间；改变 R5、C4 的值，可改变“渐变”警笛的声调，按图示的阻容参数，警笛声的“渐变”时间周期为 1 秒左右。

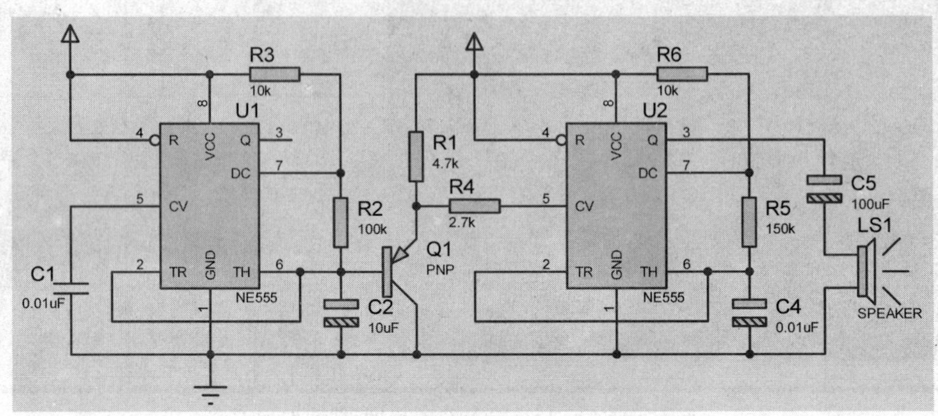

图 3-24　555 构成的消防车变音警笛电路

3.3　原理验证型实验

3.3.1　门电路逻辑功能及测试

1. 实验目的

- 熟悉门电路逻辑功能。
- 熟悉数字电路实验台的使用方法。

2. 实验器件

- 74LS00（二输入四与非门）　　2 片
- 74LS20（四输入双与非门）　　1 片
- 74LS86（二输入四异或门）　　1 片
- 74LS04（六反相器）　　1 片

3. 预习要求

- 复习门电路工作原理及相应逻辑表达式。
- 熟记所用集成电芯片各引脚功能。

4. 实验内容及步骤

实验前按实验台使用说明先检查实验台电源是否正常，然后选择实验用的集成电路芯片，按图接好连线，特别注意 Vcc 及地线不能接错。实验中改动接线须断开电源，接好线后再通电实验。

（1）与非门逻辑功能测试。

1）选用双四输入与非门 74LS20 一片，按图 3-25 接线，注意实际使用一定要接电源和地。

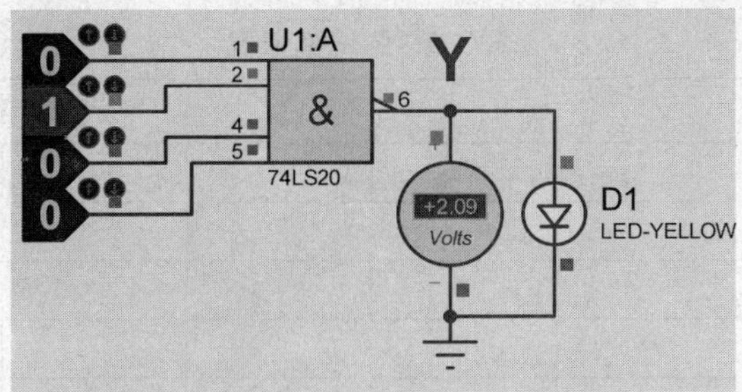

图 3-25　Proteus 中 74LS20 功能测试

Proteus 中所用测试元件清单如表 3-4 所示。

表 3-4　Proteus 元件清单

元件名称	所在大类	所在子类	数量	备注
74LS20	74LS Series	Gates & Inverters	1	四入二与非门
LOGICSTATE	Debugging Tools	-	4	输入逻辑电平
LED	Optoelectronics	LEDs	1	输出显示

2）将输入端按表 3-5 置位，分别测输出电压和逻辑状态。

表 3-5　测试真值表

输入				输出	
1	2	4	5	6　（Y）	电压（V）
H	H	H	H		
L	H	H	H		
L	L	H	H		
L	L	L	H		
L	L	L	L		

（2）异或门逻辑功能测试。

1）选二输入四异或门电路 74LS86，按图 3-26 接线，输入端 1、2、4、5 接逻辑电平输入，输出 A、B、Y 接输出电平显示发光二极管。

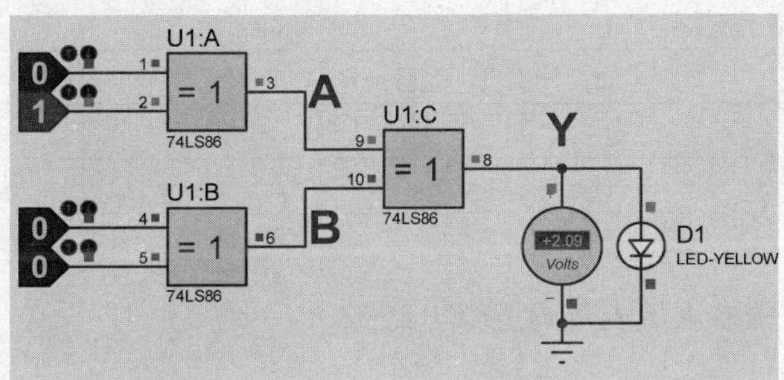

图 3-26　Proteus 中 74LS86 功能测试

2）将输入电平按表 3-6 置位，将结果填入表中。

表 3-6　测试真值表

输入				输出			
1	2	4	5	A	B	Y	电压（V）
L	L	L	L				
H	L	L	L				
H	H	L	L				
H	H	H	L				
H	H	H	H				
L	H	L	H				

（3）逻辑电路的逻辑关系确定。

用 74LS00 按图 3-27 接线，通过测试，将输入输出逻辑关系填入表 3-7 中。

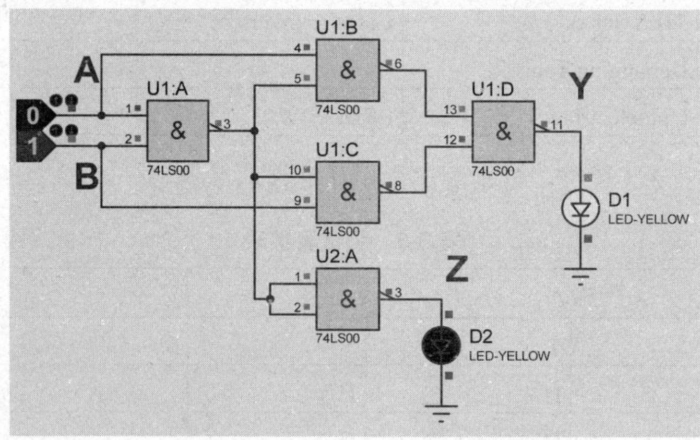

图 3-27　Proteus 中 74LS00 构成的逻辑电路功能测试

图中用了两片 74LS00 二入与非门，其中 U2 用作反相器，可以把两个输入端短接，也可以一个接高平，另外一个当输入端使用。

表 3-7　逻辑关系测试真值表

输入		输出	
A	B	Y	Z
L	L		
L	H		
H	L		
H	H		

5. 实验报告

（1）按以上各步骤要求填表及画逻辑电路图。

（2）回答问题：

- 怎样判断门电路逻辑功能是否正常？
- 与非门一个输入连续脉冲，其余端什么状态时允许脉冲通过？什么状态时禁止脉冲通过（用 Proteus 仿真测试）？

- 异或门又称可控反相门，为什么？（在 Proteus 中测试，异或门的一端接高电平，另一端接可变逻辑电平；异或门的一端接低电平，另一端接可变逻辑电平。分别观察输出与输入的关系）。

3.3.2　译码器和数据选择器

1. 实验目的

- 熟悉集成译码器和数据选择器。
- 了解集成译码器和数据选择器的使用方法。

2. 实验器件

- 74LS139（二线—四线译码器）　　1 片
- 74LS153（双四选一数据选择器）　　1 片

3. 预习要求

- 复习译码器和数据选择器的工作原理及相应逻辑表达式。
- 熟记 74LS139 和 74LS153 各引脚功能。

4. 实验内容及步骤

（1）译码器逻辑功能测试。将 74LS139 译码器按图 3-28 接线，注意 9 端应接地，16 端接电源。按表 3-8 的输入逻辑电平分别测试，将对应的输出状态填入表中。

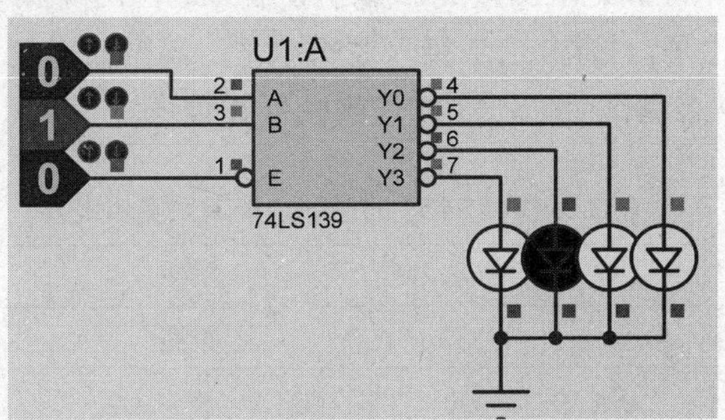

图 3-28　Proteus 中 74LS139 逻辑功能测试

表 3-8　74LS139 逻辑功能测试真值表

输入			输出
使能	选择		
$\overline{E}$	B	A	$\overline{Y_0 Y_1 Y_2 Y_3}$
H	X	X	
L	L	L	
L	L	H	
L	H	L	
L	H	H	

（2）译码器扩展。将双二线—四线译码器扩展为三线—八线译码器。

1）画出扩展电路图。

2）在实验台上接线并验证设计是否正确。

3）设计并填写该三线—八线译码器逻辑功能真值表，画出输入、输出波形。

（3）数据选择器的测试及应用。

1）将双四选一数据选择器 74LS153 按图 3-29 接线，测试其逻辑功能。

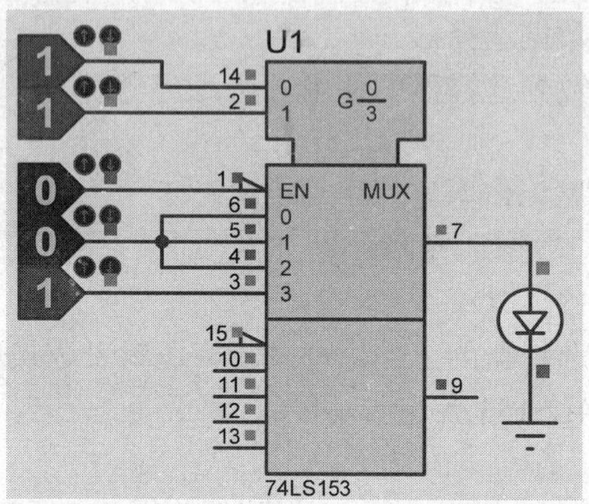

图 3-29 Proteus 中 74LS153 逻辑功能测试

图 3-29 中没有显示电源和地端的接线，其中 8 端为地，16 端为电源。

先使使能端 1 为高电平，按图 3-29 接入逻辑电平，观察输出发光二极管是否亮。再让 1 端为低电平，按照表 3-9 来测试 74LS153 的逻辑功能并填表。

表 3-9 74LS153 的逻辑功能测试真值表

输入							输出
使能	选择		数据				
$\overline{EN}$	1	0	D0	D1	D2	D3	Y
H	1	1	0	0	0	1	
L	L	L	H	L	L	L	
L	L	H	L	H	L	L	
L	H	L	L	L	H	L	
L	H	H	L	L	L	H	

2）从实验台脉冲信号源中输出两个不同频率的信号接到数据选择器任意两个数据输入端，分别设置相应的选择端信号，在输出端用示波器观察输出信号是否与被选择的数据输入通道信号一致。

Proteus 中的实验仿真图如图 3-30 所示。其中 D1 设置为 1kHz 为 DCLOCK 信号源，D0 设置为 500Hz 的 DCLOCK 信号源。

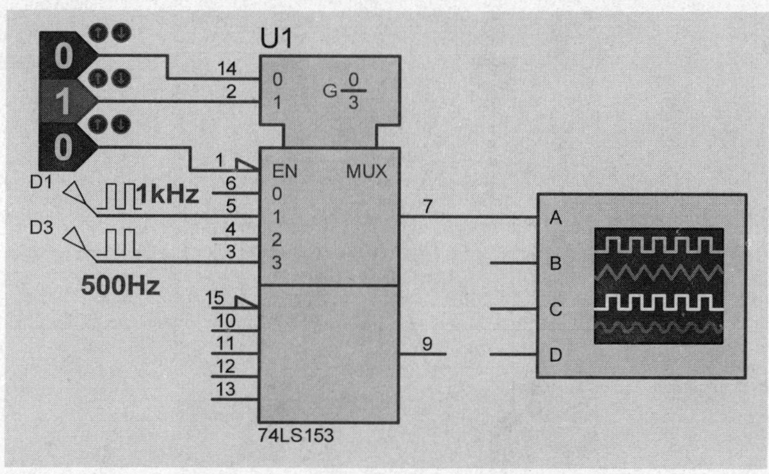

图 3-30　Proteus 中 74LS153 应用电路

3）分析上述实验结果，并总结数据选择器的作用。

5. 实验报告

（1）画出实验要求的波形图。

（2）画出实验步骤（2）要求的接线图。

（3）总结译码器和数据选择器的使用体会。

3.3.3　触发器（FF）

1. 实验目的

- 熟悉并掌握基本 R-SFF 的构成、工作原理和功能测试方法。
- 学会正确使用触发器集成芯片。
- 了解不同逻辑功能 FF 相互转换的方法。

2. 实验器件

- 74LS00（二输入四与非门）　　1 片
- 74LS74（双 D 触发器）　　1 片
- 74LS112（双 J-K 触发器）　　1 片

3. 预习要求

- 复习 D 触发器和 J-K 触发器工作原理及相应逻辑表达式。
- 熟记 74LS74 和 74LS112 各引脚功能。

4. 实验内容及步骤

（1）基本 R-SFF 功能测试。两个 TTL 与非门首尾相接构成的基本 R-SFF 的电路如图 3-31 所示。

1）试按下面的顺序在 $\overline{S_d}$ 和 $\overline{R_d}$ 端加信号，观察并记录输出端 Q 和 $\overline{Q}$ 的状态，将结果填入表 3-10 中，并说明上述各输入状态下触发器执行的是什么功能。

2）当 $\overline{S_d}$ 和 $\overline{R_d}$ 都接低电平时，观察 Q 和 $\overline{Q}$ 的状态；当 $\overline{S_d}$ 和 $\overline{R_d}$ 同时由低电平跳为高电平时，注意观察 Q 和 $\overline{Q}$ 的状态，重复 3~5 次，看 Q 和 $\overline{Q}$ 的状态是否相同，以正确理解“不定”状态的含义。

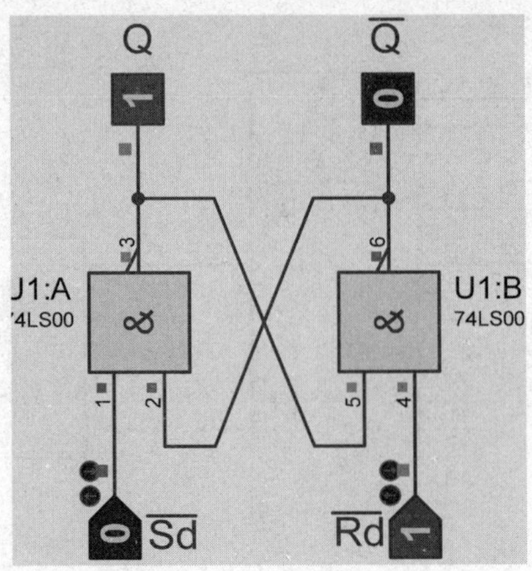

图 3-31 Proteus 中基本 R-SFF 电路

表 3-10 基本 R-SFF 的逻辑功能测试真值表

$\overline{S_d}$	$\overline{R_d}$	Q	$\overline{Q}$	逻辑功能
0	1			
1	1			
1	0			
1	1			

（2）维持—阻塞型 D 触发器功能测试。双 D 型正边沿维持—阻塞型触发器 74LS74 的逻辑符号如图 3-32 所示。图中 $\overline{S_d}$ 和 $\overline{R_d}$ 端为异步置位和清零端，CP 为时钟脉冲端。

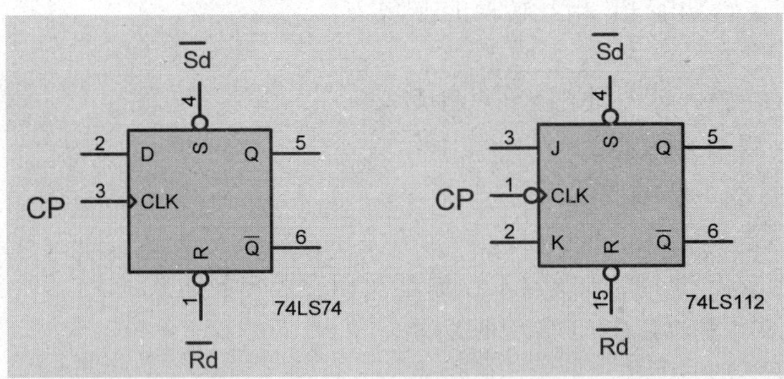

图 3-32 Proteus 中 D 触发器和 J-K 触发器原理图

试按下面的步骤做实验：

1）分别在 $\overline{S_d}$ 和 $\overline{R_d}$ 端加低电平，观察并记录 Q 和 $\overline{Q}$ 端的状态。

2）令 $\overline{S_d}$ 和 $\overline{R_d}$ 端为高电平，D 端分别接高、低电平，用点动脉冲作为 CP，观察并记录当 CP 为低电平、上升沿、高电平和下降沿时 Q 端状态的变化。

3）当 $\overline{S_d}=\overline{R_d}=1$，CP=0（或 CP=1）时，改变 D 端信号，观察 Q 端的状态是否变化。

表 3-11　74LS74 逻辑功能测试真值表

$\overline{S_d}$	$\overline{R_d}$	CP	D	Q^n	Q^{n+1}
0	1	X	X	0	
				1	
1	0	X	X	0	
				1	
1	0	↑	0	0	
				1	
1	1	↑	1	0	
				1	
1	1	0 (1)	X	0	
				1	

整理上述实验数据，将结果填入表 3-11 中。注意 Q^n 和 Q^{n+1} 是一个输出端不同时刻的两个状态。

4）令 $\overline{S_d}=\overline{R_d}=1$，将 D 和 $\overline{Q}$ 相连，CP 加连续脉冲，用双踪示波器观察并记录 Q 相对于 CP 的波形。

（3）负边沿 J-K 触发器功能测试。双 J-K 负边沿触发器 74LS112 的逻辑符号如图 3-32 所示。自拟实验步骤，测试其逻辑功能，并将结果填入表 3-12 中。若 J=K=1 时，CP 端加连续脉冲，用双踪示波器观察 Q-CP 波形，与 D 触发器的 D 端和 $\overline{Q}$ 相连时观察到的波形相比较，有何异同点？

表 3-12　74LS112 逻辑功能测试真值表

$\overline{S_d}$	$\overline{R_d}$	CP	J	K	Q^n	Q^{n+1}
0	1	X	X	X	X	
1	0	X	X	X	X	
1	0	↓	0	X	0	
1	1	↓	1	X	0	
1	1	↓	X	0	1	
1	1	↓	X	1	1	

（4）触发器功能转换。

1）将 D 触发器和 J-K 触发器转换成 T'触发器，列出表达式并画出实验电路图。

2）接入连续脉冲，观察各触发器 CP 及 Q 端波形，比较两者关系。

3）自拟实验数据表并填写。

5. 实验报告。

（1）整理实验数据并填表。

（2）写出实验内容（3）、（4）的实验步骤及表达式。

（3）画出实验（4）的电路图及相应表格。

（4）总结各类触发器特点。

3.3.4 移位寄存器的功能测试

1. 实验目的

- 掌握移位寄存器的工作原理及电路组成。
- 测试集成芯片 74LS194 四位双向移位寄存器的逻辑功能。

2. 实验器件

- 74LS74（六 D 触发器） 2 片
- 74LS194（四位双向移位寄存器） 1 片

3. 预习要求

- 复习移位寄存器的工作原理。
- 熟记 74LS194 各引脚功能。

4. 实验内容及步骤

（1）由 D 触发器构成的单向移位寄存器。

1）右向移位寄存器。按图 3-33 接线。CLK 接单脉冲，$\overline{S}$、$\overline{R}$、D 端接相应电平，用同步清零法或异步清零法清零。清零后应将$\overline{S}$和$\overline{R}$置高电平。将 D 置高电平并输入一个时钟脉冲，然后将 D 置低电平，再输入 3 个时钟脉冲，此时已把 1000 串行送入到寄存器，并完成数码 1 的右移过程。每输入一个时钟脉冲，同时观察 Q0～Q3 的状态显示，并将结果填入表 3-13 中。

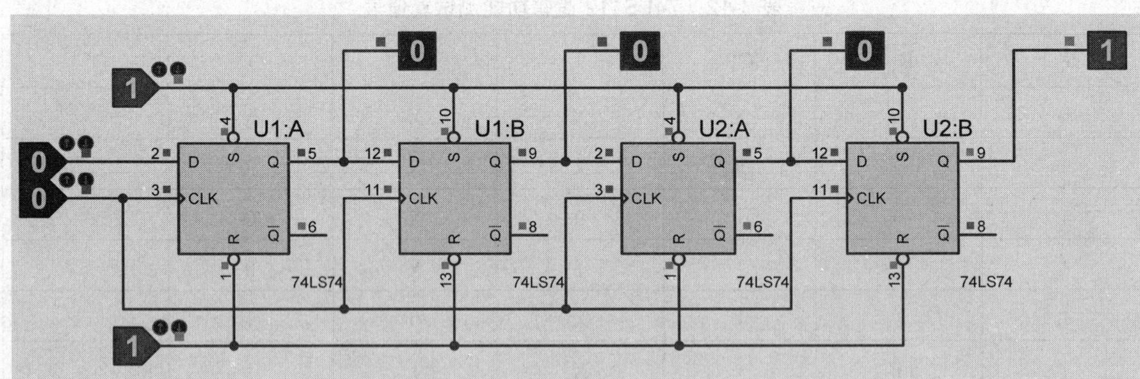

图 3-33 Proteus 中 D 触发器构成的右移寄存器

在 Proteus 仿真中，用逻辑状态来代替单脉冲。先把四个 D 触发器的异步端都接高电平，移位寄存器的数据输入端 D 设为 1，运行仿真，点击时钟上所接的逻辑状态，使 0 变为 1（即来一个上升沿），看到 Q0 输出为 1，其他输出为 0，然后把输入端 D 设为 0，双击时钟上逻辑状态三次，即出现如图 3-33 所示的结果。

表 3-13　右移寄存器功能表

CP	D	Q0	Q1	Q2	Q3
0	0	0	0	0	0
1	1				
2	0				
3	0				
4	0				

2）左向移位寄存器。按照右向移位寄存器的工作原理，请自行设计左向移位寄存器电路并接线实验，并将结果填入自拟定的表中。请同学们在预习时先用 Proteus 仿真，然后再进行实验。

（2）测试 74LS194 的逻辑功能。

1）将 74LS194 插入实验装置上 16 脚集成插座中，注意方向，并锁紧。

2）按图 3-34 接线，测试其逻辑功能。

在实验台上实验时，CLK 接单脉冲，在 Proteus 中仿真时，所有输入端均接逻辑状态输入。根据工作方式 S1S0 的不同取值，双击 CLK，使其产生一个上升沿，观察输出指示是否与预想的效果一致。

S1S0=00 时，其他输入端可以为任意值，给时钟一个上升沿，观察输出的变化；

S1S0=01 时，令 SR=1，SL=0，给时钟四个上升沿，观察输出的变化；

S1S0=10 时，检查使 SR=1，SL=0，给时钟四个上升沿，观察输出的变化；

S1S0=11 时，使 D0D1D2D3=0110，给时钟一个上升沿，观察输出的变化。

3）根据上述实验，自己拟定表格，填写 74LS194 的逻辑功能表。

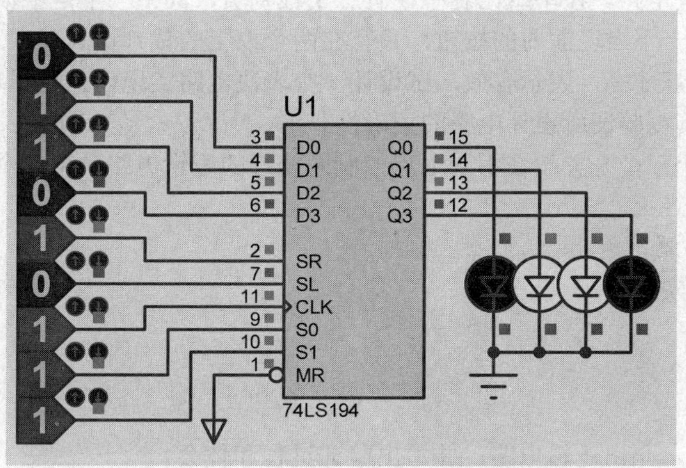

图 3-34　Proteus 中 74LS194 的逻辑功能测试

（3）设计一个由两片 74LS194 组成的八位双向移位寄存器，在 Proteus 中画出原理图，并进行仿真，测试其逻辑功能。在实验台上进行连接并验证。

3.4 设计型实验

3.4.1 血型关系检测和表决电路

1. 实验目的

了解和掌握组合逻辑电路的设计方法。

2. 预习要求

- 复习组合逻辑电路的设计方法。
- 根据任务要求，设计任务（1）、（2）、（3）中的逻辑电路，拟定实验步骤。
- 写出预习报告。

3. 实验任务

（1）血型关系检测电路。人类有四种基本血型：A、B、AB、O 型。输血者与受血者的血型必须符合下列原则：

- O 型血可以输给任意血型的人，但 O 型血的人只能接受 O 型血。
- AB 型血只能输给 AB 血型的人，但 AB 血型的人能接受所有血型的血。
- A 型血能输出给 A 型血和 AB 型血的人，而 A 型血的人只能接受 A 型和 O 型血。
- B 型血能输出给 B 型血和 AB 型血的人，而 B 型血的人只能接受 B 型和 O 型血。

试用与非门设计一个检验输血者血型是否符合规定的逻辑电路，如果输血者与受血者血型符合规定，电路输出高电平，否则为低电平。

提示：电路的输入分两部分：一部分是输血者的血型，一部分是受血者的血型。四种血型可考虑采用编码形式以节省输入端个数。无论是输血方还是受血方，约定的编码对同一种血型应一致。因电路采用与非—与非逻辑，卡诺图化简时可采用圈 0 求 $\overline{Y}$，再求反的方法比较简单。设计完成后在 Proteus 中仿真以验证所设计电路的正确性。

（2）裁判表决电路。在举重比赛中，有三个裁判员，其中一个是主裁判。当裁判员认为杠铃已举上时就按一下自己面前的按钮，只有在两个以上的裁判员（其中一个必须是主裁判）按下按钮时，指示灯才亮，表示有效，试设计一个表决电路实现以上逻辑功能。设计完成后，先在 Proteus 中仿真以验证所设计电路的正确性。

（3）设计一个三个开关放在不同地点控制同盏灯的逻辑电路，奇数个开关合上，灯亮，偶数个开关合上，灯灭。

4. 实验设备与器材

- 数字电路实验台
- 万用表
- 74LS00 2 片

5. 实验报告要求

写出设计过程，画出逻辑电路，并写出验证过程和体会。

3.4.2 时序电路

1. 实验目的

- 掌握常用时序电路分析、设计及测试方法。

- 训练学生独立组织实施实验的技能。

2. 实验器件

- 74LS73（双 J-K 触发器） 2 片
- 74LS174（六 D 触发器） 1 片
- 74LS00（二输入四与非门） 1 片

3. 预习要求

- 复习异步二进制加减计数器的连接方法。
- 熟记 74LS73 和 74LS174 各引脚功能。

4. 实验内容及步骤

（1）异步二进制计数器。

1）按图 3-35 接线，注意 J、K 端一定要接高电平，不要悬空。Proteus 中元件清单如表 3-14 所示。

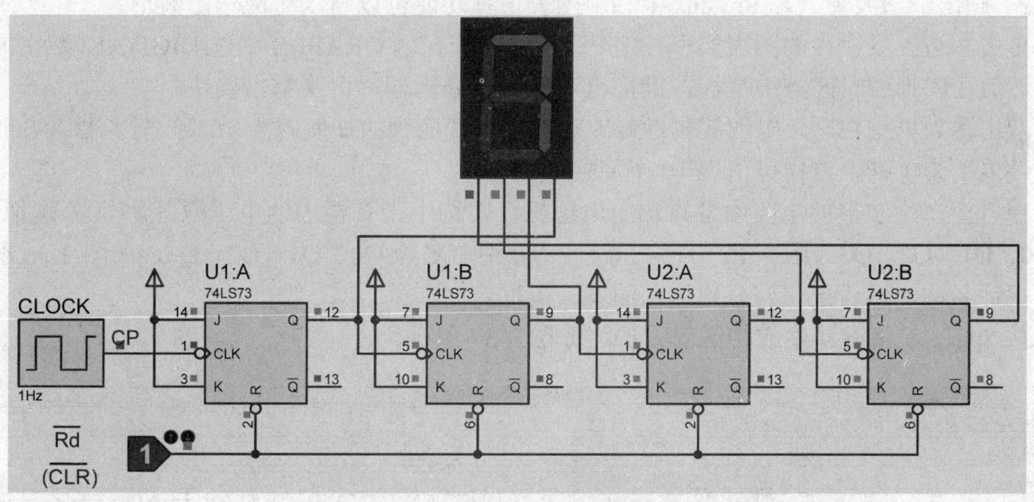

图 3-35 Proteus 中异步四位二进制加计数器仿真图

表 3-14 Proteus 元件清单

元件名称	所在大类	所在子类	数量	备注
74LS73	74LS series	Flip-Flops & Latches	4	双 J-K 触发器
LOGICSTATE	Debugging Tools	-	1	输入逻辑电平
7SEG-BCD	Optoelectronics	7-Segment Displays	1	七段数码显示
CLOCK	Simulator Primitives	Sources	1	时钟

2）由 CP 端输入单脉冲，测试并记录 Q1（最左）~Q4 端状态及波形。

3）由 CP 端输入连续脉冲（1Hz），输出接数码显示，观察计数值的变化。

4）试将此异步二进制加法计数器改接为减法计数器，重复以上两步骤，并做好实验记录。

（2）异步二—十进制加法计数器。

1）按图 3-36 接线，CP 端接连续脉冲，观察计数值的变化。

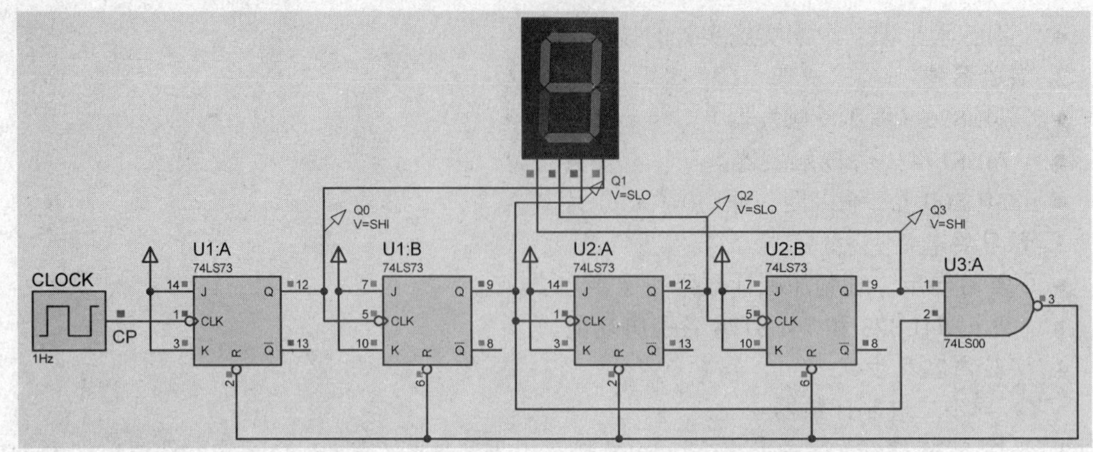

图 3-36 Proteus 中异步十进制加法计数器仿真图

2）画出输出波形。在 Proteus 中利用图表仿真功能可以自动生成输出波形。

单击左边工具栏内的图表类型按钮，在对象选择区 GRAPHS 中选 DIGITAL（数字波形）项，然后在图形编辑区点击鼠标左键拖出一个图表分析框，再次单击确认。

双击图表框空白区，出现其属性修改对话框，把横轴的长度改为 10（缺省为秒）。因为本题时钟周期为 1 秒，这样可出现 10 个周期。

在希望产生波形的电路中各点加上电压探针。选中工具栏中的电压探针，分别把它接在 Q0、Q1、Q2、Q3（图 3-35 中自左至右），分别命名为 Q0、Q1、Q2、Q3，如图 3-36 所示。双击探针名称，然后把它们分别拖入图表分析框。

按 Space 空格键即生成相应的波形，如图 3-37 所示。

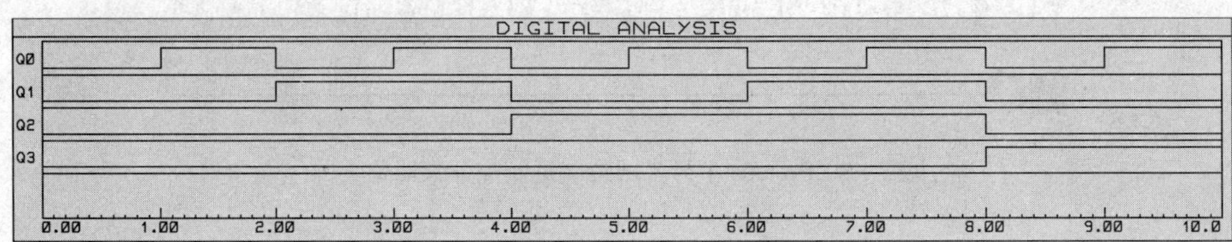

图 3-37 Proteus 中异步十进制加法计数器的图表仿真

3）把图 3-36 改成异步十进制减法计数器，在 Proteus 中仿真并生成波形图。

5. 实验报告

（1）画出实验内容要求的时序波形并记录表格。

（2）总结时序电路的特点。

3.4.3 集成计数器

1. 实验目的

- 熟悉集成计数器的逻辑功能和各控制端的作用。
- 掌握计数器的使用方法。

2. 实验器件

- 74LS90（二、五、十进制计数器） 2 片

- 74LS00（二输入四与非门） 1 片

3. 预习要求

- 复习 74LS90 计数器的工作原理。
- 熟记 74LS90 各引脚功能及功能表。

4. 实验内容及步骤

（1）74LS90 的功能测试。74LS90 是二、五、十进制异步计数器，逻辑简图如图 3-38 所示。

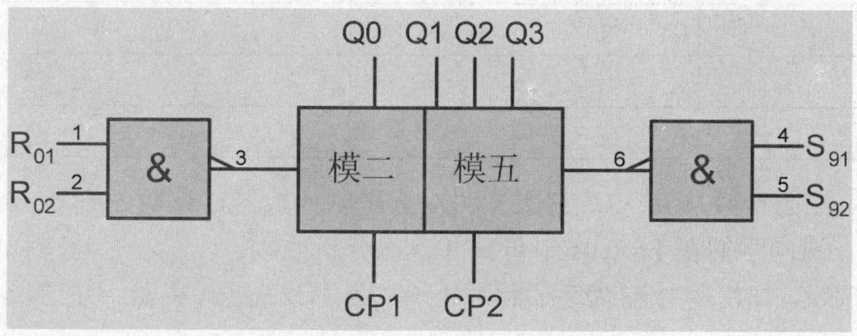

图 3-38 74LS90 简化逻辑图

74LS90 具有以下功能：

1）直接清零（R_{01} 和 R_{02} 同时为高电平），直接置 9（S_{91} 和 S_{92} 同时为高电平）。

2）一位二进制计数器（只使用模二模块，即 CP1 作外部时钟，Q0 为输出）。

3）五进制计数器（只使用模五模块，即 CP2 作外部时钟，Q3、Q2、Q1 为输出）。

4）十进制计数器（把模二和模五模块通过 CP2 和 Q0 连接起来，CP1 作外部时钟，Q3、Q2、Q1、Q0 为输出）。74LS90 作为十进制计数器时有两种接法，如图 3-39 所示。

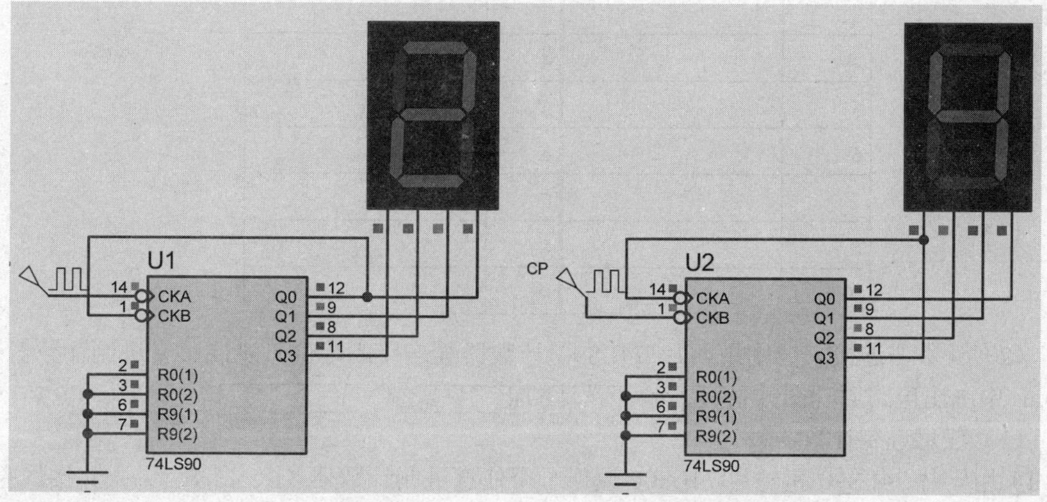

图 3-39 74LS90 两种十进制接线图

按芯片引脚图测试 74LS90 的逻辑功能并填入表 3-15 中。

表 3-15 74LS90 逻辑功能表

R_{01} R_{01}	S_{91} S_{92}	Q3 Q2 Q1 Q0
H H	L X	
H H	X L	
L X	H H	
X L	H H	
X L	X L	
L X	L X	
L X	X L	
X L	L X	

图 3-39 中，左图计数从 0～9，右图又叫双五进制计数器，计数先是 0、2、4、6、8 再为 1、3、5、7、9。请同学们在 Proteus 中仿真并自己分析原因。

按图 3-39 接线，使用单脉冲或连续脉冲（频率为 1Hz）进行实验，并把表 3-16 填写完整。

表 3-16 74LS90 十进制计数器逻辑功能表

十进制		双五进制	
计数	输出	计数	输出
	Q3 Q2 Q1 Q0		Q3 Q2 Q1 Q0
0		0	
1		1	
2		2	
3		3	
4		4	
5		5	
6		6	
7		7	
8		8	
9		9	

（2）计数器连接。分别用两片 74LS90 计数器级连接成两位五进制、十进制计数器。在 Proteus 中画出电路原理图并仿真，验证设计的正确性。

（3）任意进制计数器设计。

1）用一片 74LS90 和一片 74LS00 设计一个任意进制计数器（6、7、8、9），并接线验证。可以用清零法或置 9 法。图 3-40 是一个用清零法和置 9 法在 Proteus 中设计的六进制计数器，请同学们模仿并设计自己的计数器。

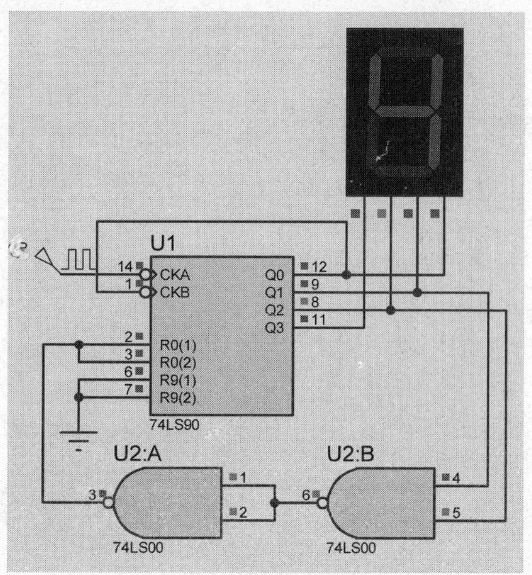

（a）清零法

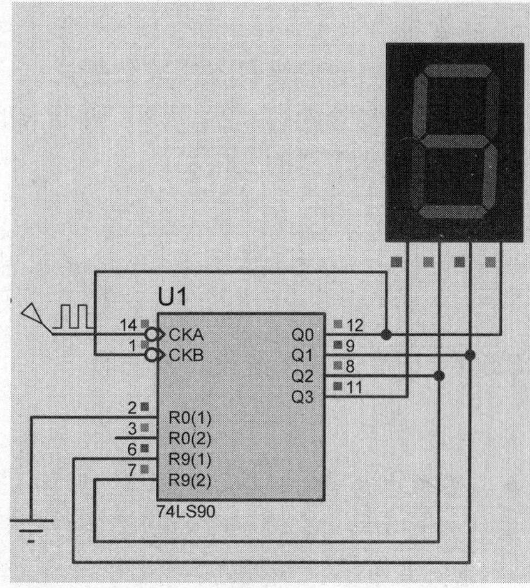

（b）置 9 法

图 3-40　Proteus 中 74LS90 设计的六进制计数器

2）用两片 74LS90 和一片 74LS00 设计一个四十五进制计数器，并接线验证。

如图 3-41 所示为在 Proteus 中用清零法设计的五十四进制计数器原理图，采用异步连接，请同学们分析并设计四十五进制或其他进制（11～99）计数器。

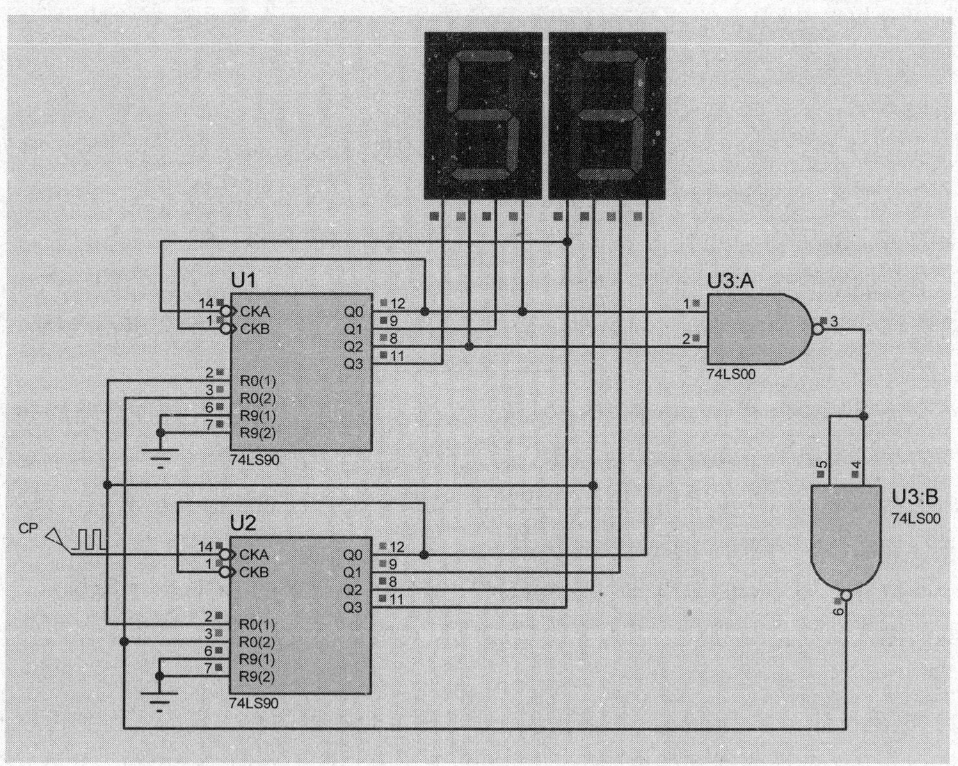

图 3-41　Proteus 中用 74LS90 设计的五十四进制计数器

5. 实验报告

（1）整理实验内容和各实验数据。

（2）画出实验内容（2）、（3）所要求的电路图并填写相关表格。

（3）总结计数器的使用特点。

3.5 创新型实验

3.5.1 投票表决系统设计与仿真

1. 实验目的

- 掌握加法器和显示译码器的使用。
- 掌握 Proteus 层次原理图的设计。

2. 预习要求

- 复习半加器和全加器电路原理以及四位并行加法器的工作原理。
- 学习 Proteus 中层次原理图的基本设计方法。
- 写出预习报告。

3. 实验任务

在 Proteus 中设计一个有六人参与的投票表决系统：每人手持一个开关，可以先择“Yes”、“No”和“弃权”。投票系统能自动统计并显示选择“Yes”的人数和选择“No”人数。设计电路原理图并仿真。

4. 实验步骤

（1）设计分析。每人一个三位开关，共六个。因为开关为布尔量，不能输入到四位并行加法器（有权值），只能进一位二进制加法器，为了使用尽可能少的加法器，使用全加器，每个全加器的 A、B 及 CI 都可作为独立的输入，之间没有权值关系。把前三人的赞同选择开关接到第一个全加器的输入端，把后三个人的赞同选择开关接到第二个全加器的输入端。把六个人的反对选择开关分别接到第三和第四个全加器的输入端。弃权开关什么也不连接，即不作加法计算。

每个全加器的输出 S 和 CO 都具有 2^1 权值关系，可以作为四位并行加法器的输入。前两个全加器的结果进第一个四位并行加法器，后两个全加器的结果进第二个四位并行加法器。四位并行加法器的输入高两位不用，接地，即为 0。故第一个并行加法器加出来的结果为赞同票，第二个并行加法器加出来的结果为反对票。

两个四位并行加法器的输出分别接 74LS47，即低电平有效的 BCD 到七段显示译码器，显示译码器的输入端高位 D 接地。因为无论赞成或反对票都不会超过 6，故显示译码输入最大为 0110。

（2）电路设计。在 Proteus 中画出电路原理图。全加器的输入端为了得到可靠的电平，必须在每个一开关两端接适当的电阻值，并接电源和地。接地电阻为 10kΩ，共 12 个，接电源电阻为 500Ω，只有一个。Proteus 中系统元件清单如表 3-17 所示。

表 3-17　Proteus 中系统元件清单

元件名称	所在大类	所在子类	数量	备注
SW-ROT-3	Switches and relays	Switches	6	三位开关
74LS283	74LS Series	Adders	2	四位并行加法器
74LS47	74LS Series	Decoders & Encoders	2	显示译码器
7SEG-COM-ANODE	Optoelectronics	7-Segment Displays	2	共阳极数码显示
74LS138	74LS Series	Adders	4	全加器
RES	Resistors	Generic	13	电阻 500(1),1k(12)

（3）层次原理图设计。在 Proteus 中发现全加器 74LS138 没有仿真模型。为此，利用层次原理图的设计方法，设计一个全加器 74LS138'。

在 Proteus 中单击子电路模式图标 Subcircuit Mode，在图形编辑区拖出一个大小合适的矩形，并命名。在对象选择器中选择 INPUT，并在矩形框的左边框线上单击三次，生成三个输入端。然后在对象选择器中选择 OUTPUT，并在矩形框的右边单击两次，生成两个输出端。分别双击这些端子，对其进行命名，生成全加器的父电路，如图 3-42 所示。

右击图 3-42 中全加器的矩形空白区，出现右键菜单，选择 Goto Child Sheet，即转到全加器的子电路，此时自动打开一个新的绘图画面，按图 3-43 画好全加器的子电路，使输入与输出的引脚名与父电路保持完全一致。

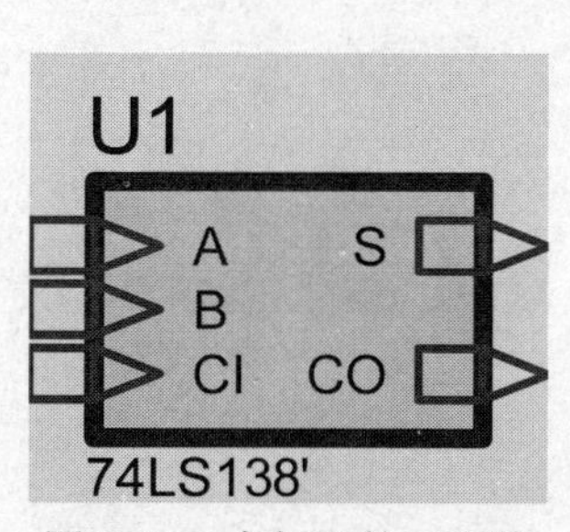

图 3-42　全加器的父电路

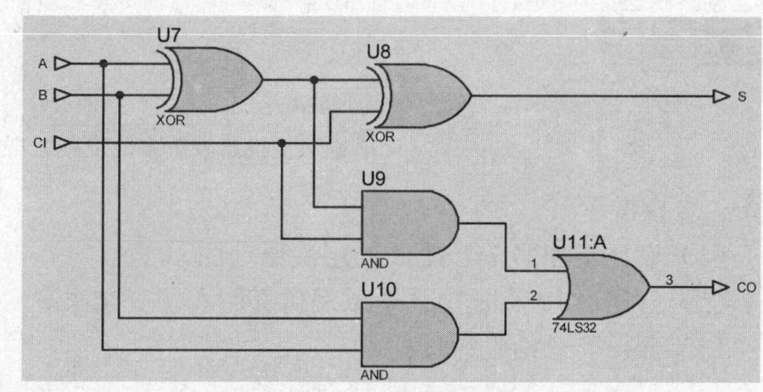

图 3-43　全加器的子电路

单击存盘符，不用另取名字。在图形的空白区右击，选择右键菜单中的 Exit Parent Sheet，即返回到上层电路。

最后，把所有元件按以上分析连接成如图 3-44 所示的系统电路。要注意四个全加器的各子电路中的元件代号，如 U7 等，应各不相同，且与上层电路中元件代号亦不相同。

在图 3-44 中，左下电阻与电路的连接采用的是网络标号形式（R1～R12），标有同一网络标号（Label）的两根线被视为连接在一起。

（4）系统仿真。在 Proteus 中运行仿真，使第一个开关不动作，即选择“弃权”，第四个开关位于下方，即选择“No”，其他四个开关都位于上方，即选择“Yes”。仿真结果表明，系统显示的票数与选择开关一致。

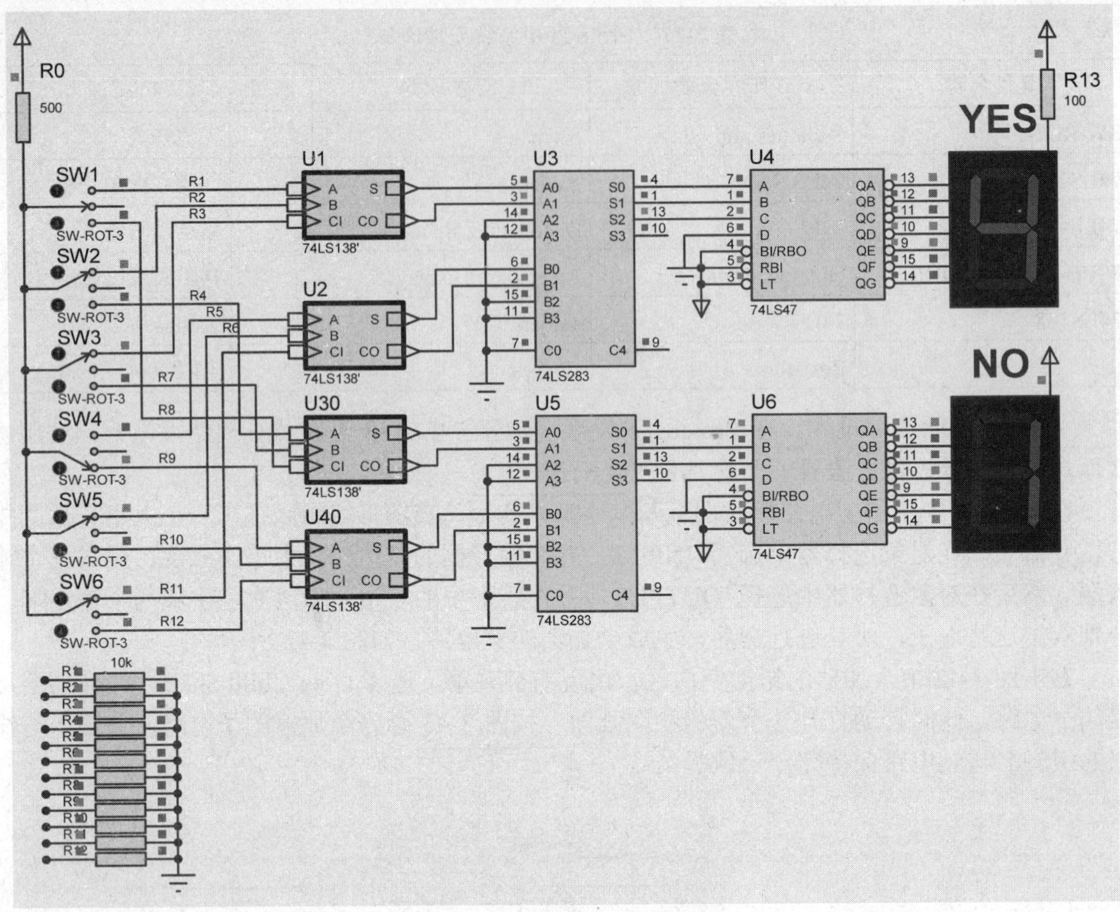

图 3-44 投票表决系统电路原理图

5. 实验报告

（1）设计全加器 74LS138 的层次原理图。

（2）打印出 Proteus 中系统原理仿真图和仿真结果。

（3）分析和总结设计过程。

3.6 综合型实验

3.6.1 多路显示系统设计与仿真

1. 实验目的

- 熟练掌握数据选择器、译码器和七段数码显示器的使用。
- 掌握多路数据传送和显示时的分时传送和显示电路设计技巧。

2. 实验器件

- 74LS157（四个二选一数据选择器） 1 片
- 74LS48 （BCD—七段显示译码器） 1 片

- 74LS139（双二一四译码器）　　　　1 片
- 共阴极数码管　　　　　　　　　　2 块

3. 预习要求

- 复习数据选择器、译码器工作原理及相应逻辑表达式。
- 复习共阴极和共阳极数码管内部结构及各段显示与对应用输入信号的关系。

4. 实验任务和步骤

设计一多路数据显示系统，要求把两位十进制（BCD 码）数据从甲地传送到乙地，并显示出来。设计的电路应尽可能少地使用元器件，即不能多于前面第 2 步提到的实验器件数目，并在 Proteus 中进行电路仿真，然后在实验室进行接线和验证。

（1）系统设计分析。此课题把组合逻辑电路中常用的数据选择器、二进制译码器、显示译码器及数码显示器综合运用在一起，是以后其他综合电路设计中的一个基础环节。

首先看系统的输入，两位十进制数，用 BCD 码来表示，共需 8 根线。因为系统只有一片显示译码器，只能接收 4 根数据线，故输入的 8 根线要使用四个二选一数据选择器分时传送两个 BCD 码十进制数，如先传送个位，再传送十位，或相反。

74LS157 正是一个具有四个二选一功能的数据选择器，它的每个选择器的数据输入 D0 接十进制数的个位（四位 BCD 码），每个数据选择器的数据输入 D1 接十进制数的十位（四位 BCD 码），通过 74LS157 的 G1 端置 0 或置 1 来选择四个数据选择器的 D0 或 D1 同时输送到相应的四个输出端上，从而实现分时传送的目的。因为人的肉眼分辨率的问题，74LS157 的 G1 端（即四个数据选择器的公共地址）应该是一个连续脉冲，频率设为 30Hz 比较合适。

从数据选器输出的一位十进制数（BCD 码），按从低到高的依次接到显示译码器 74LS48 的 A、B、C、D 输入端上。74LS48 接改正编码信号，输出负逻辑电平有效信号，故它的七个输出端应接共阴极数码管。74LS48 的三个功能端都是低电平有效，这里都接高电平，使其不起作用。

现在考虑一个显示译码器驱动两块显示数码管问题。因为是分时传送来的数据，所以两块显示数码管就并接在 74LS48 的输出端上。通过共阴极端来选择哪个数码管应该有效。当传送个位时，应该点亮右边一个数码管，使其共阴极为低电平；当传送来的数据为十位时，应该点亮左边一个数码管，使其共阴极为低电平。这样就需要有一个连续脉冲信号，来交替选中两个数码管的共阴极。这个信号的频率该与数据选择器的 G1 端信号频率一致，且相序正好相反。故这里使用一个 74LS139 二—四译码器，把它当作一个一线到二线译码器来使用，把它的输入高位 B 接地，输入低位 A 接 G1，当 G1 为 0 时，74LS139 的 Y0 输出为 0，选中个位的数码管，这时正好传送来的数是十进制数的个位；当 G1 为 1 时，74LS139 的 Y1 输出为 0，选中十位的数码管，这时正好传送来的数是十进制数的十位。这样就实现了系统原来的设计要求。

（2）原理图设计与仿真。根据以上分析，在 Proteus 中画出系统的原理图及仿真结果分别如图 3-45 和图 3-46 所示。要注意数码管接线时放置网络标号，否则必须连接在一起。

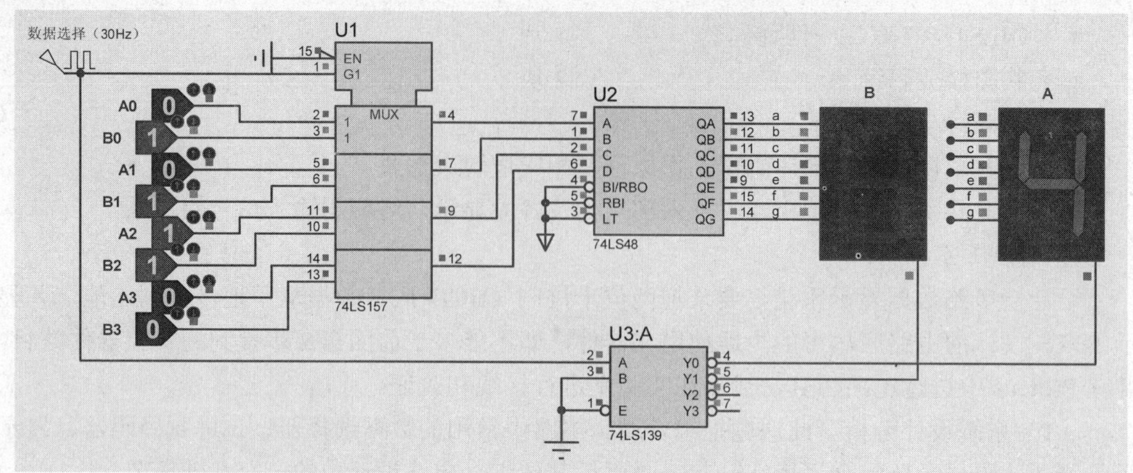

图 3-45　Proteus 中系统原理图与仿真结果（一）

在图 3-45 中，把十进制数的个位 A3、A2、A1、A0 设为 0100，十位 B3、B2、B1、B0 设为 0111，即要传送一个为 74 的十进制数。从 Proteus 的信号源中取出 DCLOCK 连续脉冲信号，如图 3-47 所示，接在 G1 端，并双击使用频率改为 30（默认为 Hz），按图接好电路。按仿真运行按钮，出现如图 3-45 所示的仿真结果。我们眼睛看到的是两个数同时显示，只是有闪烁，但其实同一时间它只显示一个位。显示完个位，显示十位，如图 3-46 所示，这样交替进行，因为频率是 30Hz，每秒钟交替显示 30 次。

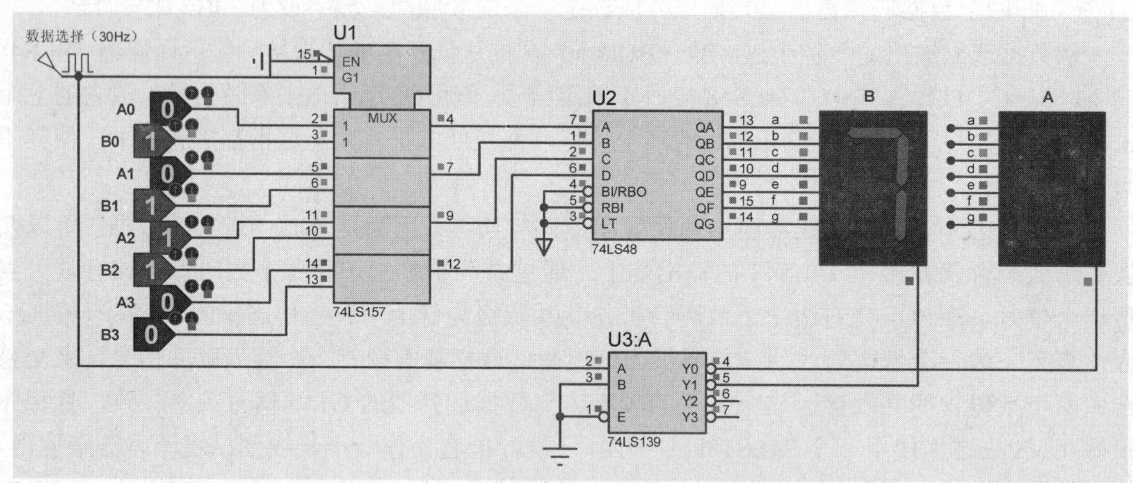

图 3-46　Proteus 中系统原理图与仿真结果（二）

（3）实验接线与验证。在 Proteus 中得到正确仿真结果后，进实验室接线并调试，以锻炼自己的实验操作动手能力和排查电路故障的能力。

5. 实验报告

（1）写出系统设计分析过程。

（2）贴 Proteus 中系统仿真图。

（3）写出系统设计调试过程存在的问题及解决思路。

（4）总结系统设计经验。

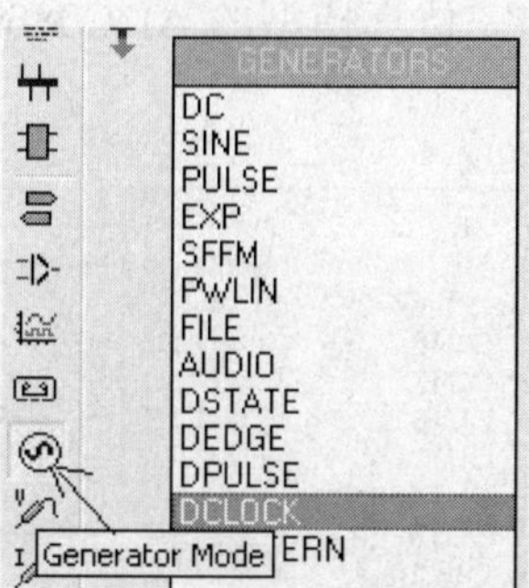

图 3-47　Proteus 中时钟信号的拾取

3.6.2　ADC0808 和 DAC0832 的应用设计与仿真

1. 实验目的

熟练掌握 ADC0808 和 DAC0832 的使用方法。

2. 实验器件

- ADC0808（或 ADC0809）（八位模/数转换器）　1 片
- DAC0832（数/模转换器）　1 片
- 74LS161（十六进制或四位二进计数器）　1 片
- LM324（四运放）　1 片
- 滑动变阻器（1~10kΩ）及 200Ω电阻各　1 个

3. 预习要求

- 熟悉 ADC0808（ADC0809）及 DAC0832 的工作原理。
- 熟记 ADC0808（ADC0809）及 DAC0832 的引脚功能。

4. 实验内容及步骤

（1）ADC0808 功能测试与仿真。在 Proteus 中完成对模数转换器 ADC0808 功能测试，然后接线进行实际实验。照图 3-48 连线（图中 ADC0808 元件做了左右、上下镜像处理），把模拟输入通道 7 接一 0~5V 的可调输入电压，并接直流电压表进行测量。通道选择地址 CBA 设为 111，与所接的模拟量通道保持对应。ALE 接高电平。

转换时钟设为 100 kHz，启动转换信号 START 用一个输入逻辑状态来手动产生一个上升沿，即把该输入电平从 0 变为 1 可启动一次 A/D 转换。转换结束后，EOC 为高电平，然后手动给数据锁存信号 OE 一个高电平，则转换成的八位数据出现在 OUT1~OUT8 输出端。要注意的是，这个八位二进制数的最高位为 OUT1，最低位为 OUT8。改变电阻使电压表的读数变化重新转换一次，发现输出数据有了新的改变。

把模拟量改接在其他通道，改变通道地址，启动 A/D 转换器，观察数据转换过程和结果。

（2）Proteus 中 ADC0809 的应用。如果想使用 Proteus 中的 ADC0809，发现此元件没有仿真模型，但可以通过添加 ADC0808 的仿真模型来使用该元件进行电路仿真。方法是：双击元件 ADC0808，打开元件属性对话框，在最下边一行的 Edit all properties as text 一项打“√”，然后把文本区的第二行内容{MODFILE=ADC0808}拷贝到ADC0809元件该项性能中去。这样，ADC0809 就可以仿真使用了。添加完仿真模型的 ADC0809 属性对话框如图 3-49 所示。

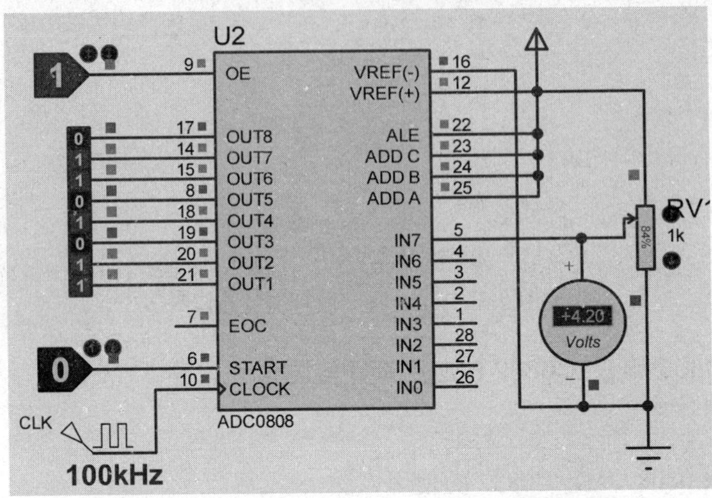

图 3-48　Proteus 中 ADC0809 功能测试仿真图

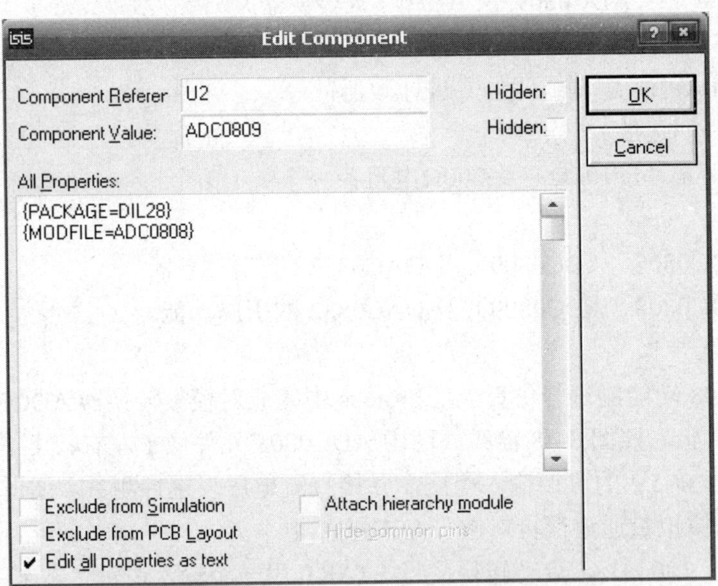

图 3-49　Proteus 中 ADC0809 仿真模型的添加

（2）DAC0832 的应用与仿真。按图 3-50 接线，图中用到两个直流电源，箭头所示为+5V 直流电压，DAC0832 的 Vcc 为+15V 直流电压。

74LS161 计数器接 1kHz 时钟，输出 Q3~Q0 为 0000~1111 循环不止。该输出接至 DAC0832 的数据输入端低四位（或高四位），注意按照高位接高位、低位接低位的顺序。DAC0832 的输出接一运算放大器，用示波器观察输出波形。因为数/模转换器的输入数据从

00000000~00001111 循环变化，输出电压成阶梯形并且循环不止。

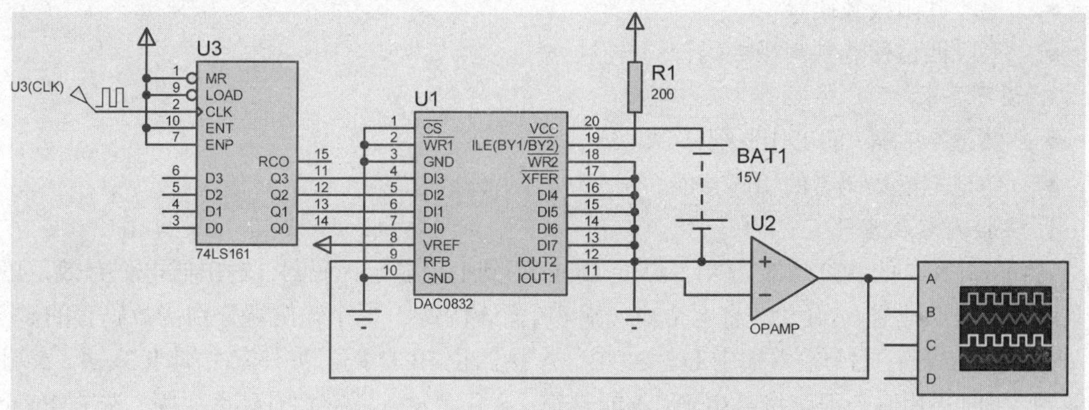

图 3-50　DAC0832 的应用电路

Proteus 中输出电压波形如图 3-51 所示。

图 3-51　DAC0832 的应用电路仿真结果

5. 实验报告

（1）写出实验步骤。

（2）画出 ADC0808 的时序图。

（3）贴 Proteus 中系统仿真图。

3.6.3　显示译码器和数码管的应用设计与仿真

1. 实验目的

熟练掌握显示译码器和七段数码管的使用方法。

2. 实验器件

- 74LS47　　3 片

- 74LS48 1 片
- 七段共阳极数码管 3 个
- 七段四位位选共阴极数码管 1 个

3. 预习要求

- 熟悉 74LS47 的工作原理。
- 熟记七段数码管的引脚功能。

4. 实验内容及步骤

（1）74LS47 的测灯功能。74LS47 是 BCD 码到七段显示译码器，输出低电平有效，必须接共阳极七段数码管。74LS47 有七个输入端和七个输出端。七个输出端分别接数码管的 a、b、c、d、e、f、g 段；七个输入端中 D、C、B、A 接四位 BCD 码，另外三个端即 3、4、5 端是功能端，平时不用时一般都接高电平，不能悬空。这几个输入端究竟有什么用呢？先在 Proteus 中进行一个功能测试，照图 3-52 连接电路。

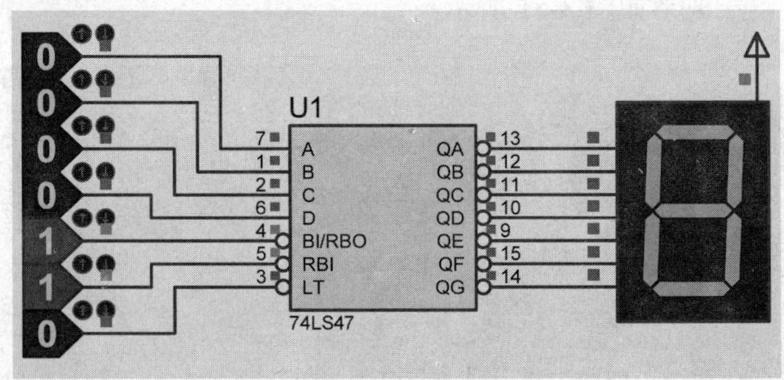

图 3-52 74LS47 功能测试

在 74LS47 的各输入端接 LOGICSTATE，先令 4、5 端为高电平，即使其引脚功能失效，令 3 端为低电平，发现此时数码管显示“8”。改变输入 BCD 码，则数码显示不改变。因此，3 端为测灯输入端 LT（Light Test），因为数码管容易缺段，用这个端可以判断所接数码管哪个段已烧坏，对以后复杂电路功能测试和故障找寻带来方便。

（2）74LS47 的灭零功能。74LS47 的 4、5 端是灭零输入和输出功能。即多个 74LS47 分别驱动数码管显示多位十进制数时（如共三位，最高位为百位），当百位上数为零时，此一定不能显示，再判断十位上数是否为零，如果十位上数也是零，亦不能显示，此时个位上是零可以显示。另外一种情况，当百位上不为零时，即使十位为零也必须显示。按照这个规律设计一种应用电路，如图 3-53 所示。

在图 3-53 中，百位显示译码器的灭零输入端 RBI 接地，灭零优先权最高，只要输入端的 BCD 码为零，输出端显示就灭掉；当输出端显示灭零后，在 RBO 端输出一个低电平信号，这个信号接到十位的灭零输入端 RBI 上，即十位的灭零优先权是建立在百位灭零的基础上的。个位不能灭零，故 RBI 端接高电平。

仿真效果如图 3-54 所示，电路接好后，灭不灭零是自动的。

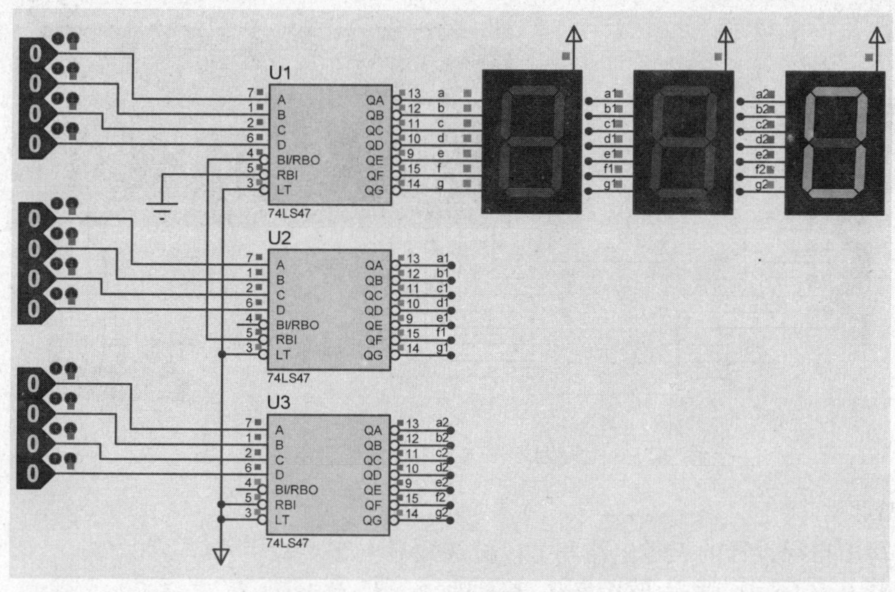

图 3-53　74LS47 灭零功能应用电路

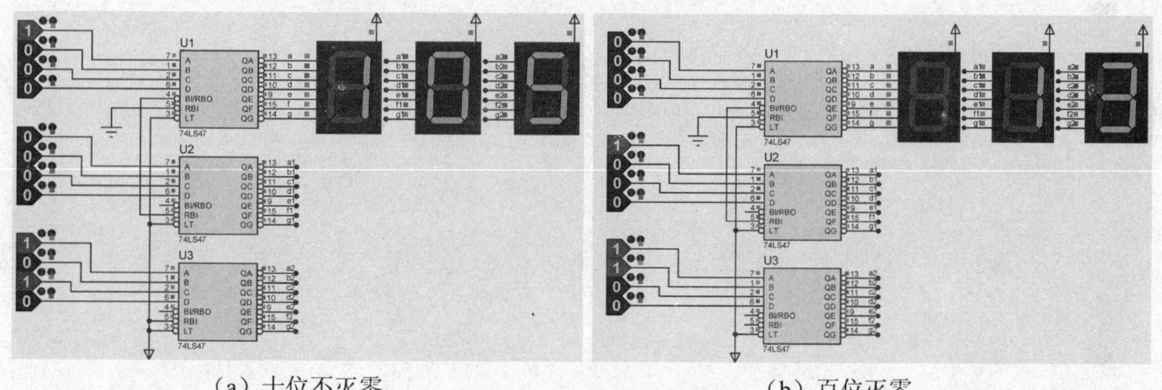

（a）十位不灭零　　（b）百位灭零

图 3-54　74LS47 灭零仿真结果

（3）七段四位位选共阴极数码管的应用。为了节省电路接线，数码管通常做成几位共段码数据线的形式。比如，四位共阴极数位选数码管用来显示一个四位十进制数。这四位十进制 BCD 码分时由 74LS48（驱动共阴极数码管）的输入端供给，传送哪一位数，对应的位选信号（即四个共阴极双端）应选通，即为低电平。只要时间配合无误，即可分别在不同的位上显示不同的数据，一般数据和位选信号的扫描频率设在 30Hz 以上，人的肉眼不能分辨出显示间隔，即可以看到四位数据同时在显示。图 3-55 为七段四位位选共阴极数码管的测试电路。

电路中，数据码的 DP 引脚为每个数码管的小数点，需要显示时可单独控制，一般不从显示驱动器上接。

根据以上步骤和分析，自己设计一种灭零显示电路和七段位选数显示电路，写出实验步骤，画出实验仿真图，并验证仿真效果。

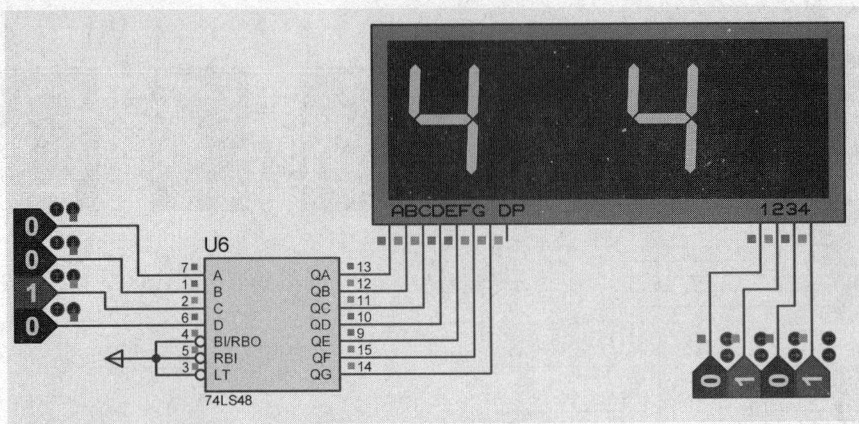

图 3-55 七段四位位选共阴极数码管的应用电路

5. 实验报告

（1）写出自行设计的灭零电路和七段位选数显电路实验步骤。

（2）贴 Proteus 中系统电路图及仿真结果。

第 4 章　电子技术课程设计

电子技术课程设计的主要目的是利用模拟电子技术和数字电子技术所学的理论知识，设计、仿真、制作完成一定功能的应用电路，一方面加深对所学知识的理解，另一方面对所学知识进行扩充和完善，同时提高实践动手能力。本章共列举了七个设计课题，内容分别涉及基础、综合和创新三个方面，通过新老题目的搭配，旨在使同学们能牢固掌握书本知识，综合运用各章内容，同时又能跳出课本，活学活用，充分发挥自己的设计创作才能，为后续课程学习打下良好的基础。

4.1　四路彩灯

四路彩灯是数字电路设计中一个非常有趣的课题，结合 Proteus 会使整个设计和分析快捷而轻松。题目设计要求如下：

- 共有四个彩灯，分别实现三个过程，构成一个循环共 12 秒。
- 第一个过程要求四个灯依次点亮，共 4 秒。
- 第二个过程要求四个灯依次熄灭，共 4 秒，先亮者后灭。
- 最后 4 秒要求四个灯同时亮一下灭一下，共闪 4 下。

4.1.1　核心器件 74LS194 简介

这个题目主要考察的是四位双向通用移位寄存器 74LS194 的灵活应用，四个灯可用四个发光二极管表示。74LS194 的引脚图如图 4-1 所示。

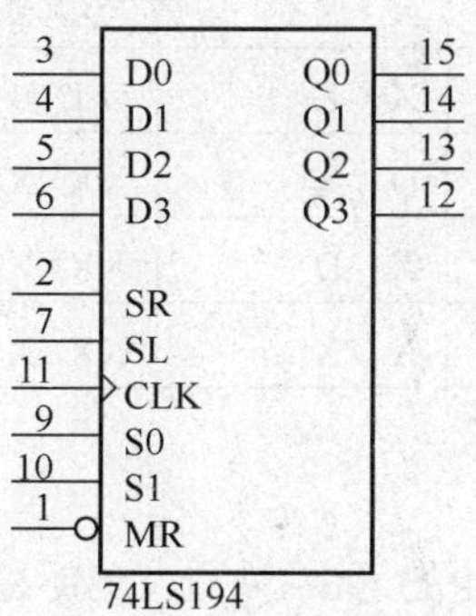

图 4-1　74LS194 的引脚

图 4-1 中引脚 MR 为复位信号，正常工作时应接高电平；CLK 为时钟信号，上升沿到来时有效。74LS194 的时序图如图 5-2 所示。

74LS194 有 4 种工作方式，分别由 S_1S_0 组成的两位二进制数来控制，如表 4-1 所示。

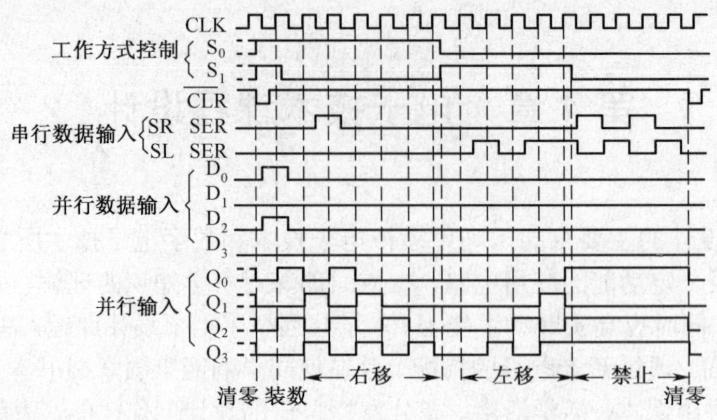

图 4-2 74LS194 的时序图

表 4-1 74LS194 的四种工作方式

S_1S_0	输出 Q0~Q3	数据输入
00	保持不变	×
01	右移	SR
10	左移	SL
11	并行输出	D0~D3

74LS194 的功能如表 4-2 所示。

表 4-2 74LS194 的功能表

输入					输出	功能
时钟	复位	控制	串入	并入	$Q_0Q_1Q_2Q_3$	
CP	C_r	S_1S_0	$D_{SL}D_{SR}$	$D_0D_1D_2D_3$		
X	0	X X	X X	XXXX	0000	清零
↑	1	1 1	X X	$D_0D_1D_2D_3$	$D_0D_1D_2D_3$	置数
↑	1	1 0	D X	XXXX	$Q_1Q_2Q_3D$	左移
↑	1	0 1	X D	XXXX	$DQ_0Q_1Q_2$	右移
↑	1	0 0	X X	XXXX	$Q_0Q_1Q_2D_3$	保持

4.1.2 题目分析与设计

此题应把四路彩灯接在 74LS194 的 Q0~Q3 上，SR 稳定接一高电平，SL 稳定接地电位，而 D0~D3 接周期为 1 秒的方波信号。下面关键是时钟和方式控制 S_1S_0 的信号如何实现才能满足题目的要求。

三个过程每个 4 秒，加起来正好 12 秒。如果选择 CLK 为周期 1s 的方波信号，好像就可以了，但是前两个过程可以，最后一个过程却不能精确地实现。图 4-3 是正确的 CLK 信号与 1Hz 方波信号的比较。

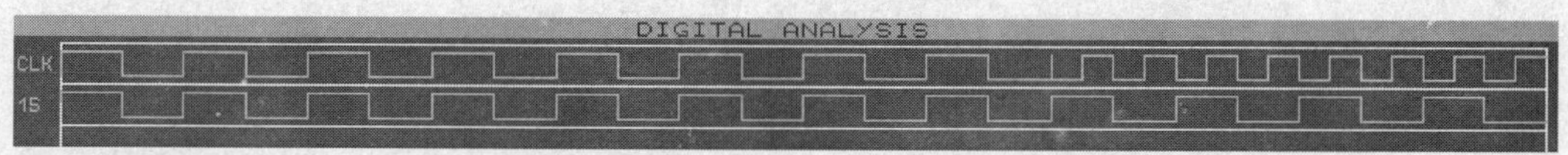

图 4-3　正确的 CLK 信号与 1Hz 方波信号的比较

前面已经确定 D0~D3 接 1Hz 的方波信号，那么 Q0~Q3 在读 D0~D3 的信号时是在 CLK 上升沿到来的一瞬间，看图 4-3 的前半部分，如果二者一样，CLK 的每个上升沿到来时读到的都是高电平，灯就会一直亮着，不会出现闪的效果。所以，当 74LS194 的工作方式为 11 时，一定要改变 CLK 的信号频率为 D0~D3 信号频率的 2 倍，才可以在 D0~D3 的一个周期内出现 CLK 的两个上升沿，Q0~Q3 分别读到 1 和 0 各一次，如图 4-3 的后半部分。

正确的时钟信号在整个 12 秒时间应该是前 8 秒为 1Hz 的频率，后 4 秒变为 2Hz 的频率，可以用 555 定时器产生 2Hz 的方波信号，再用 D 触发器分频产生 1Hz 的方波信号，如图 4-4 所示。两者分别与控制信号相与再通过或门即可得到 CLK 信号。

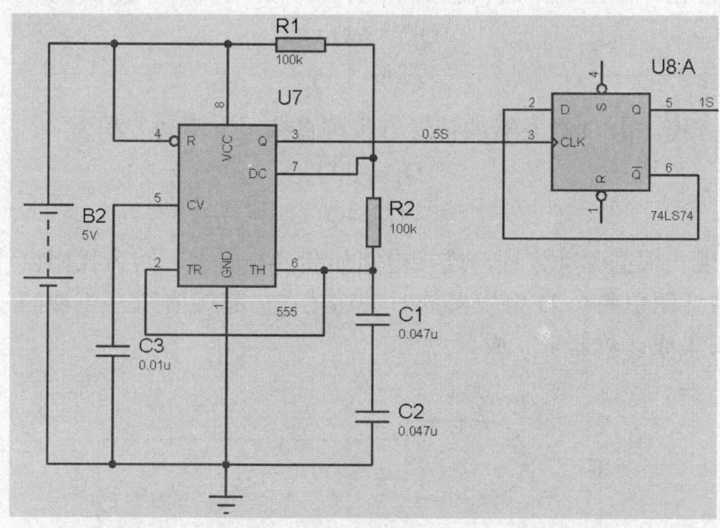

图 4-4　用 555 产生的 2Hz 及 1Hz 方波信号

下面再来分析 S_1S_0 的信号。四种工作方式中剔除第一种 S_1S_0 为 00 的情况，那么 S_1S_0 应按 01、10、11 的顺序循环，可设计一个同步计数器，时钟周期为 4 秒，共三个状态。S_1 及 S_0 的波形应如图 4-5 所示。S_1S_0 与非及相与的结果如图中后两个信号，正好用来分别锁定 1Hz 及 2Hz 信号，分别与它们相与后再进入或门，即产生了正确的时钟信号，如图 4-3 所示。

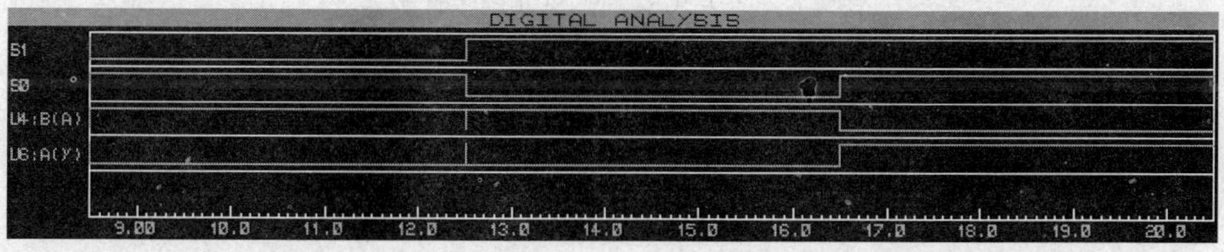

图 4-5　S_1 及 S_0 的波形图

S_1S_0信号的产生可用集成计数器实现，但在这里，为加强同步时序逻辑电路的设计知识，我们使用D触发器来设计一个同步三进制计数器，时钟周期为4秒。设计步骤如下：

（1）列状态真值表。设 S_1S_0 对应的触发器输出分别为 Q_1Q_0，则状态真值表如表 4-3 所示。

表 4-3　74 状态真值表

Q_1^n　Q_0^n	Q_1^{n+1}　Q_0^{n+1}
0　0	×　×
0　1	1　0
1　0	1　1
1　1	0　1

（2）求状态方程。根据列出的状态真值表，分别求出 Q_1 和 Q_0 的状态方程为

$$Q_1^{n+1} = \overline{Q_1Q_0}$$

$$Q_0^{n+1} = Q_1$$

（3）求驱动方程。由D触发器的特性方程可直接写出驱动方程为

$$D_1 = \overline{Q_1Q_0}$$

$$D_0 = Q_1$$

（4）电路实现。根据驱动方程，连接电路如图 4-6 所示。因为我们设计出的是一个同步时序逻辑电路，注意图中两个 D 触发器的时钟连接在一起接周期为 4 秒的时钟信号。这部分电路也可以直接用集成计数器来完成。

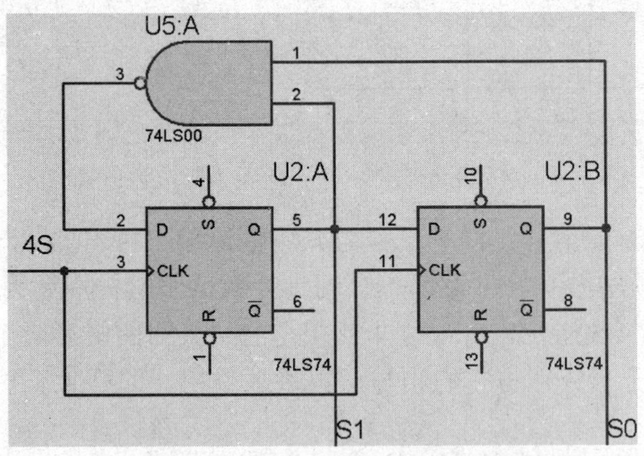

图 4-6　产生 S_1S_0 的三进制同步计数器

4.1.3　仿真

根据以上分析，连接电路如图 4-7 所示，其中省去了 555 及二分频电路，直接用数字脉冲源进行仿真。另外，图中所有 D 触发器的异步输入端在实际电路连接时最好接高电平。产生时钟的电路用与非逻辑替代了与或逻辑，因为与非门的应用最普遍。

平时我们在设计电路时，通过卡诺图化简得到的与或式，要想全部用与非门实现，可在草纸上直接画成与或逻辑，然后只需要在与门的输出端与此线的另一头即或门的输入端各加一个小圆圈，两个逻辑非抵消，不影响逻辑关系，直到把或门的输入处理完毕为止。这样或门前面的与门都变成了与非门，或门变成了非或门，而根据摩根定理，非或门恒等于与非门。图 4-7 中的 U4:B、U4:C 和 U4:D 就是用与非与非逻辑实现的与或逻辑。

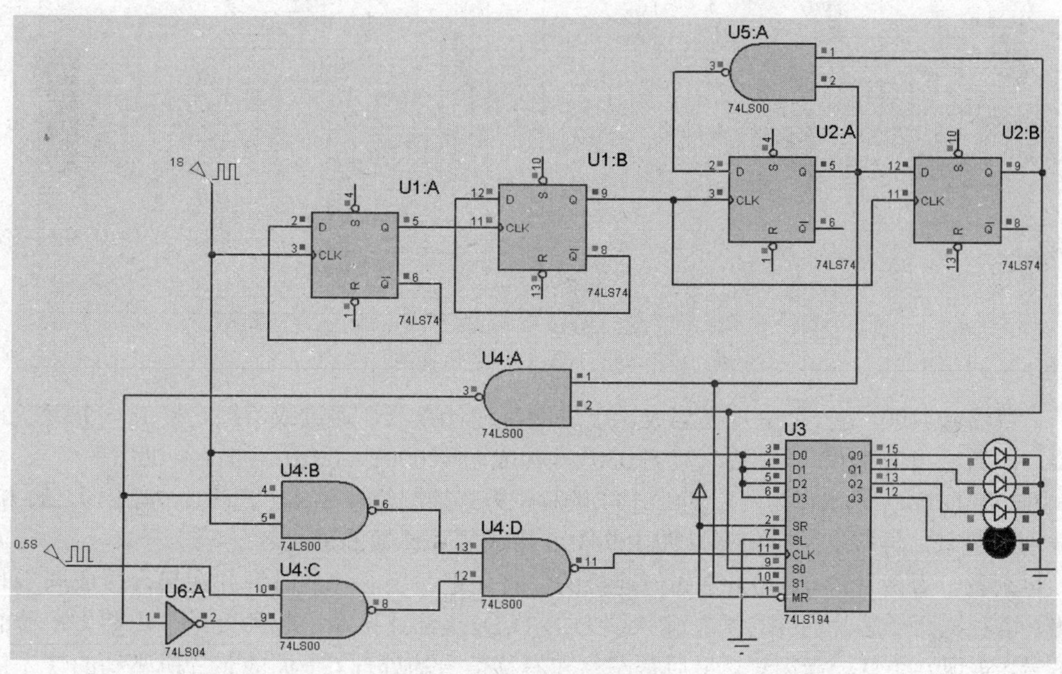

图 4-7　四路彩灯的仿真图

4.1.4　扩展电路

在四路彩灯电路的设计过程中，你可以充分发挥自己的想象空间，扩展出花样不同的电路。我们会想到用两片 74LS194 来完成八路彩灯电路的设计，要求可以和前面的例子一样，也可以不一样。如果彩灯的动作是两个、两个一组，八个彩灯共分成四组，依次点亮和熄灭，共同闪烁，应该怎样实现？或者说两个、两个一组，流水似地向左或向右滚动，又该怎样实现？其实，关键问题有两个：一是四路彩灯的工作方式（右移、左移或并行输出），二是信号的模式（三个输入信号各是什么样的状态？高电平、低电平抑或是方波）。解决了这两个问题，其他就很容易明白和实现了。

下面重点来分析一下八路彩灯的实现方法。要求和上例一样，八个灯从左到右依次点亮，各一秒，共 8 秒；接下来八个灯从右到左依次熄灭，各一秒，共 8 秒；最后八个灯同时闪烁八次，也是 8 秒。一共 24 秒。

因为前例中已经做了详细的分析，这里的灯的动作流程没有什么变化，只不过要把两片 74LS194 连接成一个整体，接收统一的指令来工作。另外把它们的移位方式控制信号 S_1S_0 的产生电路变成易于实现的集成电路来完成。

图 4-8 是已设计完成的仿真电路图。

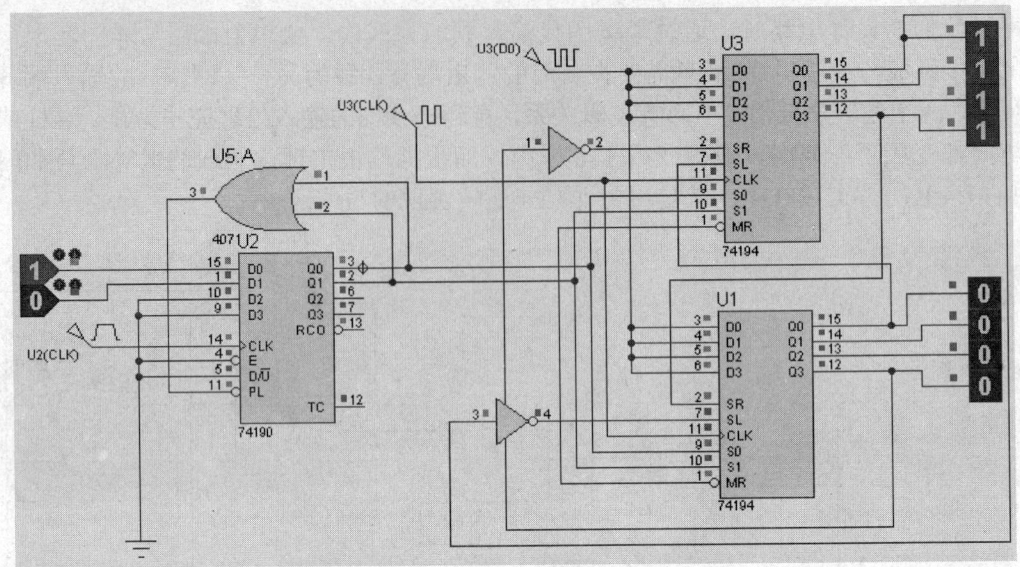

图 4-8　八路彩灯的仿真图

计数器 74190 是一个中规模集成、十进制可逆计数器，通过或门把它接成一个模三的计数器，即当输出为 0100 时，装入数据 0001，构成循环 0001→0010→0011→ 0001。

74190 的 Q_1Q_0 输出作为两片 74LS194 的移位方式控制信号 S_1S_0，把两片 74LS194 的 S_1 和 S_0 分别并起来后再接这两个信号。图中 74190 接成了加计数的形式。

再来看一看两片 74LS194 是如何连接的。首先把两个芯片的时钟并在起，接成同步时序电路，接着把两个芯片的并行数据输入端 $D_3D_2D_1D_0$ 全部连接在一起外接一个周期为 1 秒的方波信号，实现八个灯一起闪烁。最后是左移和右移信号的处理。上面的芯片所驱动的灯先依次点亮，所以右移时的输入信号应从它的 SR 输入，接高电平；把上面的芯片的输出 Q_3 接下面芯片的 SR，这样右移时的信号就可以从第一个芯片的 Q_0 一直传递到第二个芯片的 Q_3 了。左移时也一样，输入信号接下面芯片的 SL，下面芯片的 Q_0 接上面芯片的 SL。在图 4-8 中，左移和右移的输入信号直接来自 74LS194 的输出。

4.2　八路抢答器

抢答器的应用非常普遍，可用在各类竞赛中。本题目的设计要求如下：

- 主持人按下抢答“开始”按钮，同时喇叭发出“嘀”的一声，八路抢答开始。
- 八路抢答按钮的编号分别为 1~8，一次只能有一人抢答成功。
- 当某一路抢答成功时，发光二极管立即点亮，并在数码管上显示该路的号数，直到主持人按复位开关为止，其他人再抢答无效。
- 主持人按“复位”按钮后，必须下次重新抢按“开始”按钮才能继续抢答。

4.2.1　核心器件 74LS148 简介

仔细分析知道，抢答器的输入为八路抢答按钮及主持人控制的抢答“开始”和“清零”两个按钮。抢答器的输出有一个发光二极管、一个数码管和一个蜂鸣器。

因为要把八路的开关量转变成对应的数字来显示，而显示译码器接收的是 BCD 码，所以这里要用到 8-3 线编码器。而 74LS148 是一个中规模且具有优先编码权限的集成器件，它的优先权按输入端编号从高到低。74LS148 的引脚图如图 4-9 所示。

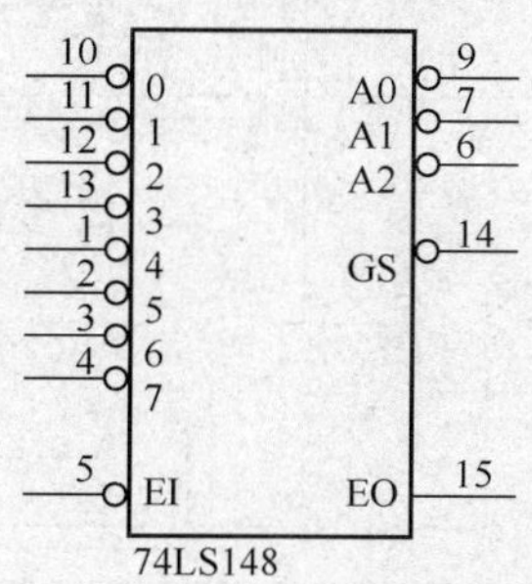

图 4-9　74LS148 的引脚图

EI 是使能端，低电平有效。EO 和 GS 都为输出，且互反。当 EI 有效，且正常编码时，即八个输入中有任一个输入有效，则 EO 为高电平，GS 为低电平；如果没有一路输入为低电平，则 EO 为低电平，GS 为高电平。这两个引脚通常用于芯片的扩展。

输入编号为 7 的优先权最高。当 EI 有效时，输入与输出的对应关系如表 4-4 所示。

表 4-4　74LS148 的输入输出对应关系

输入	输出（6、7、9）
7 有效	000
6 有效	001
5 有效	010
4 有效	011
3 有效	100
2 有效	101
1 有效	110
0 有效	111

4.2.2　题目分析与设计

由八路电阻与按钮串接在电源和地之间，中间点引出接到优先编码器 74LS148 的八个输入端，S1~S7 分别接到输入 1~7，而 S8 接到输入 0 上，当 S8 动作时显示“8”。这样使抢答者的编号 1~7 正好与编码器的输入和输出对应上。

使用 D 触发器用来锁存信号，只使用异步输入端，相当于低电平输入有效的 RS 锁存器。其中三个 D 触发器的异步置位 S 端接编码器的三个输出，经过反相保持后接到显示译码器的输入端。异步清零端 R 都接到另一个 D 触发器的 $\overline{Q}$ 端，由“复位”按钮来控制。

八路抢答器的原理如图 4-10 所示，下面分块来介绍设计原理。

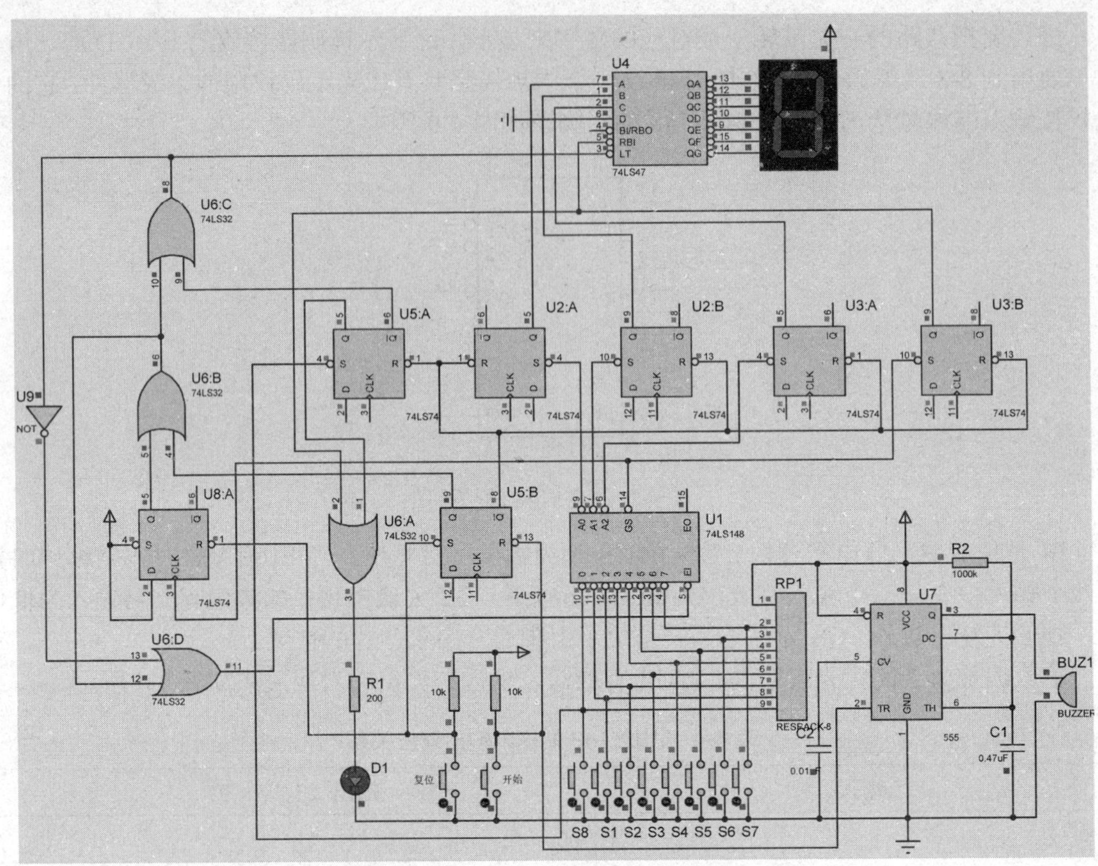

图 4-10 八路抢答器的完整电路

1. 上电初始状态

上电时，74LS148 的各输入 0~7 应为高电平，EI=0，$A_2A_1A_0$=111，GS=1，EO=0。

2. “复位”按钮作用后

当“复位”按钮按下后，产生一个短暂的低电平，应使电路的状态产生如下变化：74LS148 的 EI=1，即先封锁各路抢答信号，其他状态不变。

3. “开始”按钮作用后

当“开始”按钮按下后，产生一个短暂的低电平，应使电路的状态产生如下变化：74LS148 的 EI=0，即允许各路抢答，同时，喇叭发出“嘀”的一声响。下面讨论“开始”按钮作用如何使 74LS148 的 EI 为 0。

图 4-10 中，当“开始”按钮按下时，产生一个下降沿，送给 U5:B 的异步复位端 R，使其 Q=0，这个低电平作为二入或门 U6:B 的一个输入。U6:B 的另一个输入来自 U8:A 的输出 Q。U8:A 在“复位”按钮操作后，不受“开始”按钮的控制，只受 74LS148 的输入 1~7 路控制，当这些输入中有低电平时，U8:A 来一个时钟上升沿，使其输出 Q=1，而 74LS148 的输入 0 不起此作用。

故“开始”按钮按下后，当 74LS148 无输入时，U8:A 输出 Q=0，U5:B 输出 Q=0，故 U6:B 输出为 0。此信号作为二入或门 U6:C 的一个输入。而 U6:C 的中一个输入来自 U5:A 的 $\overline{Q}$。U5:A 接成异步输入控制方式，置位端来自 74LS148 输入 0，复位端和 U2:A、U2:B、U3:A、

U3:B 一起接到 U5:B 的 $\overline{Q}$。而 U5:B 在“开始”按钮作用后，$\overline{Q}$=1，故 U5:B 保持初始状态 Q=0，$\overline{Q}$=1。

经过以上分析，“开始”按钮作用后，U6:C 的两个输入，一个来自 U6:B 为 0，一个来自 U5:A 为 1，故 U6:C 的输出为 1。此信号经过反相器 U9 后为 0，和来自 U6:B 的输出 0 一起进入或门 U6:D，使 U6:D 为 0。这个信号送给 74LS148 的 EI，使 EI=0，允许抢答。

4. 74LS148 的 1~7 路抢答

74LS148 的 1~7 路输入中任何一个按下后，$A_2A_1A_0$ 出现对应编码值（反码），GS 来一个负脉冲。电路应完成的功能是：数码管显示对应数字，其他任何路抢答无效，直到按下“复位”按钮后，再次按“开始”按钮。

74LS148 的三位编码输出由高到低分别接至 U3:A、U2:B、U2:A 的异步置位端。因为 74LS148 输出为反码，这种接法正好使这些 D 触发器对应置位，经触发器后输入原码，送给 74LS47 和数码管译码并显示。74LS47 的输入 BCD 码中高位接地。

当一路优先抢答成功后，为了防止其他路再次抢答成功，此时，要立即封锁 74LS148 的输入，即使 EI=1。考虑到当有编码输出时（即 1~7 路有抢答时），GS 产生一个负脉冲，把此信号接至 U8:B 的时钟输入端，当 GS 从负变正时，产生一个上升沿，使 U8:B 的 Q=1，从而使 U6:B 输出为 1，U6:D 输出为 1，即 EI=1，及时封锁住了 74LS148 的各路输入。EI 为 1 后，$A_2A_1A_0$ 恢复初始状态 111，但已经抢答成功的当前路的编码已被 U3:A、U2:B、U2:A 锁存并稳定地显示在数码管上，直到按下“复位”按钮。

U3:B 起灭零显示的作用。当复位后，数码管显示 0。74LS47 的灭零输出端 RBI（5 端）来自 U3:B 的 Q 端，此端的低电平可使 0 不显示。请大家自己分析，灭零电路的实验见第 3.6.3 节“显示译码器和数码管的应用设计与仿真”。

5. 74LS148 的第 8 路抢答

由于 74LS148 的 0 路输入信号有效时和无效时输出状态不发生变化，故其电路设计与 1~7 路有明显的区别。74LS148 的 1~7 路正好对应显示 1~7，故 0 路输入时应该显示 8，相当于第 8 路抢答。要完成的设计分两个方面：一是当第 8 路抢答成功时，显示 8；另一个是当第 8 路抢答成功后封锁其他 7 路输入，即使 EI=1。

（1）第 8 路抢答成功后显示“8”的实现。74LS47 有个测灯输入端 LT（3 端），当此信号输入低电平时，显示“8”。把 U6:C 输出连接到 74LS47 的 LT 端，复位后由于 U6:C 的一路输出为 0（来自 U6:B，即 1~7 路无抢答），另一路来自 U5:A，使其在第 8 路抢答时为 0，即把第 8 路抢答时低电平输入接至 U5:A 的异步置位端，U5:A 的 $\overline{Q}$ 接到 U6:C 的输入即可。

（2）第 8 路抢答成功后对 1~7 路的封锁。U6:C 输出的低电平一方面直接给 74LS47 的 LT，使其显示“8”，另一方面经反相器 U9 后变高送给或门 U6:D，使其为高，接入 EI，封锁 74LS148 的输入。

6. 蜂鸣电路

这部分要求，“开始”按钮一按下，发出一声短促的“嘀”声。考虑用 555 组成单稳态电路，产生一个一定宽度的正脉冲，输出驱动蜂鸣器发音。

关于声音的输出，Proteus 提供了三个仿真元件，即 SPEAKER、SOUDER 和 BUZZER，分别由模拟量信号、数字量信号和直流电源来驱动，使用时要注意适当修改它们的电压才能使其正确工作。

555 接成单稳态电路，触发端 TR（2 端）接“开始”按钮，当“开始”按钮按下时产生一个短暂的低电平，触发单稳态电路，输出 3 端产生一个固定宽度的高电平，此信号给蜂鸣器，使之产生一声“嘀”的声响。改变 555 电路中 R2 和 C1 的参数，可改变声音的长短。

把电路分解成若干部分，先分析核心部分，再不断分析解决出现的问题，进行分步仿真验证，逐步完善电路，最终设计出整个电路图。

4.3 数字钟

数字钟电路是一款经典的数字逻辑电路，它可以是一个简单的秒钟，也可以只计分和时，还可以计秒、分、时，分别为 12 小时制或 24 小时制，外加校时和整点报时电路。本题目的设计要求如下：

- 能计秒、分、时，且为 24 小时制。
- 能进行数字显示。
- 分和时能够校对。
- 实现整点报时功能，且四低一高。

4.3.1 核心器件 74LS90 简介

本题目的核心器件是计数器。计数器的选择很多，常用的有同步十进制计数器 74HC160 以及异步二、五、十进制计数器 74LS90。这里选用 74LS90 芯片。

74LS90 的引脚图如图 4-11 所示。

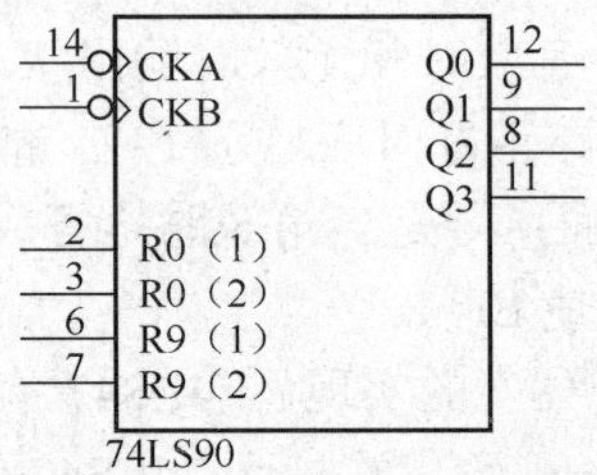

图 4-11 74LS90 引脚图

74LS90 内部是由两部分电路组成的。一部分是由时钟 CKA 与一位触发器 Q0 组成的二进制计数器，可计一位二进制数；另外一部分是由时钟 CKB 与三个触发器 Q1、Q2、Q3 组成的五进制异步计数器，可计五个数 000~100。如果把 Q0 和 CKB 连接起来，CKB 从 Q0 取信号，外部时钟信号接到 CKA 上，那么由时钟 CKA 和 Q0、Q1、Q2、Q3 组成十进制计数器。

R0(1)和 R0(2)是异步清零端，两个同时为高电平有效；R9(1)和 R9(2)是置 9 端，两个同时为高电平时，Q3Q2Q1Q0=1001；正常计数时，必须保证 R0(1)和 R0(2)中至少一个接低电平，R9(1)和 R9(2)中至少一个接低电平。

74LS90 的功能如表 4-5 所示。

表 4-5　74LS90 的功能表

R0(1) R1(2)		R0(1) R1(2)		Q3 Q2 Q1 Q0
1	1	0	×	0 0 0 0
1	1	×	0	0 0 0 0
0	×	1	1	1 0 0 1
×	0	1	1	1 0 0 1
0	×	×	0	计　数
0	×	0	×	
×	0	×	0	
×	0	0	×	

毫无疑问，本题每个 74LS90 都应首先接成十进制计数器，如图 4-12 所示。

74LS90 内部原理如图 4-13 所示，这是一个异步时序电路。图中的 S_1、S_2 对应于集成芯片的 6、7 管脚，R_1、R_2 对应于集成芯片的 2、3 管脚，CP_0 对应于 14 管脚，CP_1 对应于 12 管脚，Q3、Q2、Q1、Q0 分别对应于 11、8、9、12 管脚。

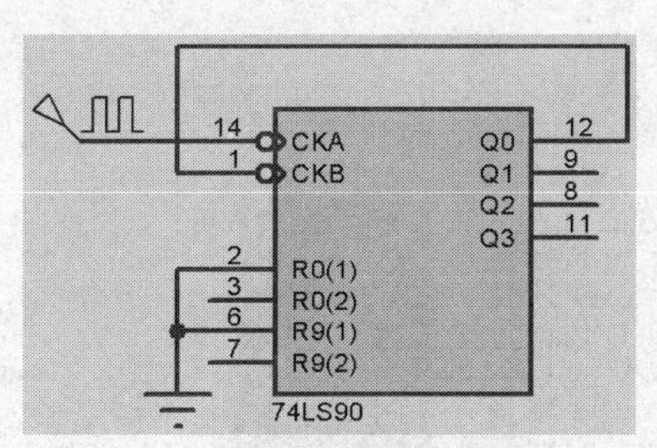

图 4-12　74LS90 接成的十进制计数器

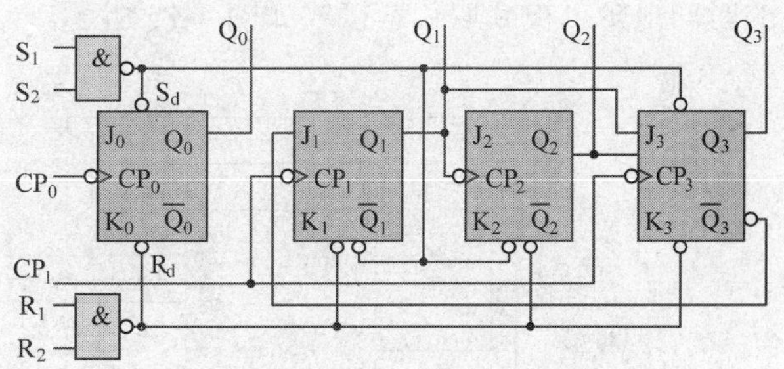

图 4-13　74LS90 的内部原理图

4.3.2　分步设计与仿真

1. 计时电路

计时电路共分三部分：计秒、计分和计时。其中计秒和计分都是六十进制，而计时为 24 进制。难点在于三者之间进位信号的实现。

（1）计秒、计分电路。

1）个位向十位的进位实现。用两片 74LS90 异步计数器接成一个异步的六十进制计数器。所谓异步六十进制计数器，即两片 74LS90 的时钟不一致。个位时钟为 1Hz 方波来计秒，十位计数器的时钟信号需要从个位计数器来提供。

进位信号的要求是在十个秒脉冲中只产生一个下降沿，且与第十秒的下降沿对齐。只能从个位计数器的输出端来提供，不可能从其输入端来找。而计数器的输出端只有 Q0、Q1、Q2、Q3 四个信号，要么是其中一个，要么是它们之间的逻辑运算结果。

把个位的四个输出波形画出来，如图 4-14 所示。由于 74LS90 是在时钟的下降沿到来时计数，所以 Q3 正好符合要求，在十秒之内只给出一个下降沿，且与第十秒的下降沿对齐。Q2 虽然也只产生一个下降沿，但产生的时刻不对。

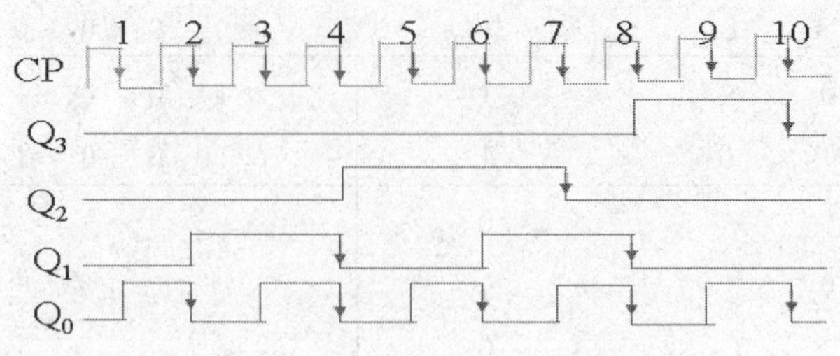

图 4-14　74LS90 接成的个位计数器时序图

这样，个位和十位之间的进位信号就找到了，把个位的 Q3（11 端）连接到十位的 CKA（14 端）上。

2）六十进制的实现。当计秒到 59 时，希望回 00。此时个位正好是计满十个数，不用清零即可自动从 9 回 0；十位应接成六进制，即从 0~5 循环计数。用异步清零法，当 6 出现的瞬间，即 Q3Q2Q1Q0=0110 时，同时给 R0(1)和 R0(1)高电平，使这个状态变成 0000，由于 6 出现的时间很短，被 0 取代。接线如图 4-15 所示。

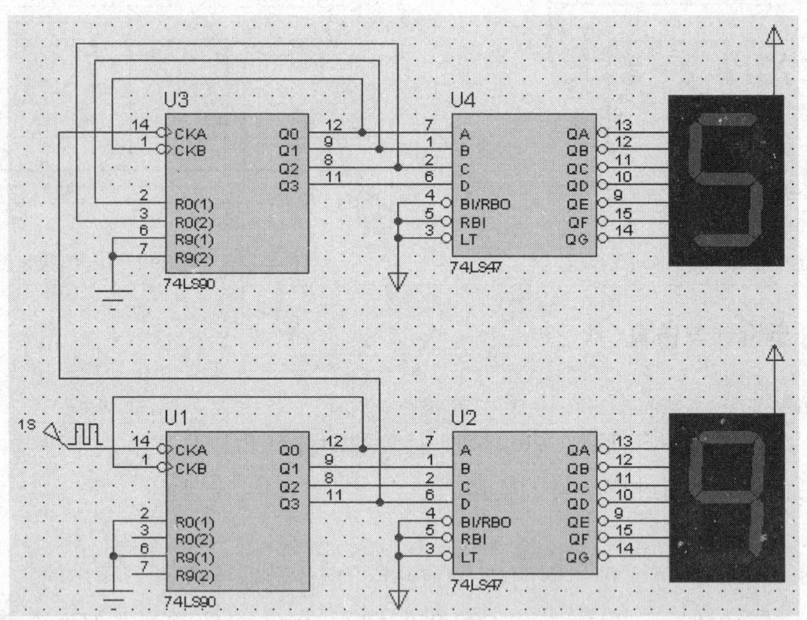

图 4-15　74LS90 接成的六十进制计数器

当十位计数到 6 时，输出 0110，其中正好有两个高电平，把这两个高电平 Q2 和 Q1 分别接到 74LS90 的 R0(1)和 R0(1)端，即可实现清零。一旦清零，Q2 和 Q1 都为 0，不能再继续清零，恢复正常计数，直到下次再同时为 1。

计秒电路的仿真图如图 4-15 所示，计分电路和计秒电路是完全一致的，只是周期为 1s 的时钟信号改成了周期为 60 秒即 1 分的时钟信号。

3）秒向分的进位信号的实现。计分电路的关键问题是找到秒向分的进位信号。当秒电路计到 59 秒时，产生一个高电平，在计到 60 时变为低电平，来一个下降沿送给计分电路做时钟。

计秒电路在计到 59 时的十位和个位的状态分别为 0101 和 1001，把这四个 1 与起来即可，即十位的 Q2 和 Q0，个位的 Q3 和 Q0，与的结果作为进位信号。使用 74LS20 四入与非门串反相器构成与门，如图 4-16 所示。

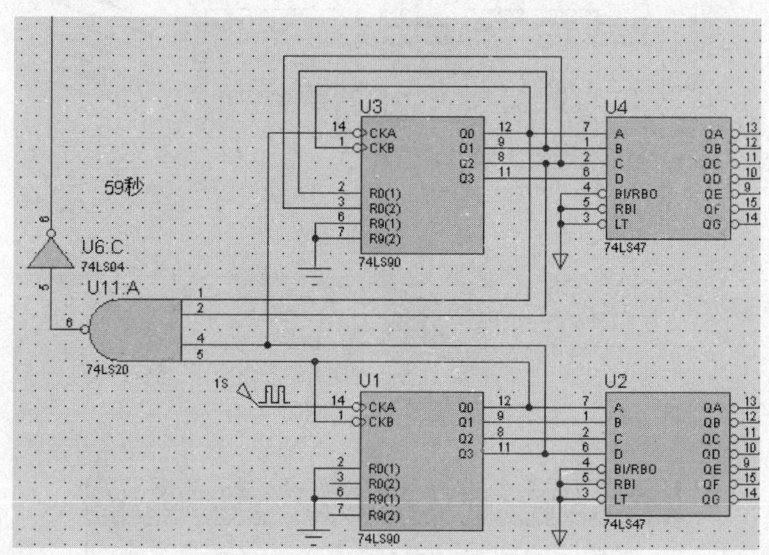

图 4-16　计分电路的时钟信号

计分电路与计秒电路一样，只是四入与门产生的信号应标识为 59 分。

（2）计时电路。用两片 74LS90 实现二十四进制计数器，首先把两片 74LS90 都接成十进制，并且两片之间连接成具有十的进位关系，即接成一百进制计数器，然后在计到 24 时，十位和个位同时清零。计到 24 时，十位的 Q1=1，个位的 Q2=1，应分别把这两个信号连接到双方芯片的 R0(1)和 R0(2)端。如个位的 Q2 接到两个 74LS90 的 R0(1)清零端，十位的 Q1 接到两个 74LS90 的 R0(2)清零端。

计时电路的个位时钟信号来自秒、分电路产生 59 分 59 秒两个信号相与的结果，如图 4-17 所示。

计分和计时电路可以先单独用秒脉冲调试，以节省时间。联调时，可把秒脉冲的频率加大。

以上三部分电路接起来就是一个简单的无校时和报时的数字钟电路，如图 4-19 所示。图中为了把数显集中在一块，可以直接把时、分、秒的数码管拖动到一起。但为了仿真时使器件管件的逻辑状态显示不影响数显的效果，可以从主菜单中把逻辑状态显示去掉。具体操作为：选择 System→Set Animation Options 命令打开如图 4-18 所示的对话框，取消选中 Animation Options 中的 Show Logic State of Pins?，然后单击 OK 按钮。

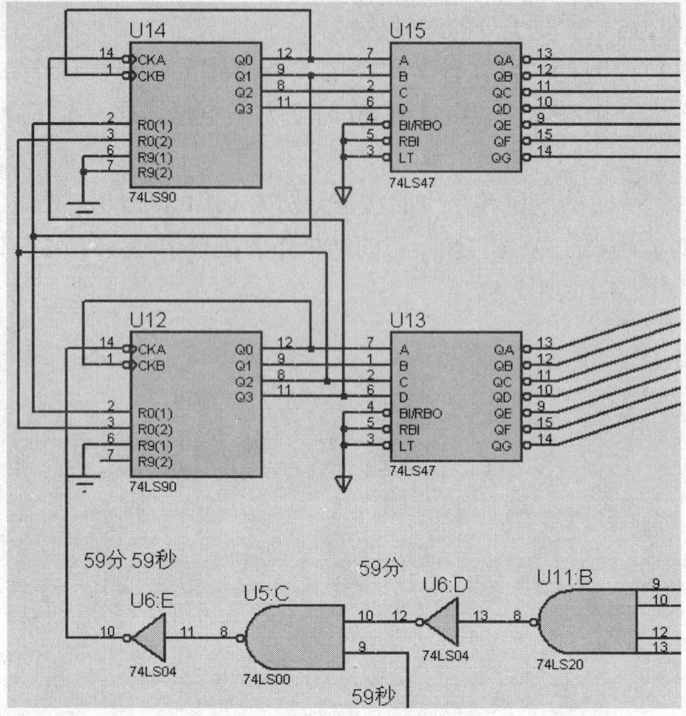

图 4-17　二十四进制计时电路

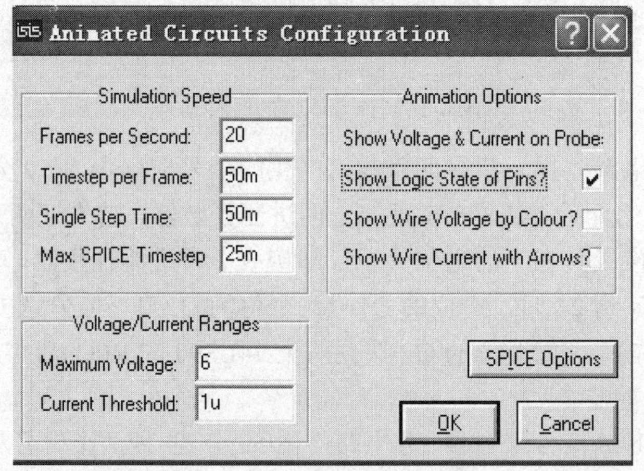

图 4-18　仿真参数设置对话框

2. 校时电路

接下来把校时电路加上。校时电路主要完成校分和校时。选择校分时，拨动一次开关，分自动加一；选择校时时，拨动一次开关，小时自动加一。校时校分应准确无误，能实现理想的时间校对。校时校分时应切断秒、分、时计数电路之间的进位连线。

如图 4-20 所示，虚框内是校时电路，由去抖动电路和选择电路组成。

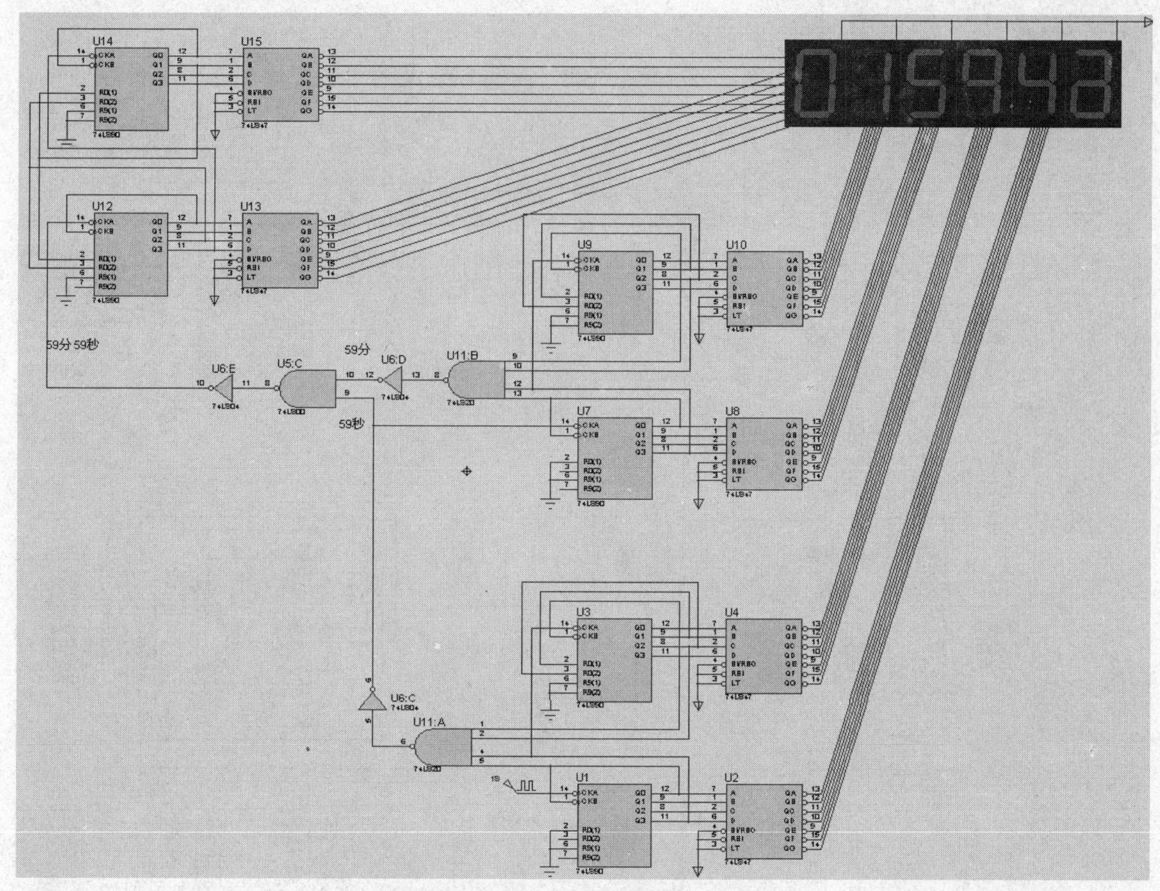

图 4-19　具有秒、分、时的数字钟电路

（1）去抖动电路。去抖动电路主要是由两个与非门构成的低电平触发有效的 RS 锁存器，SW1 为校时拨动开关，无论校分或校时都拨动该开关。拨动一个来回，在 U16:B 与非门的输出端产生一个稳定的下降沿。

（2）选择电路。SW2 和 SW3 都拨到左边，选择校时；SW2 拨到右边、SW4 拨到左边，选择校分；如果正常计数时，SW3 和 SW4 都拨到右边，与校时电路断开联系。

3. 整点报时电路

所谓整点报时，只报时不报分。为了简化电路，每当计到 59 分 50 秒时开始报时，响一秒停一秒，正好响五次。前四次为低音，最后一响为高音。

（1）报时开始信号。计到 59 分 50 秒时，分和秒计数器的状态如下：

分十位：Q3Q2Q1Q0=0101　　　分个位：Q3Q2Q1Q0=1001

秒十位：Q3Q2Q1Q0=0101

其中，计到 59 分的信号已有，如图 4-16 所示。只需把它和计秒电路的十位中的 Q2Q0 相与作为开始报时的一个条件即可。见图 4-21，U17:A 和 U6:F 组成的与门输出即为报时开始信号。

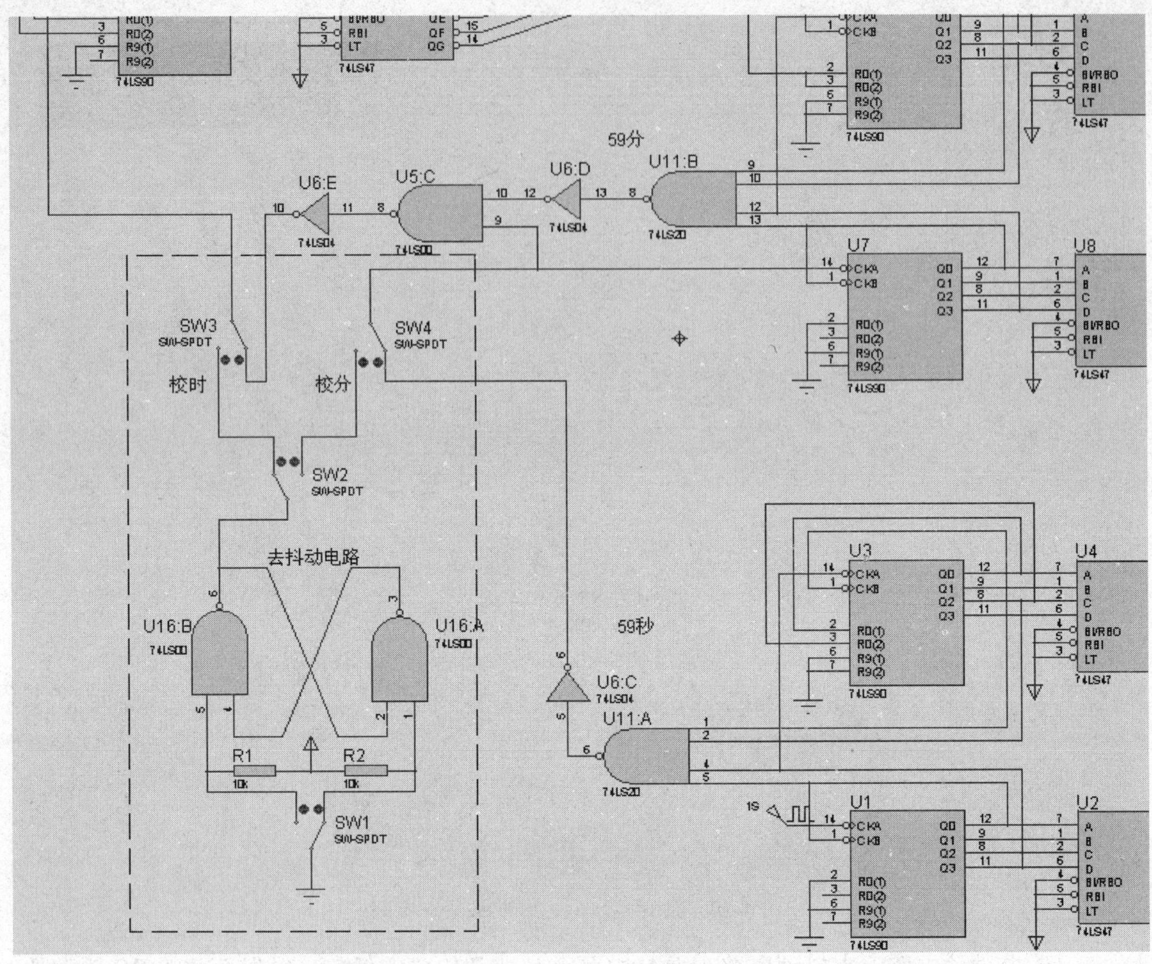

图 4-20　校时电路

（2）报时锁存信号。用秒个位的计数器输出进行四低一高的报时锁存信号。现在来分析一下 50~59 秒之间秒个位的状态。

秒个位：	Q3	Q2	Q1	Q0
	0	0	0	0
	0	0	0	1
	0	0	1	0
	0	0	1	1
	0	1	0	0
	0	1	0	1
	0	1	1	0
	0	1	1	1
	1	0	0	0
	1	0	0	1

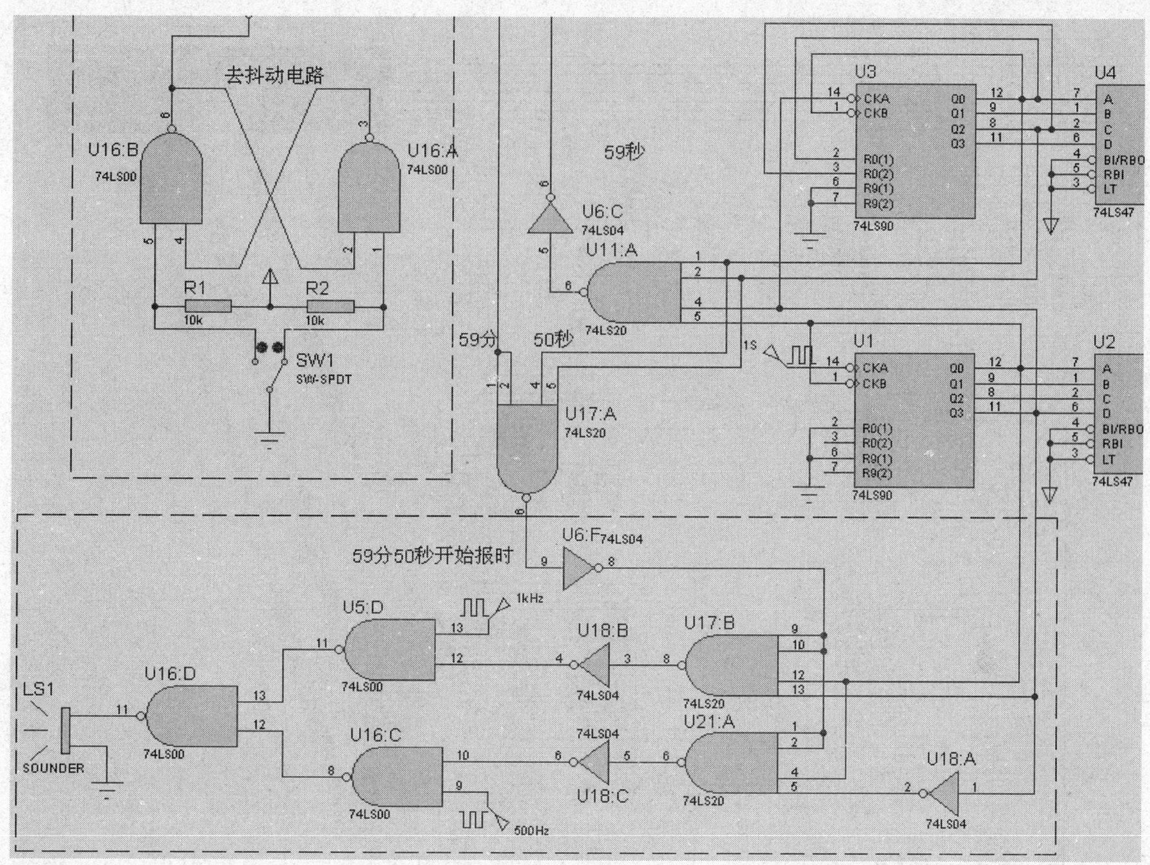

图 4-21　整点报时电路

结合题目要求，通过这些状态的观察发现，秒个位的 $\overline{Q3}$ 和 Q0 逻辑与后，正好在秒个位计到 1、3、5、7 时产生高电平，0、2、4、6 时产生低电平，可作低四声报时的锁存信号；秒个位的 Q3 和 Q0 逻辑与后，正好在秒个位为 9 时产生高电平，可作高音的报时锁存信号，这样就产生了两个报时锁存信号。

（3）报时。把上述分析得到的报时开始信号分别和两个报时锁存信号相与，产生两路报时锁存信号，如图 4-21 所示，上面一路为高音报时锁存，下面一路为低音报时锁存。图中左面三个与非门实现的是与或逻辑，前面已经有介绍。

上下两路报时锁存信号分别与 1kHz 和 500Hz 的音频信号（20Hz~20kHz）相与或来驱动数字喇叭，实现整点报时功能。这里喇叭使用元件 SOUNDER，它接收数字信号。

需要说明的是，调试时，可以把 59 分 50 秒这个报时开始信号直接用高电平取代，这样比较省时。另外实际连接电路时，可用 555 定时器产生一个 1kHz 的方波，再经 D 触发器二分频得到 500Hz 的方波信号。计时电路的 1Hz 方波也可由 555 定时器产生，但由于标准电阻和电容值的选择会带来一些积累误差，也可选用其他更精确的振荡电路来实现。

图 4-22 是完整的数字钟电路图。

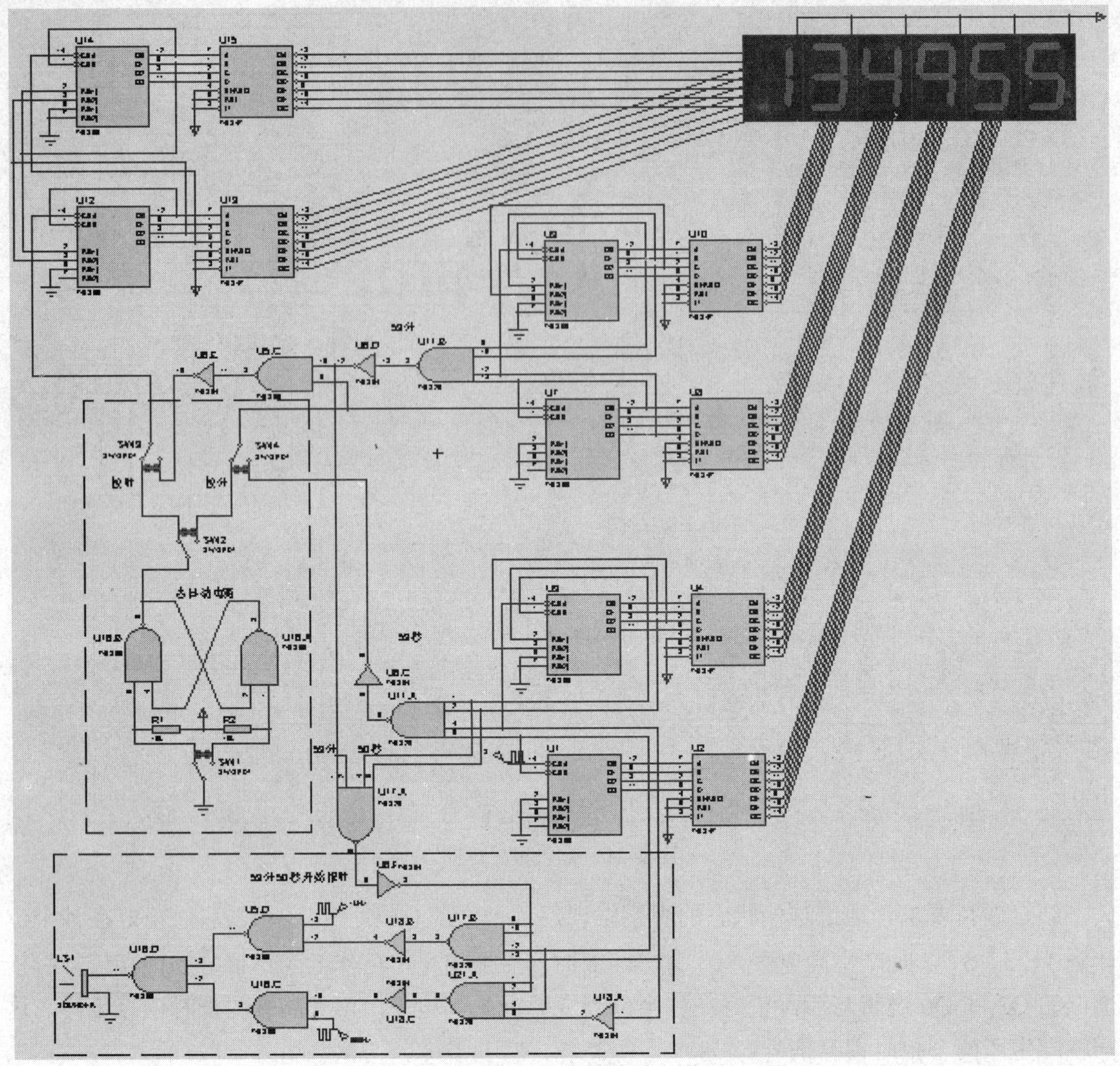

图 4-22 完整的数字钟电路图

4.4 音乐教室控制台

音乐教室控制台并不是数字逻辑电路中很经典的题目，但它主要用了可逆计数器和数据分配器，加强了数字组合逻辑电路中非常重要的两个环节的应用。题目设计要求如下：

- 音乐教室分多个室，教师和学生不在同一个室，要求教师对学生通过语音进行课堂指导，可任意指定要指导的学生，也可按顺序指导，共有学生 40 名。
- 教师所在的室设有数码显示以显示每个学生的代号（00~39），并设有拨码开关，可设置要单个指导的学生代号或轮流指导的初始学生代号。
- 单个指导时，指导时间由教师决定，轮流指导时时间可调。
- 轮流指导时，有正序和反序两种方式。正序从 N 到 39，再返回 N；反序从 N 到 N－1，直到 00，再返回 N。

4.4.1　核心器件 74LS190 简介

本题目所用到的核心器件是十进制可逆计数器 74LS190（也可用 4510）。74LS190 的引脚图如图 4-23 所示。

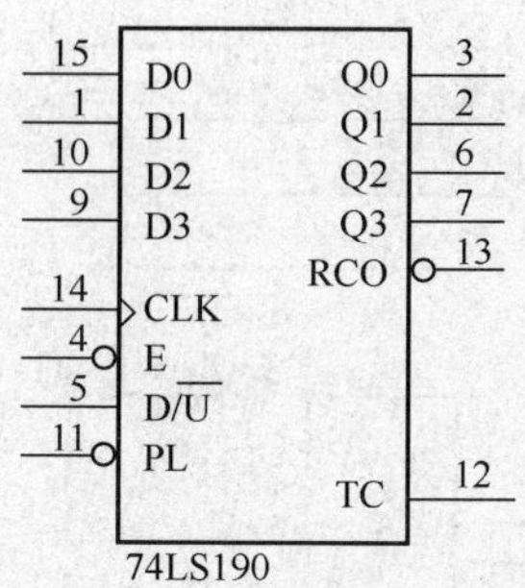

图 4-23　74LS190 的引脚图

CLK 时钟上升沿到来时进行计数。计数方式有两种：加计数和减计数。当 $\overline{U}$/D=0 时，加计数；当 $\overline{U}$/D=1 时，减计数。E 为使能端，低电平有效。PL 为异步预置数端，低电平时，把 D3、D2、D1、D0 输入端预设的数对应输出到 Q3、Q2、Q1、Q0 中。TC 和 RCO 都为终端计数输出，前者输出正脉冲，后者输出负脉冲，分别为加计数计到 9～0 和减计数计到 0～9 时输出脉冲。

4.4.2　题目分析与设计

本题目采用两片 74LS90 可逆计数器来计 00～39 个数，采用四片 74HC154(4-16)译码器作数据分配器，接 40 个发光二极管来模拟学生端收到的信号。本题只进行单向信息传送，如果要实现双向信息传送，即教师也可听到学生弹琴或视唱，则需另加其他电路，这里暂不考虑。

1. 计数电路

计数电路是本题目设计的难点和重点，主要包括两位十进制加减计数器的级连、预置数电路中拨码开关的模拟、手动置数和自动加、减计数电路的实现及显示电路的设计。

（1）计数器的级连。先不考虑预置这部分，把两个 74LS190 连接成同步的 100 进制计数器，即把两个芯片的时钟接在一起，个位的计数终端输出 RCO 接到十位的使能端 E 上，因为一个是 0～9 或 9～0 时输出负脉冲，一个是输入低电平有效，如图 4-24 所示。

（2）计数方式的连接。两片 74LS190 应具有同样的计数方式。所以应把二者的 $\overline{U}$/D 连接在一起，接到一个两位开关上，当开关接高电平时，减计数；当开关接地时，加计数。

（3）预置数端。预置数端 PL 低电平有效。此题有手动和自动两种方式，手动置数时，教师在置数电路中先置一个数，比如 20 号学生，再把手动/自动预置数开关拨到低电平，直接使 PL=0，把 20 装入到计数器中，计数器不进行计数，一直保持目前状态，直到 PL=1 为止。在这段时间内认为教师指导 20 号学生，表示该生接收信息的对应发光二极管会一直亮。

当自动置数时，又分加计数和减计数两种情况。加计数时，从 N 计到 40 时，给出一个低电平信号使 PL 有效，装入提前设置好的数 N；减计数时，减到 00 后，再减一个数变成 99，此时要产生一个低电平信号使 PL 有效，装入提前设置好的数 N，再接着进行减计数。

通过以上的分析，连接成如图 4-24 所示的电路。双联开关同时用于选择加/减计方式和加减计数时产生的不同的 PL 信号，反送给 PL。

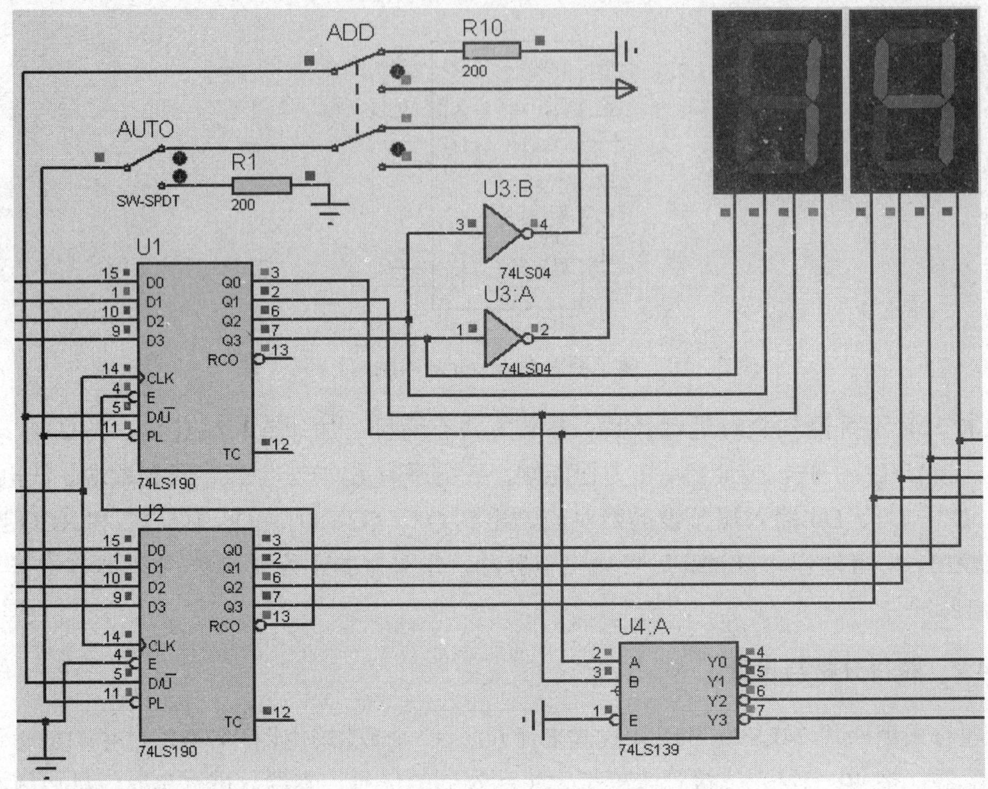

图 4-24 计数器的连接

由于加计数时计到 40 返回 N，所以只需把十位的 Q2 反相后给 PL 即可；减计数时减到 00 后是 99，要 99 通过预置数变成 N。十位为 9，而加计数时十位最大为 4 不会计到 9，所以可以用 9 来生成一个减计数时的预置数信号，而个位的 9 在加计数过程中并不会出现，所以不用。又因十位减计数时先 9 后 8，所以为了省一根线，我们直接把十位的 Q3 经反相器接到 PL 上，并不表示 8，因为 9 时 Q3 也为 1。

2. 拨码电路

拨码电路实际是由排电阻和排开关串联组成的，前面抢答器电路中已经用到了类似的电路。

Proteus 中的八路排电阻位于 RESISTOR 类中的 Resistor Packs 子类中，八路排开关位于 Switches & Relays 类中的 Switches 子类中。把排电阻和排开关一一串接后，开关一端接地，电阻公共端接 5V 电源，而中间的引出端分别接 74LS190 的预置数输入端 D0~D3，如图 4-25 所示。实际应用中的排阻取值为 10kΩ。

3. 数据分配电路

这一部分电路完成学生端对教师信号的接收，并对应一一显示。我们知道 74HC154 是 4-16 线译码器，但是它通过和使能端的配合能完成数据分配器的功能。

在此题目中，在教师的指导过程中，当学生的编号显示出来的同时，对应的 40 个发光二极管中的某一个要点亮，表示该学生正在接收教师的指导。

把发光二极管接在 74HC154 的输出端，把学生的编号接在 74HC154 的输入端。因为学生的编号为 BCD 码，故译码输出 0～9 有效，每个 74HC154 只能接 10 个发光二极管，如图 4-26 所示。74HC154 的两个使能端 E1 和 E2，一个用作片选信号，来自 2～4 线译码器 74LS139；另一个接教师的模拟指导信号，这里用低电平表示有效。当开关合上时，信号有效；当开关打开时，信号无效。

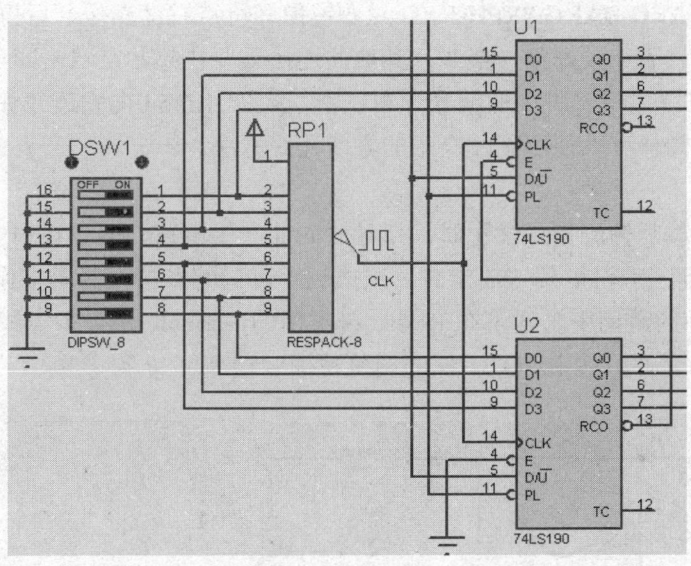

图 4-25　拨码电路

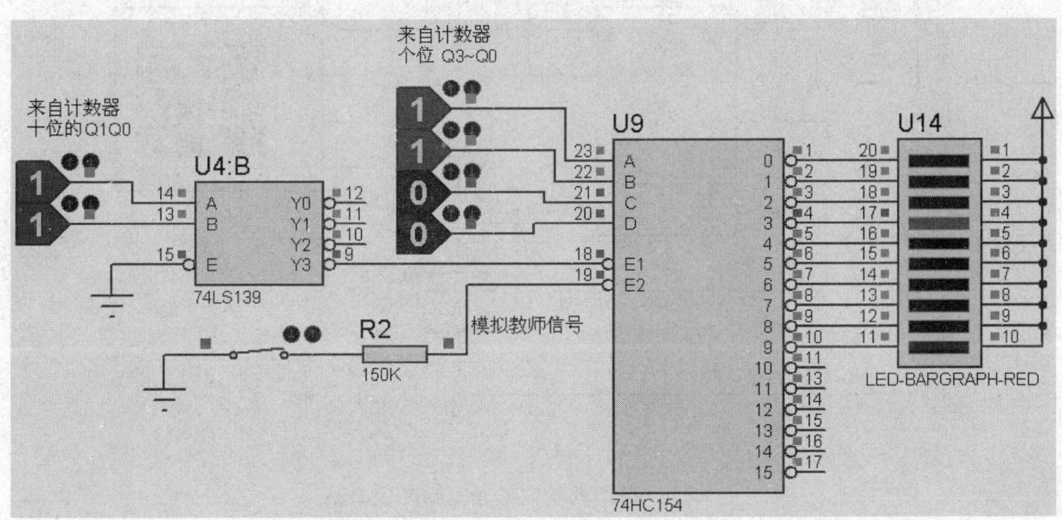

图 4-26　74HC154 接成的数据分配器电路

74HC154 的 BCD 码输入端 DCBA 应该接学生编号的个位数 Q3、Q2、Q1、Q0（来自计数器 74LS190 的个位），比如 3，74LS139 的二进制码输入端 B、A 应接学生编号的十位数的 Q1、Q0（来自计数器 74LS190 的十位），因为学生编号的十位不大于 3，故只接低两位即可。

图中 74LS139 的输入 BA=11，74HC154 的输入 DCBA=0011，教师信号 E2=0 有效，故此时数显的数应该是 33，而点亮的二极管应该是第 33 号。因为 U9 是第四片 74HC154，它的发光二极管的编号应该是 30～39。其他三片的 DCBA 及 E2 应该分别和此片相应信号并联，片选信号 E1 应分别接 74LS139 的 Y0、Y1、Y2，二极管编号分别为 00～09、10～19、20～29、30～39。

因为每个 74HC154 并排接十个发光二极管，所以这里的发光二极管也采用条状 LED 显示比较方便，它位于 Optoelectronics 类中的 Bargraph Displays 子类中。因为 74HC154 输出低电平有效，所以要把 LED-BARGARPH-RED 左右镜像（可点右键操作）后再连接。像这样的多排水平等距连接，只需连接好第一根线，其他的连接只要在起始点双击即可实现，非常方便。另外，由于条状 LED 显示管脚上的编号分布较密，从 74HC154 向它连线如不方便，也可反过来从右到左连接，同样可以使用刚才介绍的方便连线方法。

4. 定时电路

定时电路是指教师轮流指导学生时，指导时间的产生电路，即 74LS190 计数器的时钟周期。因为时间要能调整，可以用 555 定时器组成频率可调的多谐振荡器来作计数器的时钟，如图 4-27 所示。图中的滑动变阻器可在 Resistors 类中的 Variable 子类中查找。选用元件后面标注为 ACTIVE 库的元件，其中 POT-HG 的调整精确度较高。

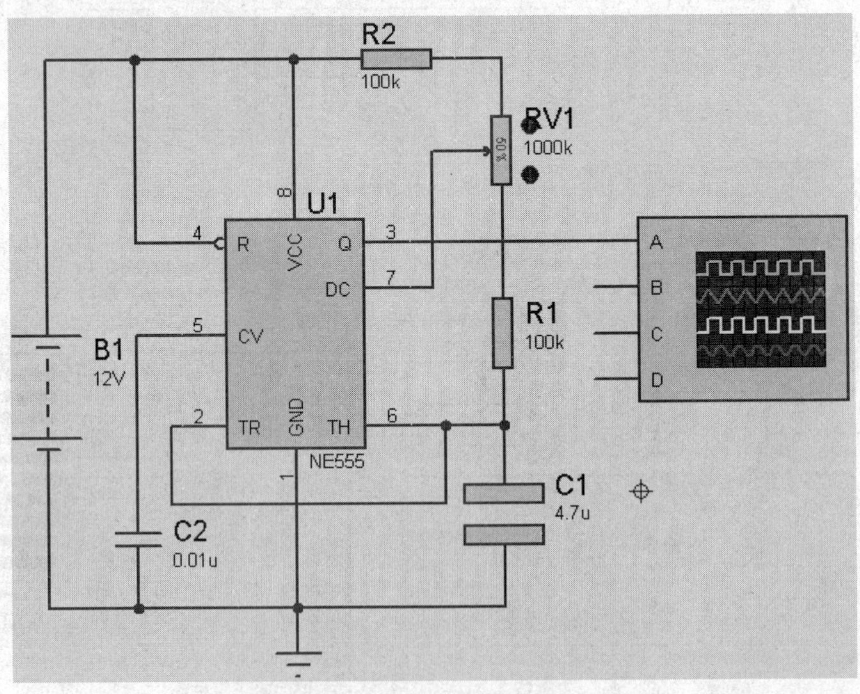

图 4-27 可调的轮流指导时间产生电路

改变图中滑动变阻器并不能改变输出方波的正向导通时间 Ton，只能改变 Toff，因为电容 C1 充电回路的时间常数没变，而放电时间常数改变了。读者可根据需要改变 R1、R2、RV1 的值，估算周期的调节范围，即教师指导每位学生的时间。

但由于此题中学生人数（40）较多，如果每位学生指导 10 分钟，电路运行时间会很长，所以电路仿真时，我们直接用数字脉冲源作为计数器的时钟，实际应用中可改为 555 电路。

最后的完整仿真电路图如图 4-28 所示。

为了节约集成芯片 74HC154，可采用如图 4-29 所示的显示电路。其中，只用了一片 74HC154，该芯片的输入端接法不变，仍和图 4-28 一样，但输出端同时驱动四十个发光二极管。每十个发光二极管一组，第一组编号为 00~09，第二组编号为 10~19，第三组编号为 20~29，第三组编号为 30~39。74HC154 的每一路输出接四个发光二极管，比如输出 0 接发光二极管 00、10、20、30，分别为四个组中的第一个发光二极管。2-4 译码器 74LS139 的四个输出经反相器 74LS00 驱动后分别接四组发光二极管的共阳极端，从而达到每一时刻只点亮一个发光二极管，同样达到设计目的，但大大节约了元件成本，起到事半功倍的效果。

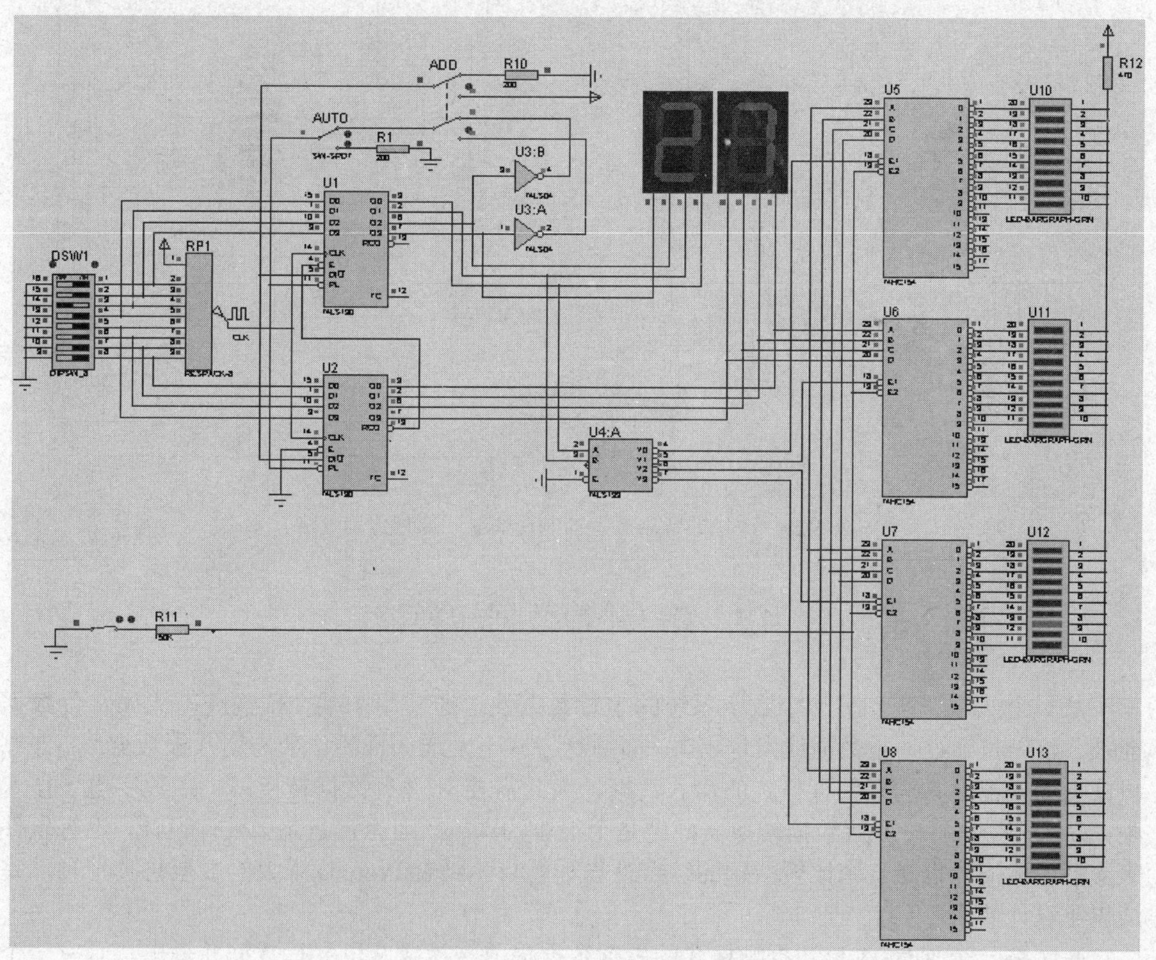

图 4-28 音乐教室控制台的完整仿真电路

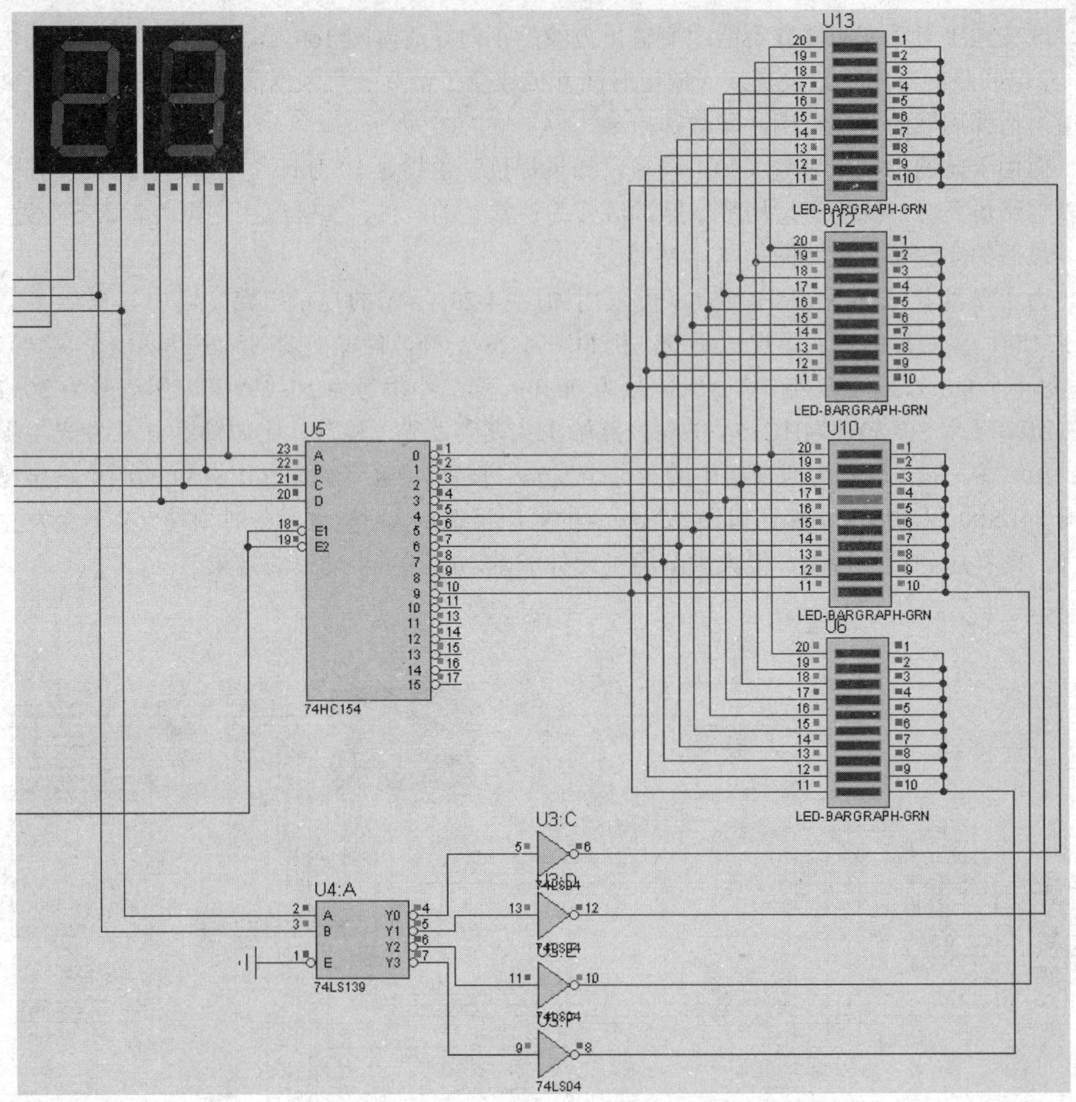

图 4-29 改进的音乐教室控制台的显示部分仿真电路

4.5 串/并行数据转换器

从一个数字系统到另一个数字系统的串行数据发送通常用来减少传输线。比如八位数据能被一位一位通过一根数据线发送出去，而并行方式下发送同样的位数需用八根数据线。计算机或微处理器通常需要并行格式的输入数据，因此需要串/并行数据转换器。在数字电子技术中，设计一个串行—并行数据转换器好像是个很难的课题。因为它是完全硬件设计，没有软件来支持。但同时也是一个比较新颖的综合性设计题目。结合 Proteus 强大的虚拟仿真工具，完成以下设计要求：

- 将一个具有 11 位数据帧格式的串行数据提取转换成八位并行数据并输出。具有一个低电平启动位和两个高电平停止位，先传送高位数据 D7，最后传送低位 D0。

- 在 Proteus 中画出原理图，并仿真设计结果。

4.5.1　核心器件简介

本题目所用到的器件较多，很难说哪个是核心器件。分别为 74LS164 八位串入一并出移位寄存器、八位并入并出移位寄存器（因为 Proteus 里没找到，这里用两个 74LS194 来代替）、九进制计数器（这里用 74LS161 来实现）、单稳态触发器 74LS123、555 定时器以及 JK 触发器，还有相关门电路及显示器件。

4.5.2　题目分析与设计

首先要了解串行数据格式，如图 4-30 所示。串行数据帧发送格式一共包含 11 位。第一位（启动位）总是 0，并且是以一个下降沿开始的。接下来的八位（D7~D0）是数据位（其中一位可以是校验位），最后两位（停止位）总是 1。当没有数据传送时，数据线上是连续的 1。

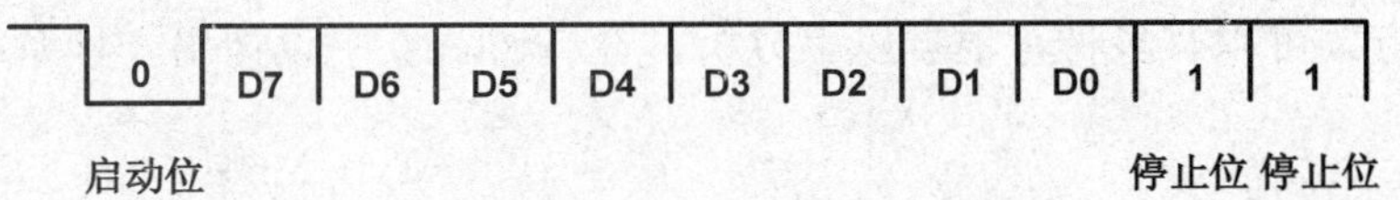

图 4-30　串行数据帧格式

1. 系统组成框图

根据串行数据格式，画出系统电路框图如图 4-31 所示。

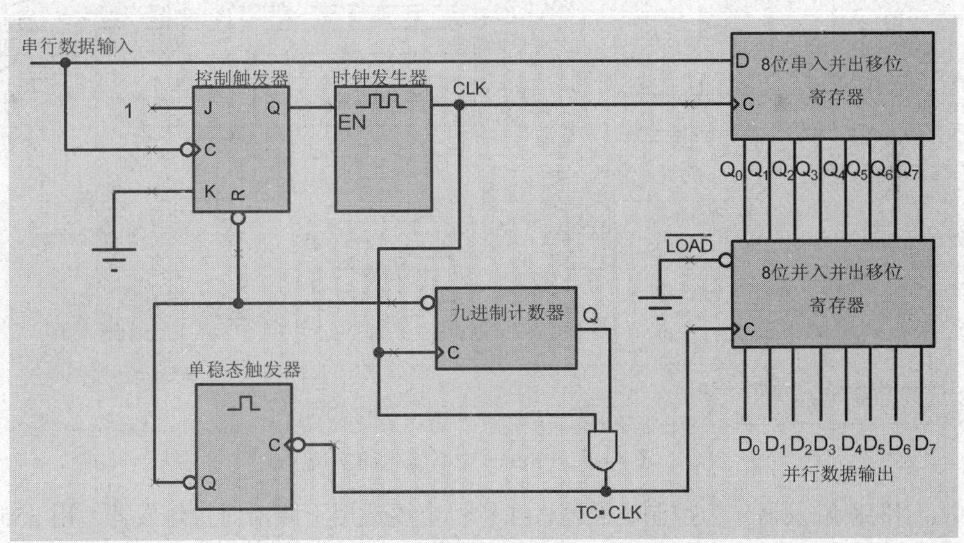

图 4-31　系统电路框图

系统电路共由五部分组成。第一部分是控制触发器，其作用是控制系统时钟发生器的作用时间。串行数据直接作为控制触发器的时钟信号，当数据的启动位到时，产生一个下降沿，给触发器时钟，使触发器由原始低电平转换为高电平，直到下次异步清零后重新触发为止。第二部分是时钟发生器，其作用是给计数器和移位寄存器及单稳态触发器直接或间接提供时钟信号。时钟发生器的使能信号由前一级的控制触发器输出来提供，只有触发器动作后，时钟发生器才开始工作。第三部分为计数器，其作用是控制八位并入并出移位寄存器输出正确的八位数据，以及控制单稳态触发器使其定时给控制触发器清零。第四部分是单稳态触发器，主要目的是每当一帧数据传送完毕后，给控制触发器发送一个短的负脉冲使其清零后重新工作。最后一部分是移位寄存器电路，其作用是把一帧数据以串行移位方式移入寄存器并锁存，在计数器的控制下当八位有效数据全部移入后，一次输出出去。

2. 题目设计分析

电路的核心作用是计数器，究竟是几进制计数器，要根据整个系统的电路配置和连接来决定。如果以串行数据来启动时钟发生器，那么串行数据的第一位即启动位（总是低电平）作为移位寄存器的第一位数据进入移位寄存器，而这一位不是有效的数据位，必须剔除，这样，计数器就需要九进制，当计到第九位时，实际是第八位有效数据，即输出数据，同时产生清零信号给控制触发器，控制触发器清零后并不立即工作，因为此时应该接着传送两位数据停止位（都是高电平），由于没有下降沿出现，故触发器无时钟信号，不产生高电平输出，因此系统时钟发生器不起作用，后续移位寄存器的计数器等都无法工作，直到启动位到来。

系统设计方案可以有多种，根据以上分析，在 Proteus 中设计出一种系统电路如图 4-32 所示。

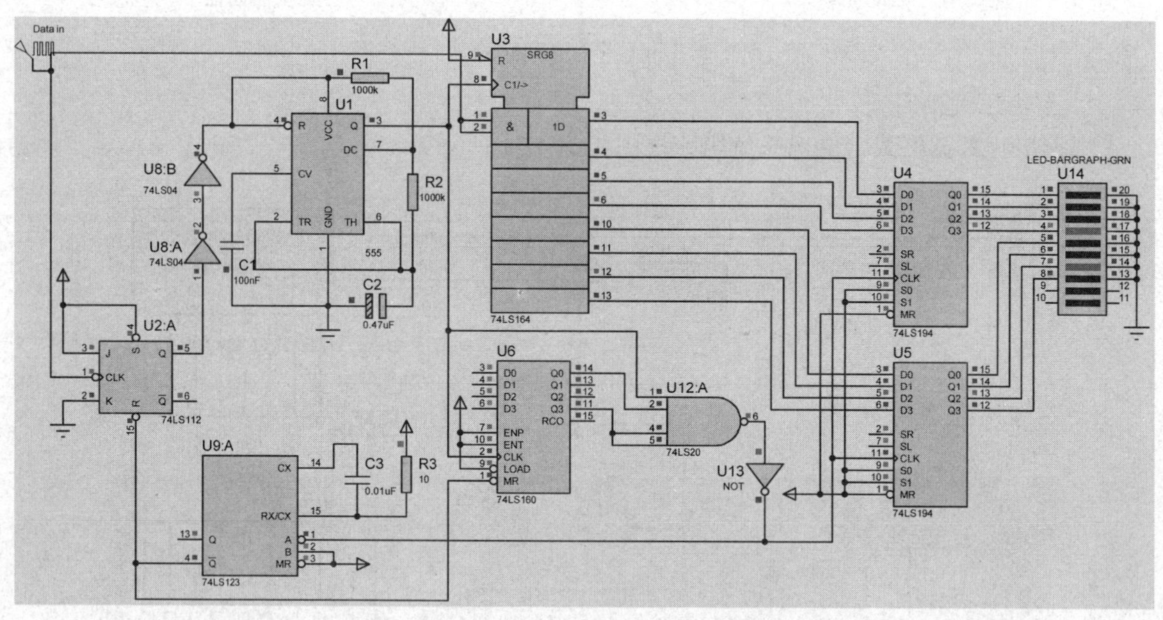

图 4-32 Proteus 中系统电路实现

图中，用 JK 触发器作为控制触发器，注意一定要选用下降沿时钟触发器。用 555 定时器接成多谐振荡器来完成时钟发生器，周期为 1s。与周期计算有关的两个电阻和电容分别为 1MΩ 和 0.47μF。控制触发器和时钟发生器之间接的两个反相器是必须的，其作用是增加延时环节，使时钟的产生稍滞后于串行数据，确保移位寄存器移入正确的数据。

串行移位寄存器使用 74LS164，并行八位移位寄存器用两片双向移位寄存器 74LS194 来代替。串行移位寄存器的数据输入即串行数据（每帧 11 位，包括 1 位启动位和两位停止位）。串行移位寄存器的时钟直接来自时钟发生器，而并行移位寄存器的时钟通过九进制计数器把时钟发生器九分频后生产的。两片 74LS194 接成并行移位方式，即 S1、S0 都接高电平，时钟并联。

计数器采用 74LS160 十进制计数器，它对时钟发生器的输出脉冲进行计数，当计到九时，通过门电路组合逻辑产生一个周期为 1s 的脉冲信号，一方面给八位并行移位寄存器作为时钟信号，另一方面给单稳态触发器作为触发信号。九进制计数器电路如图 4-33 所示。图中九进制计数输出脉冲的产生本来可以用与门，而用了一个与非门和反相器，目的是为了增加延时，稳定移位数据后再输出。

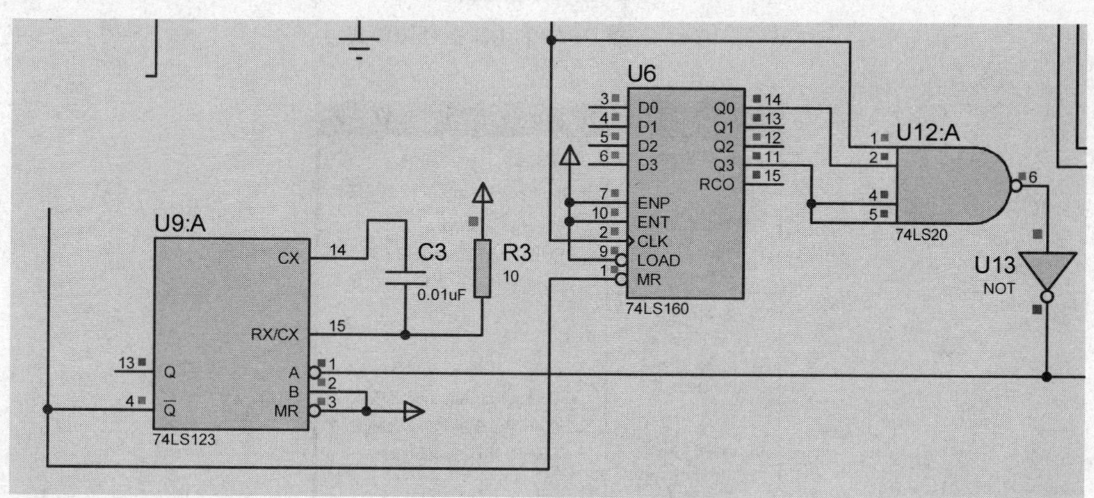

图 4-33　九进制计数器电路

在图 4-33 中，计数器的终端输出为 Q3、Q0 相与后再和时钟发生器生产的时钟信号相与，目的是得到一个 1 秒内先高后低的脉冲信号，而不是一个高电平。这个信号的后半周用来给单稳态电路一个触发电平，同时应注意九进制计数器电路的复位信号的产生，即当给控制触发器清零时，同时也必须给计数器清零。

单稳态触发电路选用 74LS123，当计数到九时，产生一个负脉冲触发 74LS123，使它的反相输出端短暂为零，从而给 JK 触发器和 74LS160 计数器清零。单稳态触发器的清零时间不能太长，控制在 1 秒之内。外接电阻 R3 和电容 C3 用来计算输出脉宽。

当 $C_x \gg 1000\text{pF}$，可根据式 $t_w = 0.37 \times R_x \times C_x$ 来计算单稳态脉宽，其中 R_x 为 kΩ，C_x 为 pF，t_w 为 ns。如果令 R_x=10kΩ，C_x=0.1μF，则可算出：

$$t_w = 0.37 \times 10 \times 0.1 \times 10^6 = 0.37\text{s}$$

因为本例中使用 74LS123 的 $\overline{Q}$ 作为时钟触发信号 JK 触发器的异步清零端，故这个清零信号低电平维持 0.37 秒，足以使 JK 触发器清零。

下面来说一下电路的调试过程。

首先加入串行数据输入信号。单击 Proteus 信号源图标，出现如图 4-34 所示各种信号源模式，选择 DPATTERN，即“数字格式”信号源。

把它加在电路中作为串行数据输入，见图 4-32 的左上角。数字格式信号源可以让读者对它进行编辑。双击该信号源，打开如图 4-35 所示的属性设置对话框。

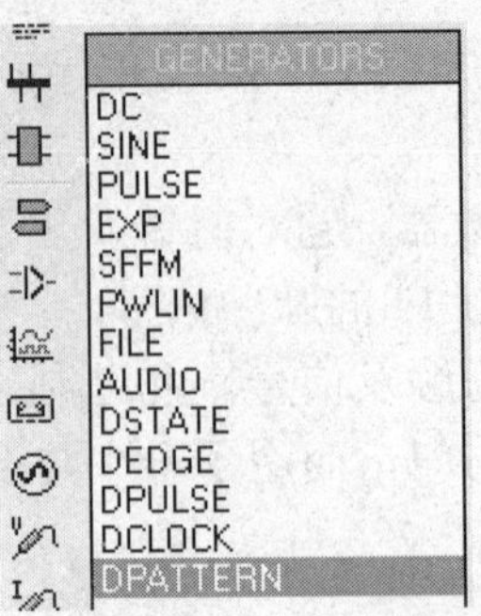

图 4-34　选择 DPATTERN 信号源模式

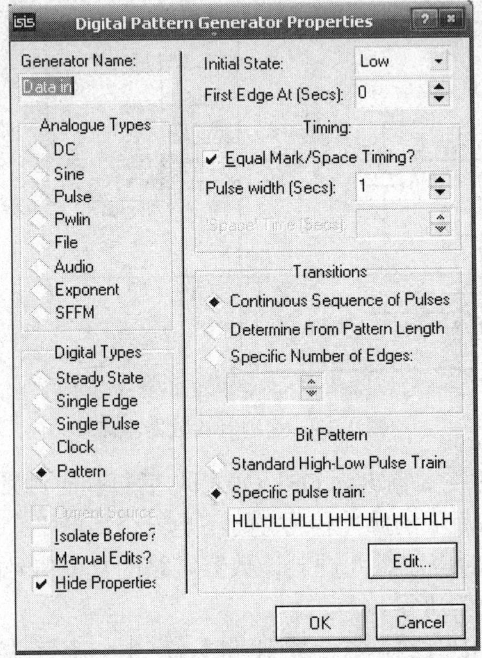

图 4-35　DPATTERN 属性设置对话框

先把它命名为 Date in，然后选择 Pattern 格式，指定脉冲宽度（即周期）为 1 秒，指定为连续脉冲，最后在位格式处选择“指定脉冲链”，单击“编辑”，进入信号源编辑界面，如图 4-36 所示。

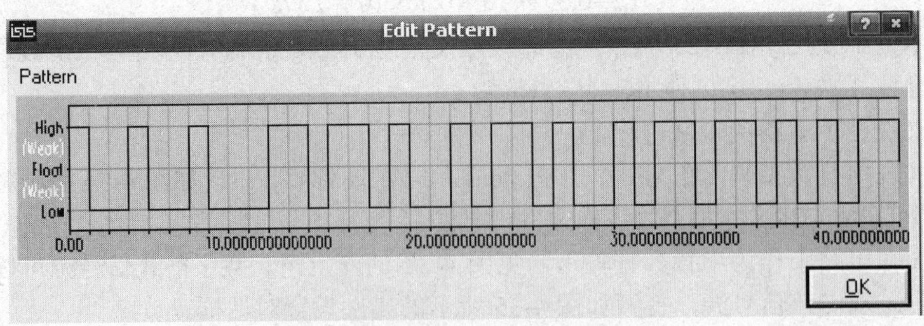

图 4-36　DPATTERN 脉冲链编辑

按照前面所规定的数据帧格式，一帧数据 11 位，第一位启动位必须为 0，中间八位为任意数据位，可以自己指定，第十位和第十一位为停止位，都是 1。通过单击界面完成信号源格式设置如图 4-36 所示。横坐标每一格为 1 秒。第一位先设为 1，可以理解为前一帧的一个停止位，接下来必须为 0，这样才有一个下降沿来启动控制触发器。图中可读出几个字节的有效数据为 01001000，11010010，10010110……，记下这几个字节数，然后通过仿真对照是否转换正确。

设置完成后，连续点击“OK”按钮，关闭对话框。点击仿真运行按钮，观察 LED 输出，条状 LED 输出从下往上读，每隔一定时间数据输出变化一次，读到的结果如图 4-37 所示，完全和信号源中指定的数据一致。可以反复设定串行数据并验证。

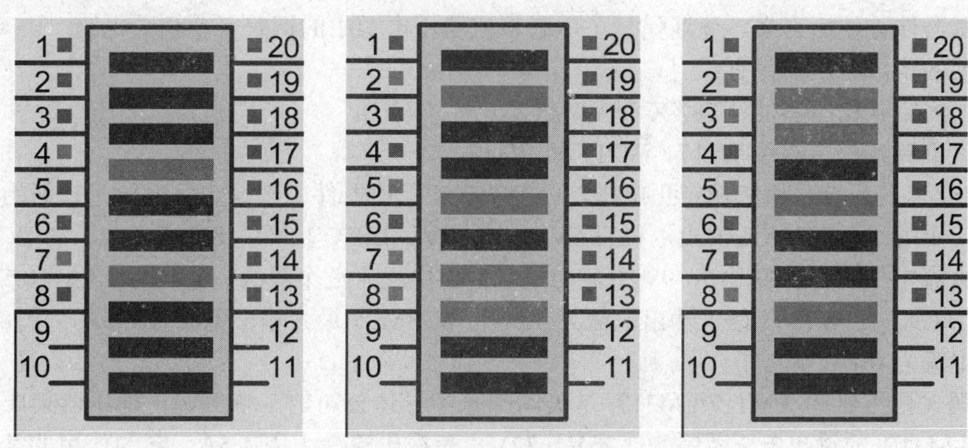

图 4-37　并行数据输出结果

通过仿真可以看出，系统正确地实现了串行数据到并行数据的转换过程，一个串/并行数据转换器电路设计成功了。当然，电路并不是唯一的，同学们可以根据此例设计出更优化的电路方案，把数字电路中所学的知识综合运用起来。

4.6　直流可调稳压电源

利用 Proteus 来设计综合模拟电路非常方便，它有丰富的元件库及仿真仪器，能够节约时间和元件成本，缩短设计周期，调试方便，并且设计的一次成功率高。

本节一起来设计一个模拟电子技术中常用的电路，通过例子对 Proteus 各种功能的综合应用更加得心应手。

直流稳压电源是大家颇为熟悉的电路了，这里设计一个可调直流稳压电源，具体要求如下：

- 输出电压在 1.25V～37V 可调。
- 最大输出电流为 1.5A。
- 电压调整精度达 0.1%。

1. 题目分析

直流稳压电源的作用是通过把 50Hz 的交流电变压、整流、滤波和稳压，从而使电路变成恒定的直流电压，供给负载，如图 4-38 所示。设计出的直流稳压电源应不以电网电压的波动和负载的变换而改变。

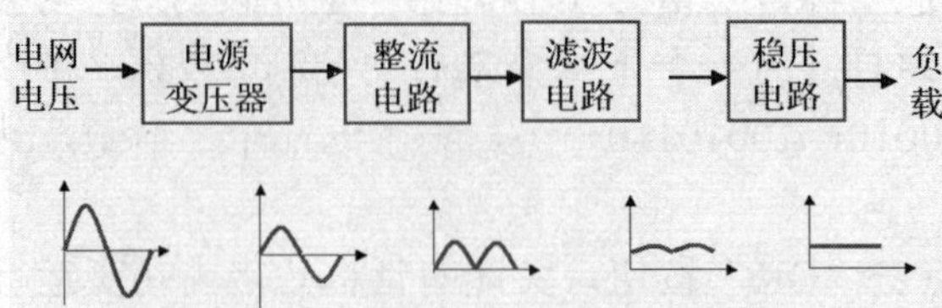

图 4-38　直流稳压电源的组成

直流稳压电源的种类有很多，常用的是串联型直流稳压电源，而由于集成技术的发展，集成稳压器件方便而可靠，逐渐代替了串联直流稳压电源中的调整管及相关电路。

主要的集成稳压器件有：

- 固定式稳压器件 W78XX 和 W79XX。
- 可调式稳压器件 W117、W217 和 W317。

W78XX 稳压器件用来稳定正电压，而 W79XX 稳压器件用来稳定负电压。它们的输出电压各有 7 个等级，W78XX 输出电压有 5V、6V、9V、12V、15V、18V 和 24V。如 W7805 输出+5V 直流电压，W7809 输出+9V 直流电压。输出电流有三个等级，分别为 1.5A、0.5A（M）和 0.1A（L）。如 W7805 最大输出电流为 1.5A，W78M05 最大输出电流为 0.5A，W78L05 最大输出电流为 0.1A。

可调式稳压器件 LM117/LM317 是美国国家半导体公司的三端可调正稳压器集成电路。LM117/LM317 的输出电压范围是 1.25V～37V，负载电流最大为 1.5A。它的使用非常简单，仅需两个外接电阻来设置输出电压。此外，它的线性调整率和负载调整率也比标准的固定稳压器好。LM117/LM317 内置有过载保护、安全区保护等多种保护电路。调整端使用滤波电容能得到比标准三端稳压器高得多的纹波抑制比。LM117/LM317 有许多特殊的用法，比如把调整端悬浮到一个较高的电压上，可以用来调节高达数百伏的电压，只要输入输出电压差不超过 LM117/LM317 的极限就行，当然还要避免输出端短路。还可以把调整端接到一个可编程电压上，实现可编程的电源输出。可调整输出电压低到 1.2V，保证 1.5A 输出电流，典型线性调整率 0.01%，典型负载调整率 0.1%，80dB 纹波抑制比，输出短路保护，过流、过热保护，调整管安全工作区保护，标准三端晶体管封装。

LM117/LM317 在 1.25V 至 37V 之间连续可调。调整端的电流可忽略不计，因而有

$$U_O=\left(1+\frac{R_2}{R_1}\right)\cdot U_{REF}$$

其中，U_{REF} 是集成稳压器件的输出电压，为 1.25V。如图 4-39 所示，改变 R_2 的值，U_O 的值即可改变。当 R_2 短路时，U_O 最小，为 U_{REF} 即 1.25V；当 R_2 大于零时，U_O 都大于 U_{REF}，最大可达 37V。

集成稳压器件的封装如图 4-40 所示。

2. 电路设计

根据以上分析，我们来设计一个由集成稳压器件构成的直流可调稳压电源。按照图 4-38 所示的直流稳压电源的组成，来分步设计变压、整流、滤波和稳压几部分电路。

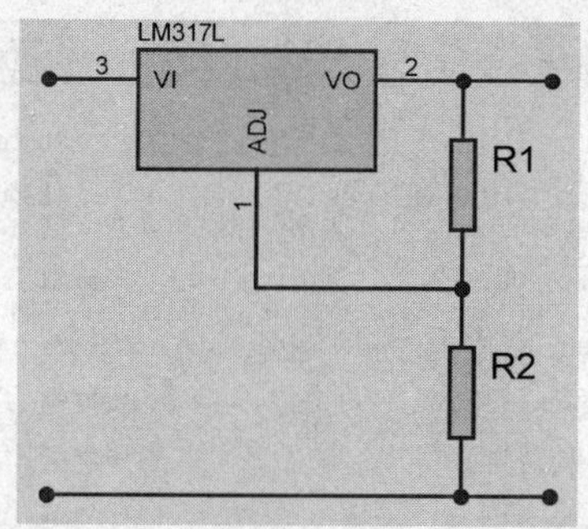

图 4-39　集成可调直流稳压器件的接法

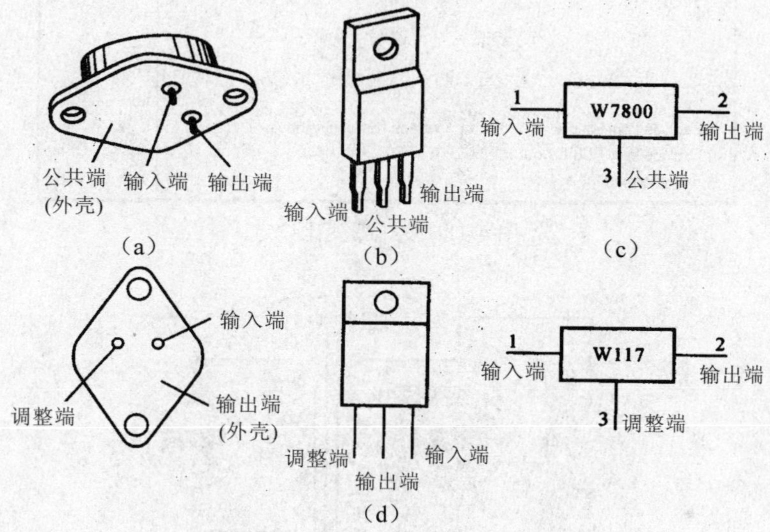

图 4-40　集成直流稳压器件的封装

（1）变压电路。直流电源通常从市电取电，把 220V、50Hz 的单相交流电先降压，变成所需的交流电，然后再整流。根据桥式整流电路和电容滤波电路的输出与输入电压的比例关系，从输出电压的最大值 37V 倒推，可以算出所使用的降压变压器的副边电压有效值应为 29V 左右。

从 Proteus 的元件库中取变压器 TRAN-2P2S，在原边接交流电源 ALTERNATOR，原副边分别接交流电压表，且变压器的原副边同时接地，并与后面直流部分电路共地，这一点很重要。

打开交流电源的属性对话框，把频率改为 50Hz，把幅值改为 300V 左右，运行仿真，观察原边交流电压表的读数，再次修改交流电源的幅值，直到原边电压表的读数为 220V 为止。

打于变压器属性对话框，根据变压器的变比与电压的关系：$L_1^2 : L_2^2 = U_1 : U_2 = n$，即原、副边电压比值等于原边电感与副边电感的平方比。

保持原边电感值为 1H 不变，修改副边的电感值为 0.033H 左右，也可以保持副边电感值不变，增加原边电感值，如图 4-41 所示。

运行仿真，直到副边交流电压表的读数为 29V 左右。变压电路的仿真图如图 4-42 所示。

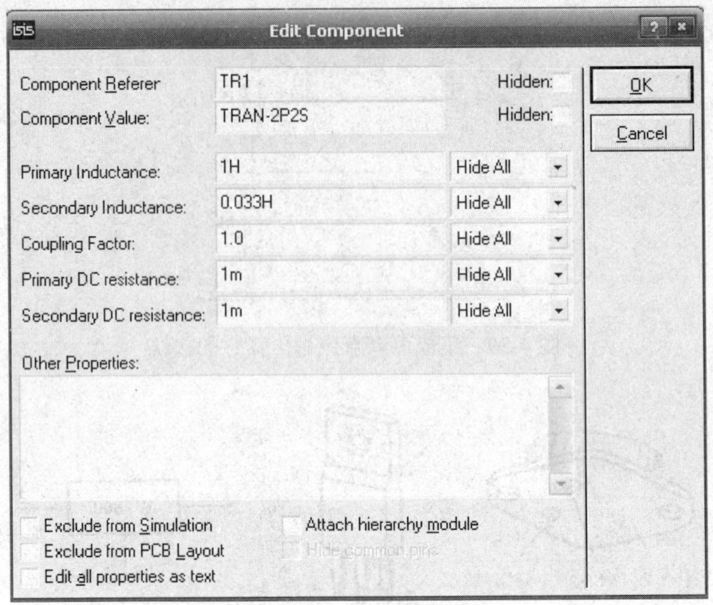

图 4-41　变压器变比设定

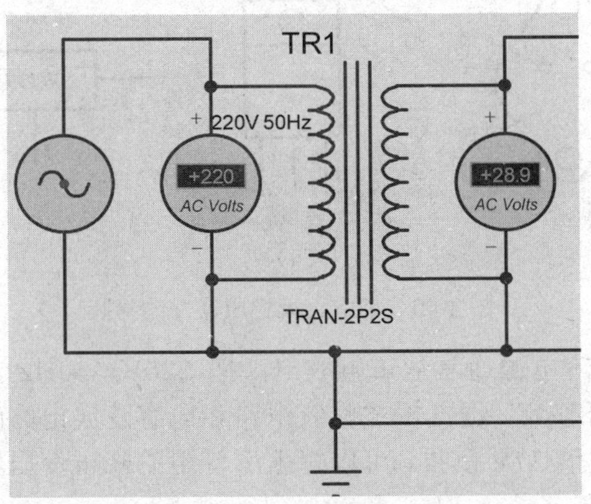

图 4-42　变压电路的仿真图

（2）整流及滤波电路。整流采用常用的二极管桥式整流电路。在 Proteus 的元件库中寻找 BRIDGE，取出此通用二极管整流桥，放置在电路中，注意接法。

根据经验，一般滤波电路常用的滤波电容有 2200μF 和 1100μF 两种，但要注意它的耐压值要大于电路中所承受的电压，并注意电压的极性的接法是上正下负，如图 4-43 所示。

如果要详细计算滤波所需的电容值，可采用以下公式

$$C=\frac{V_M}{2fRV_{\gamma}}$$

式中，V_M 为滤波之后的最大电压，V_{γ} 为滤波之后的波纹电压，即最大电压与最小电压的差值，R 为负载电阻，f 为工频 50Hz。此式适用于全波整流，而半波整流时滤波电容的计算则把上式中分母上的 2 去掉，为

$$C = \frac{V_M}{fRV_\gamma}$$

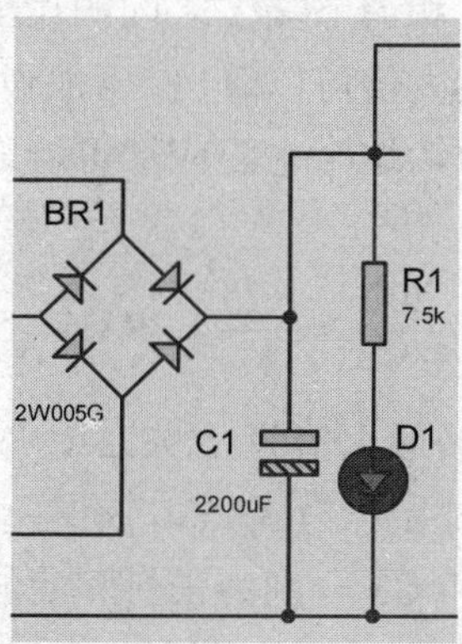

图 4-43　整流及滤波电路

其他参数意义同上。

一般来说，全波整流之后的电压平均值为前面变压器副边电压有效值的 1.35 倍；滤波之后的电压平均值为全波整流电压平均值的 1.2 倍。

注意在图 4-43 中，还要在滤波电容两端并联一电源指示电路，即一个电阻串联一个发光二极管。电路调试时，如果发光二极管亮，则说明滤波之前的电路无故障；否则可判断出前面电路有问题。

我们来计算一下与发光二极管串联的电阻值。发光二极管要想点亮都有一个最小电流，一般为几 mA，这里取 6mA。发光二极管导通时两端的管压降在 2V 左右，而滤波之后的电压为

$$V = 1.35 \times 1.2 \times 29 \approx 47V$$

电阻就等于其两端的电压除于流过它的电流，即

$$R = \frac{47-2}{6} = 7.5k\Omega$$

（3）集成稳压电路。集成稳压电路的核心器件是 LM317，在实际应用中要注意加装散热片。为了保护集成器件在接反的状态下不被烧毁，在输入、输出端之间以及输出与调节端之间分别接反向保护二极管 1N4003，如图 4-44 所示。

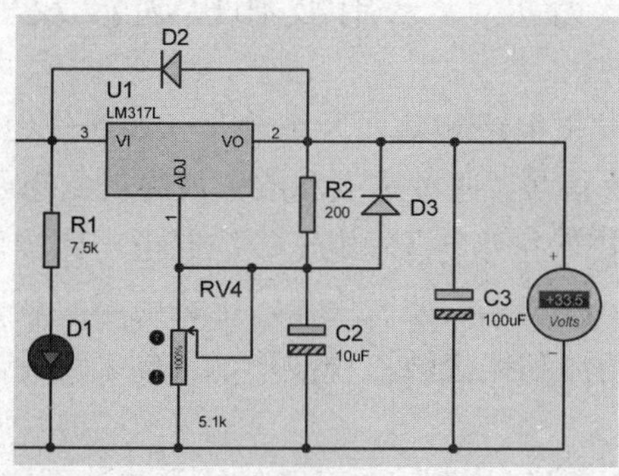

图 4-44　集成稳压电路

关键是对输出端和调接端与地之间的两个外接电阻的计算，就像前面图 4-39 中介绍的一样。由于调接端的输出电流仅为 100mA，可以忽略不计。即认为图 4-45 中的电阻 R2 和 RV4 是串联关系。而 LM317 的输出端 2 和调节端 1 之间的输出电压已知为 1.25V，电路的最大输出电压为 37V，所以滑动变阻器的最大值可以算出。一般设 R2 为 100~200Ω，典型值为 120 Ω，这里我们设为 200Ω。在实际接线时，这个电阻应尽可能地靠近 LM317 元件来接，因为它本应是 LM317 内部电阻。

$$\frac{\text{R2}}{\text{RV4}}=\frac{200}{\text{RV4}}=\frac{1.25}{37}\text{，}\quad \text{RV4}=5.92\text{k}\Omega$$

由上面的公式算出滑动变阻器的最大值为 5.92kΩ，取典型值 5.1kΩ，这样最大值达不到 37V，理论上只有 32V 左右，仿真时显示为 33.5V，有些误差，并且最小值也比 1.25V 小。

另外，在图 4-45 中，电容 C2 和 C3 分别为去抖和滤波作用。C2 并联在滑动变阻器两端，可防止滑动变阻器在调节过程中由于抖动而产生的谐波，一般经验值为 10μF。C3 为输出侧二次滤波，其目的是去掉输出电压波形中细小的波纹。C1 与 C3 的关系一般为 22 倍。

可调直流稳压电源的完整电路如图 4-45 所示。

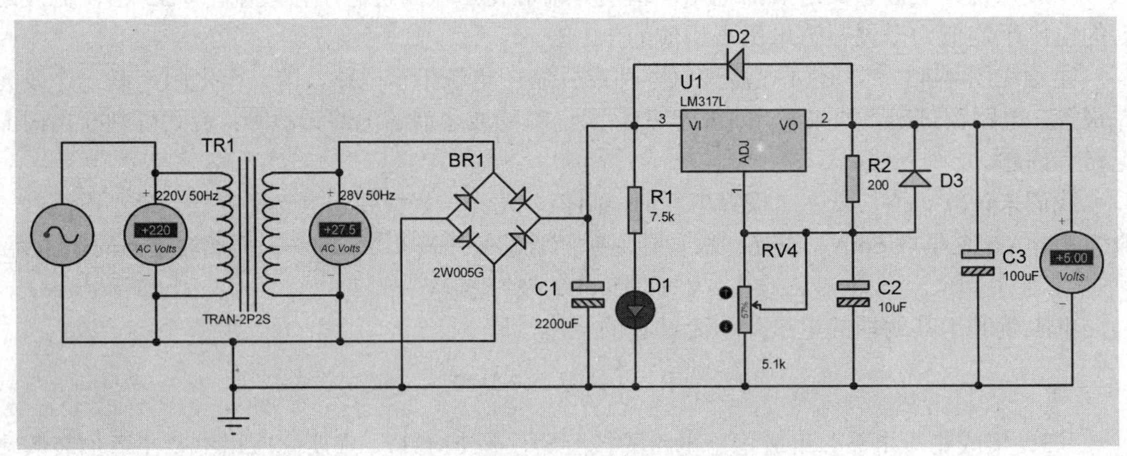

图 4-45　直流可调稳压电源完整电路

4.7　方波、三角波和锯齿波发生器

方波、三角波和锯齿波发生电路和前面介绍的正弦波产生电路有着本质的不同。正弦波的产生主要来自电路中的干扰信号，通过选频和放大最终得到想要的波形，而方波、三角波和锯齿波是利用电容的充放电来产生两个极限电压以控制电压比较器的输入，从而产生希望的波形。本节设计一个方波、三角波和锯齿波发生器，电路能够实现以下功能：

- 能够产生方波、三角波和锯齿波三种波形，且频率可调。
- 波形幅值小于 6V。

根据题目要求，应该设计一个电路，在不同的输出点分别产生方波、三角波和锯齿波。电路的核心应该是一个滞回比较器，即方波发生器，方波经过积分电路产生三角波，改变三角波两个边的积分时间常数，即可得到锯齿波。为了得到一定幅值的输出波形，我们可以在方波的输出端加双向稳压管来限幅。

1. 矩形波发生电路

上面已提到矩形波发生电路的核心是一个滞回比较器，它的电路组成框图如图 4-46 所示。

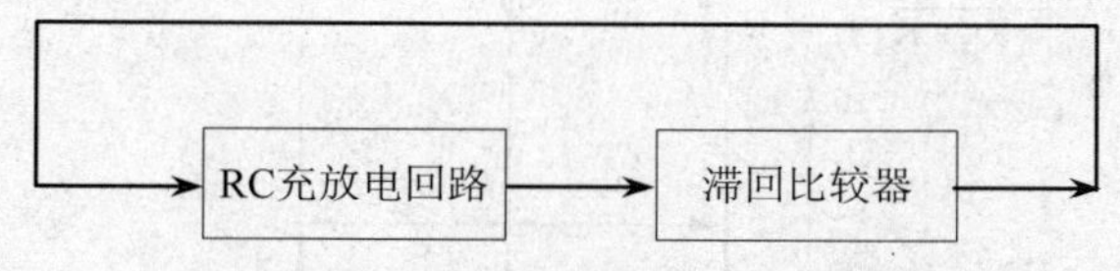

图 4-46　矩形波发生器的电路组成框图

由图 4-46 看出，滞回比较器和 RC 充放电回路一起组成一个环形电路，此电路和正弦波发生器一样是不需要外部输入信号的。具体的电路组成可以画成图 4-47 所示电路，然后再详细地计算各元件的参数。

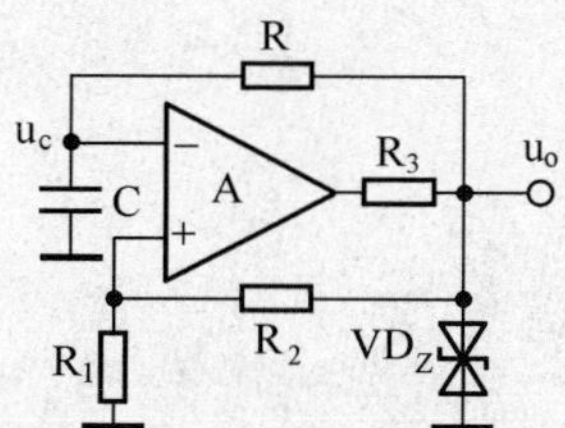

图 4-47　矩形波发生器的电路组成

图中集成运放 A 工作在非线性区，集成运放、R_1 和 R_2 组成滞回比较器；R、C 组成充放电回路，又叫延迟环节或反馈网络；VD_Z 和 R_3 组成钳位电路，又称稳幅环节。

（1）工作原理。

如图 5-47 所示，设 t=0 时，$u_C=0$，$u_O=+u_Z$，则 $u_+=\dfrac{R_1}{R_1+R_2}U_Z$；

当 $u_-=u_C=u_+$时，输出跳变，$u_O=-u_Z$，则 $u_+=-\dfrac{R_1}{R_1+R_2}U_Z$；

当 $u_-=u_C=u_+$时，输出又一次跳变，$u_O=+u_Z$。

电容 C 充放电的波形及输出波形如图 4-48 所示。

（2）振荡周期电容的充放电规律。

$$u_C(t)=\left[u_C(0)-u_C(\infty)\right]\ e^{-\frac{t}{\tau}}+u_C(\infty)$$

对于放电，

$$u_C(0)=+\frac{R_1}{R_1+R_2}U_Z\text{，}\ u_C(\infty)=-U_Z\text{，}\ u_C\left(\frac{T}{2}\right)=-\frac{R_1}{R_1+R_2}U_Z\text{，}\ \tau=RC\text{。}$$

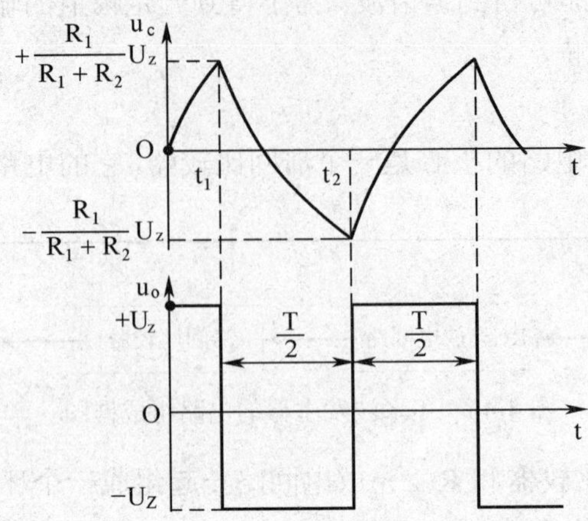

图 4-48 电容 C 充放电的波形及输出波形图

解得：

$$T_1 = 2(R + R''_W)C\ln\left(1+\frac{2R_1}{R_2}\right)$$

$$T_2 = 2(R + R'_W)C\ln\left(1+\frac{2R_1}{R_2}\right)$$

$$T = 2RC\ln\left(1+\frac{2R_1}{R_2}\right)$$

$$D = \frac{T_1}{T}\times 100\% = \frac{R + R''_W}{2R + R_W}\times 100\%$$

其中，T_1 为充电时间，T_2 为放电时间，D 为占空比。

振荡频率 $f = \frac{1}{T}$

结论：改变充放电回路的时间常数及滞回比较器的电阻，即可改变振荡周期。

（3）占空比可调的矩形波发生电路使电容的充、放电时间常数不同且可调，即可使矩形波发生器的占空比可调，如图 4-49 所示。

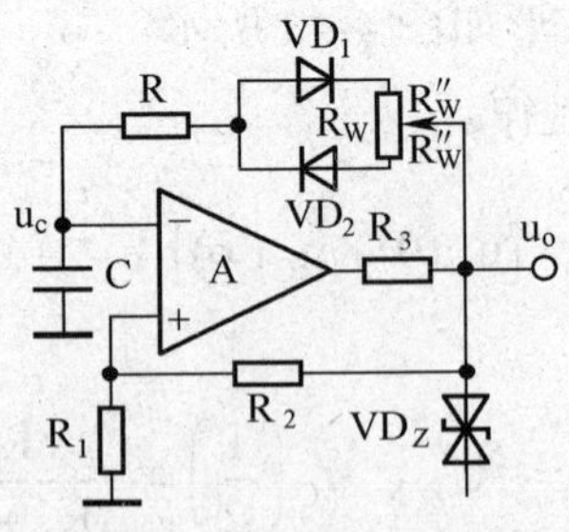

图 4-49 占空比可调的矩形波发生电路

占空比可调的矩形波发生电路中，电容 C 充、放电的波形及输出波形如图 4-50 所示。

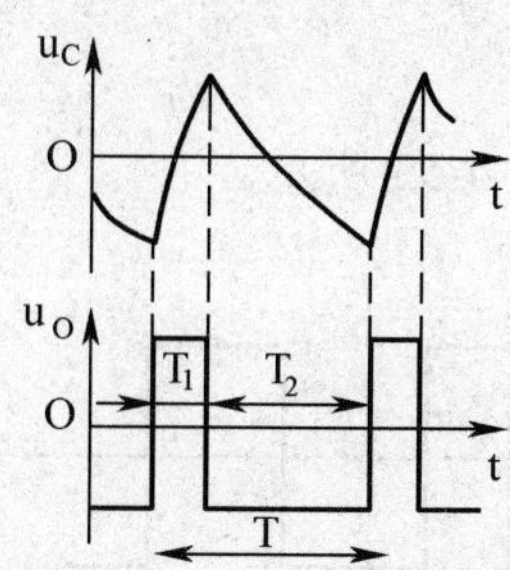

图 4-50　占空比可调的矩形波发生电路波形图

2. 三角波发生电路

图 4-51 是一个实用的三角波发生电路，其中 u_{o1} 输出为方波，u_o 为三角波。

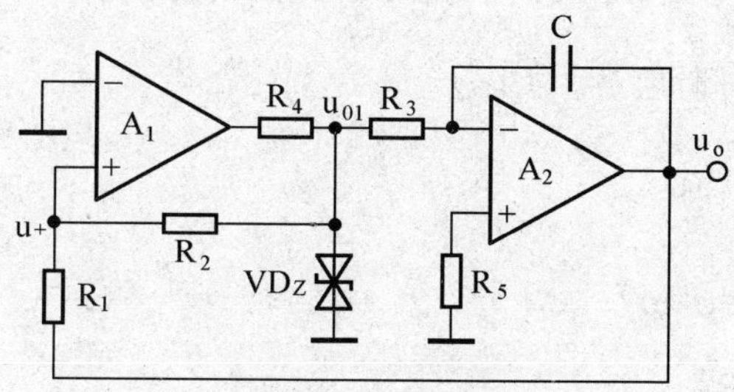

图 4-51　实用三角波发生电路

图中由 A1 组成的电路是一个同相输入滞回比较器，它的输入来自电路的输出；由 A2 组成的是一个反向积分电路，它的输入是矩形波，通过积分转变成三角波。

（1）工作原理。

首先来看一看滞回比较器的电压传输特性，如图 4-52 所示。

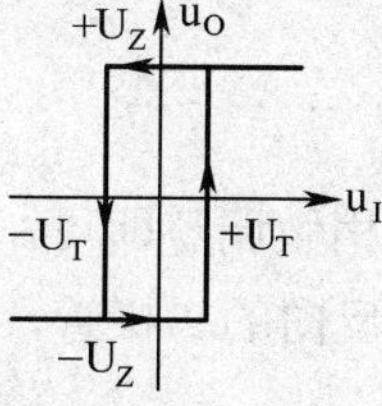

图 4-52　滞回比较器的电压传输特性

当 $u_+=u_-=0$ 时，滞回比较器的输出发生跳变。

$$u_+ = \frac{R_1}{R_1+R_2}u_{o1} + \frac{R_2}{R_1+R_2}u_o$$

设 t=0 时，$u_{o1}=+u_Z, u_o=0$。

阈值电压为 $u_T=\pm\frac{R_1}{R_2}U_Z$

三角波发生电路的输出波形如图 4-53 所示。

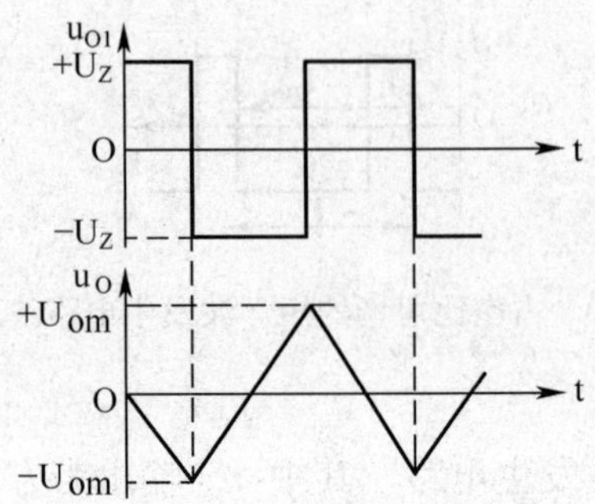

图 4-53　三角波发生电路的波形图

（2）输出幅度和振荡周期。

$$u_O=-\frac{1}{R_3C}\int u_I dt+u_O(t_O)$$

$$=-\frac{U_I}{R_3C}(t_1-t_O)+u_O(t_O)$$

$$u_+=\frac{R_1}{R_1+R_2}u_{O1}+\frac{R_2}{R_1+R_2}u_O$$

解得三角波的输出幅度为 $U_{om}=\frac{R_1}{R_2}U_Z$

振荡周期 $T=\frac{4R_3CU_{om}}{U_Z}=\frac{4R_1R_3C}{R_2}$

调节电路中的 R_1、R_2、R_3 的阻值和 C 的容量，可改变振荡频率，调节 R_1、R_2 的阻值，可改变三角波的幅值。

3. 锯齿波发生电路

锯齿波发生电路只需要对图 4-51 稍做调整即可，把原来的 R3 变成两路并联，分解成两个电阻 R'_W 和 R''_W，并且分别串联两个反向的二极管，使电容充放电时间常数不一样，正向积分时间常数远大于反向积分时间常数或者相反，如图 4-54 所示。调节滑动变阻器即可改变锯齿波的形状。电路中的波形如图 4-55 所示。

各参数表达式如下：

$$U_{om}=\frac{R_1}{R_2}U_Z$$

$$T_1=\frac{2R_1R'_WC}{R_2}$$

$$T_2 = \frac{2R_1R''_WC}{R_2}$$

$$T = T_1 + T_2 = \frac{2R_1R_WC}{R_2}$$

$$D = \frac{T_1}{T} \times 100\%$$

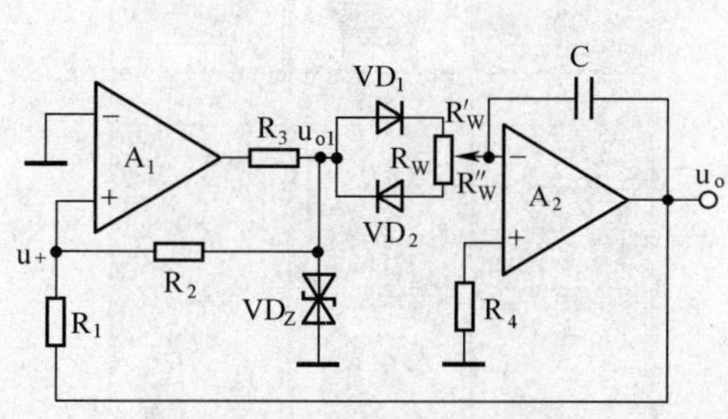

图 4-54　锯齿波发生电路

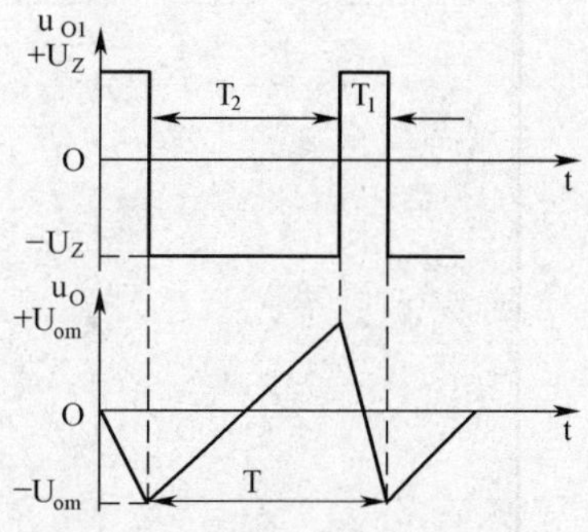

图 4-55　锯齿波发生电路波形

4. 方波、三角波和锯齿波发生电路的仿真

结合前面的三种电路的设计和分析，根据参数计算公式给出一个综合仿真电路，如图 4-56 所示。

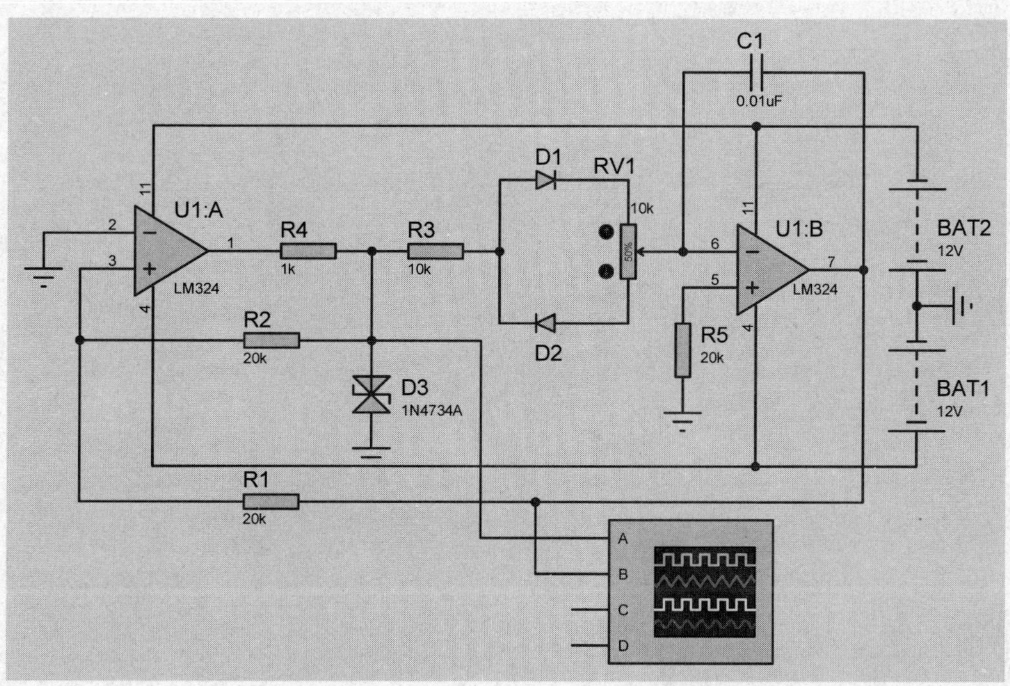

图 4-56　方波、三角波和锯齿波发生电路仿真图

示波器的波形如图 4-57 所示，因为滑动变阻器在中间位置，所以输出波形是方波和三角

波，当调节滑动变阻器的触头位置时，示波器的 B 通道可观察到锯齿波。

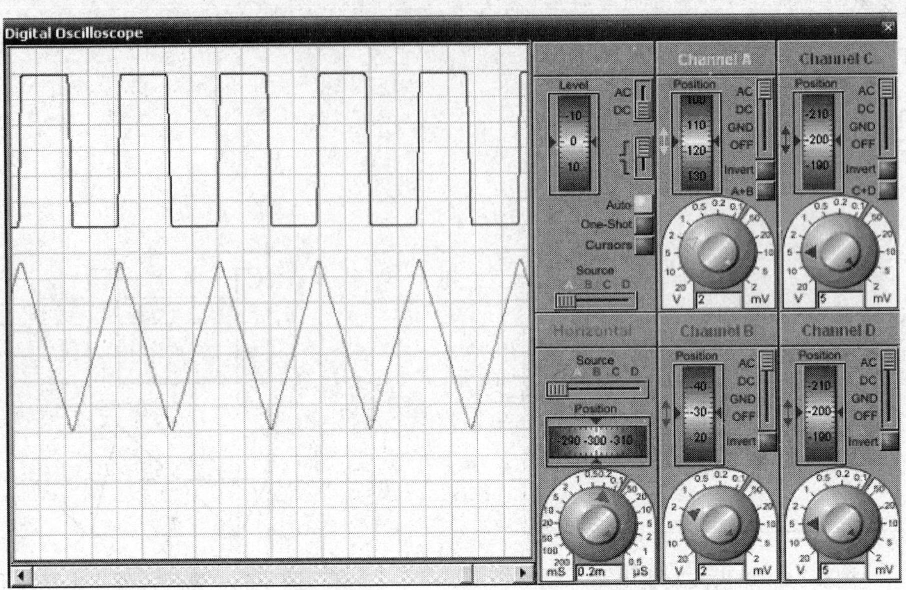

图 4-57　方波、三角波和锯齿波发生电路波形

附　　录

1. 陶瓷电容容量读法

陶瓷电容容量的读法非常简单：2 位数可以直接读取，单位为 pF，如 10，即 10pF；3 位数，如 104，则读作 10*10 的 4 次方，单位 pF，即 104 为 0.1μF。

2. 色环电阻阻值读法

（1）识别顺序。色环电阻是应用于各种电子设备的最多的电阻类型，无论怎样安装，维修者都能方便地读出其阻值，便于检测和更换。但在实践中发现，有些色环电阻的排列顺序不甚分明，往往容易读错，在识别时，可运用如下技巧加以判断：

技巧 1：先找标志误差的色环，从而排定色环顺序。最常用的表示电阻误差的颜色是：金、银、棕，尤其是金环和银环，一般绝少用作电阻色环的第一环，所以在电阻上只要有金环和银环，就可以基本认定这是色环电阻的最末一环。

技巧 2：棕色环是否是误差标志的判别。棕色环既常用作误差环，又常作为有效数字环，且常常在第一环和最末一环中同时出现，使人很难识别谁是第一环。在实践中，可以按照色环之间的间隔加以判别：比如对于一个五道色环的电阻而言，第五环和第四环之间的间隔比第一环和第二环之间的间隔要宽一些，据此可判定色环的排列顺序。

技巧 3：在仅靠色环间距还无法判定色环顺序的情况下，还可以利用电阻的生产序列值来加以判别。比如有一个电阻的色环读序是：棕、黑、黑、黄、棕，其值为：100×10000=1MΩ 误差为 1%，属于正常的电阻系列值，若是反顺序读：棕、黄、黑、黑、棕，其值为 140×100Ω=14kΩ，误差为 1%。显然按照后一种排序所读出的电阻值，在电阻的生产系列中是没有的，故后一种色环顺序是不对的。

（2）识别大小。

1）四色环电阻：第一色环是十位数，第二色环是个位数，第三色环是应乘颜色次幂颜色次，第四色环是误差率。

例子：红 红 黑 金

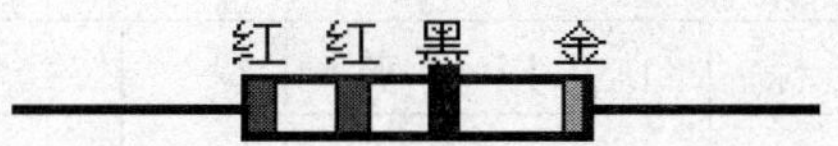

其阻值为 $22\times10^0=22\Omega$，误差为±5%。

红	红	黑		金
2	2	0		±5%

误差表示电阻数值，在标准值 22Ω 上下波动（5%×22）都表示此电阻是可以接受的，即在 20.9～23.1Ω 之间都是好的电阻。

2）五色环电阻：第一色环是百位数，第二色环是十位数，第三色环是个位数，第四色环是应乘颜色次幂颜色次，第五色环是误差率。

例子：红 红 黑 棕 金

五色环电阻最后一环为误差，前三环数值乘以第四环的 10 颜色次幂颜色次，其电阻为 220×101=2.2kΩ，误差为±5%。

首先，从电阻的底端找出代表公差精度的色环，金色的代表 5%，银色的代表 10%。再从电阻的另一端，找出第一条、第二条色环，读取其相对应的数字，以下图为例，前两条色环都为红色，故其对应数字为红 2、红 2，其有效数是 22。再读取第三条倍数色环，黑 1。所以，我们得到的阻值是 22×1=22Ω。如果第三条倍数色环为金色，则将有效数乘以 0.1。如果第三条倍数色环为银色，则乘以 0.01。

色环标示主要应用圆柱型的电阻器上，如碳膜电阻、金属膜电阻、金属氧化膜电阻、保险丝电阻、绕线电阻。在早期，一般当电阻的表面不足以用数字表示法时，就会用色环标示法来表示电阻的阻值、公差和规格。

色环主要分成两部分：

第一部分：靠近电阻前端的一组是用来表示阻值。

两位有效数的电阻值，用前三个色环来代表其阻值，如 39Ω、39kΩ、39MΩ。

三位有效数的电阻值，用前四个色环来代表其阻值，如 69.8Ω、698Ω、69.8kΩ，一般用于精密电阻的表示。

第二部分：靠近电阻后端的一条色环用来代表公差精度。

第一部分的每一条色环都是等距，自成一组，容易和第二部分的色环区分。四个色环电阻的识别：第一、二环分别代表两位有效数的阻值；第三环代表倍率；第四环代表误差。五个色环电阻的识别：第一、二、三环分别代表三位有效数的阻值；第四环代表倍率；第五环代表误差。如果第五条色环为黑色，一般用来表示为绕线电阻器，第五条色环如为白色，一般用来表示为保险丝电阻器。如果电阻体只有中间一条黑色的色环，则代表此电阻为零欧姆电阻。另外还有中间只有一道黑色色环的电阻，其阻值为零。

色环电阻对照表

	银	金	黑	棕	红	橙	黄	绿	兰	紫	灰	白	无
有效数字	—	—	0	1	2	3	4	5	6	7	8	9	—
数量级	10^{-2}	10^{-1}	10^{0}	10^{1}	10^{2}	10^{3}	10^{4}	10^{5}	10^{6}	10^{7}	10^{8}	10^{9}	—
允许偏差（%）	±10	±5	—	±1	±2	—	—	±0.5	±0.25	±0.1	—	+50 -20	±20

3. 常用元件及集成芯片引脚排列图

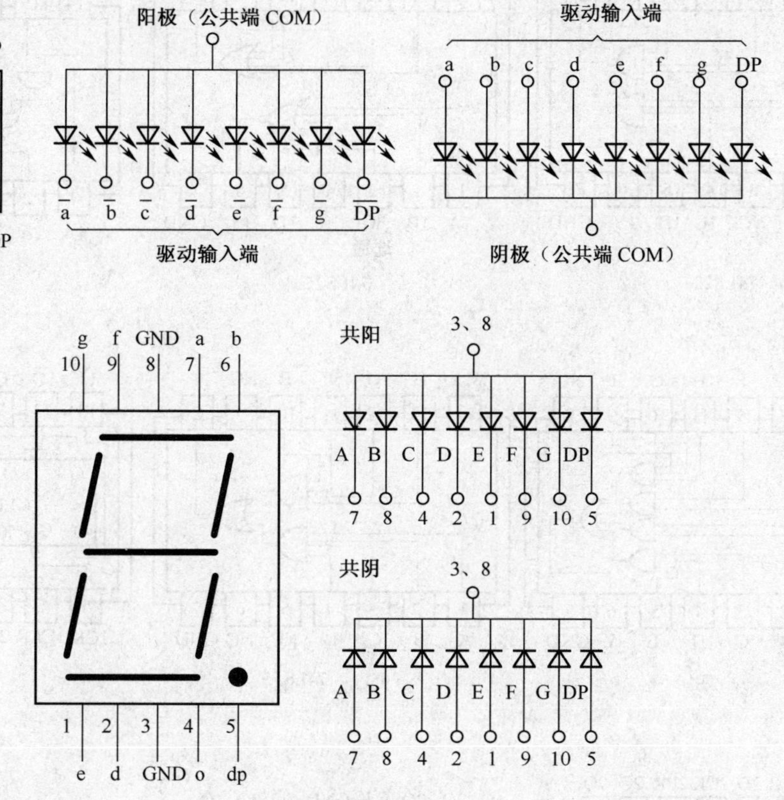

七段数码管

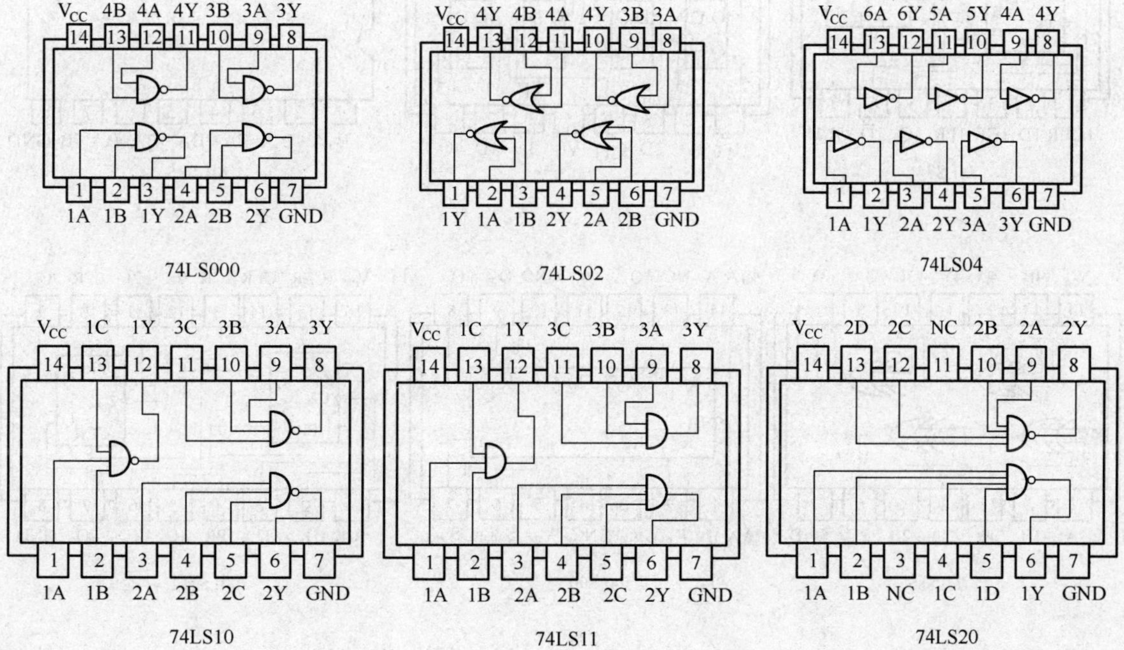

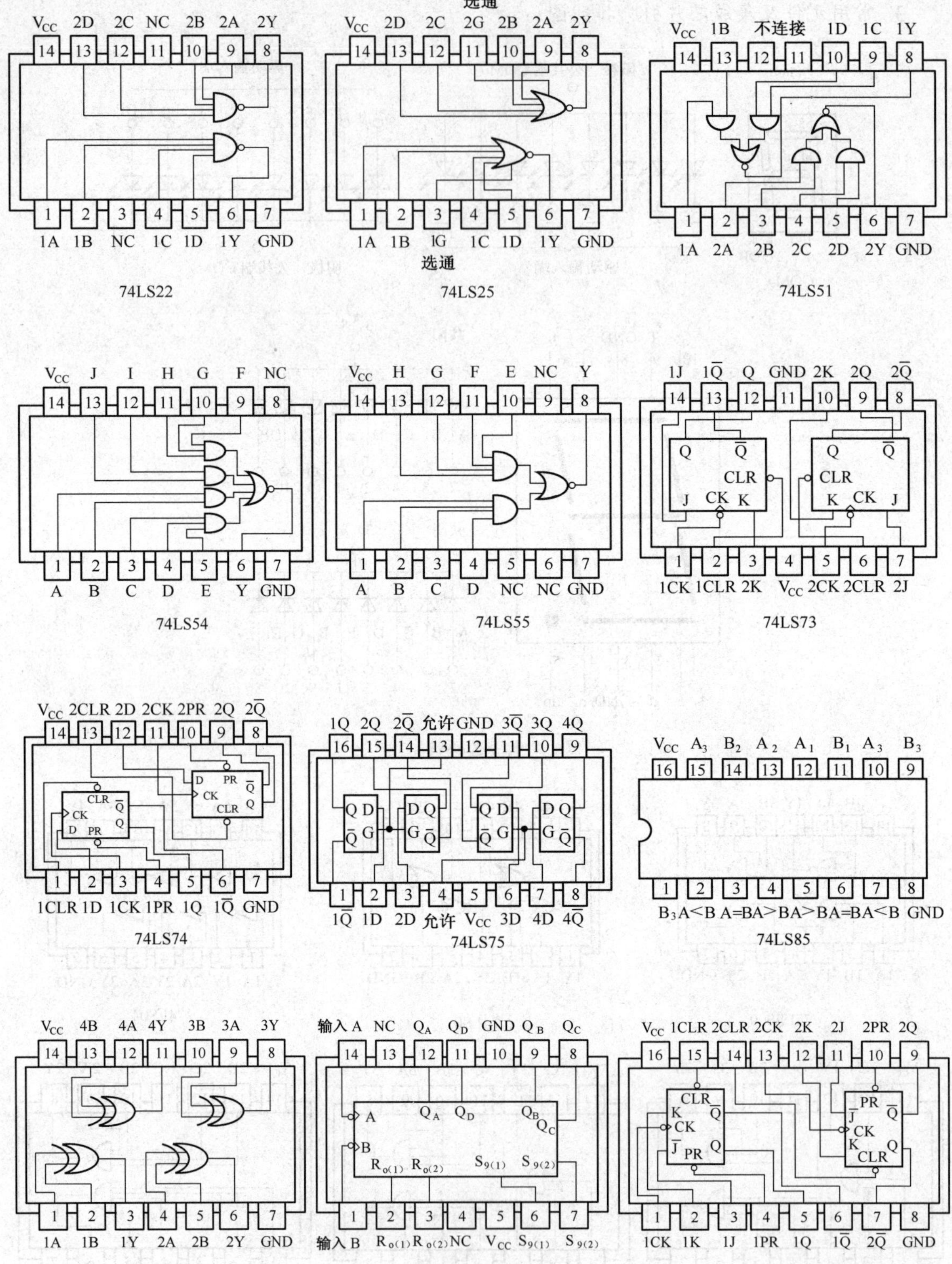
选通
Vcc 2D 2C NC 2B 2A 2Y
1A 1B NC 1C 1D 1Y GND
74LS22
Vcc 2D 2C 2G 2B 2A 2Y
1A 1B 1G 1C 1D 1Y GND
选通
74LS25
Vcc 1B 不连接 1D 1C 1Y
1A 2A 2B 2C 2D 2Y GND
74LS51
Vcc J I H G F NC
A B C D E Y GND
74LS54
Vcc H G F E NC Y
A B C D NC NC GND
74LS55
1J 1Q Q GND 2K 2Q 2Q
1CK 1CLR 2K Vcc 2CK 2CLR 2J
74LS73
Vcc 2CLR 2D 2CK 2PR 2Q 2Q
1CLR 1D 1CK 1PR 1Q 1Q GND
74LS74
1Q 2Q 2Q 允许 GND 3Q 3Q 4Q
1Q 1D 2D 允许 Vcc 3D 4D 4Q
74LS75
Vcc A3 B2 A2 A1 B1 A3 B3
B3 A<B A=B A>B A>B A=B A<B GND
74LS85
Vcc 4B 4A 4Y 3B 3A 3Y
1A 1B 1Y 2A 2B 2Y GND
74LS86
输入A NC QA QD GND QB QC
输入B R0(1) R0(2) NC Vcc S9(1) S9(2)
74LS90
Vcc 1CLR 2CLR 2CK 2K 2J 2PR 2Q
1CK 1K 1J 1PR 1Q 1Q 2Q GND
74LS112

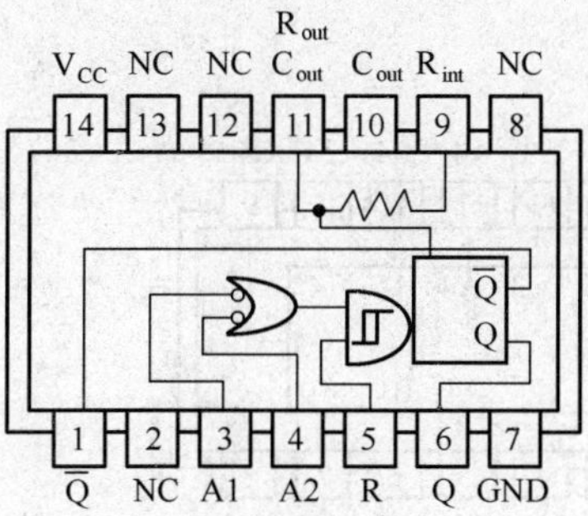

R_{out}
V_{CC} NC NC C_{out} C_{out} R_{int} NC
14 13 12 11 10 9 8
$\overline{Q}$ Q
1 2 3 4 5 6 7
$\overline{Q}$ NC A1 A2 R Q GND

74LS121

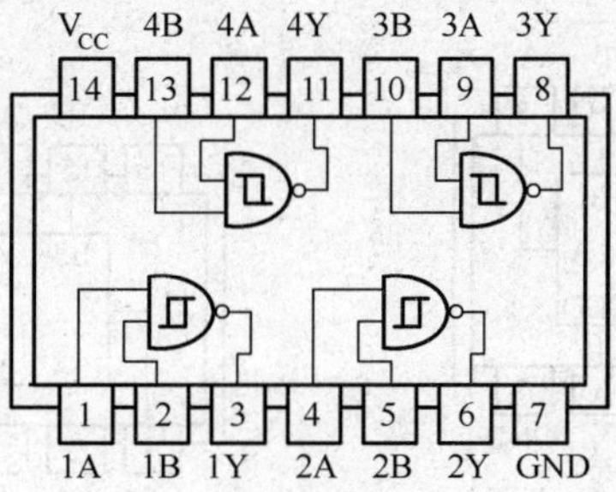

V_{CC} 4B 4A 4Y 3B 3A 3Y
14 13 12 11 10 9 8
1 2 3 4 5 6 7
1A 1B 1Y 2A 2B 2Y GND

74LS126

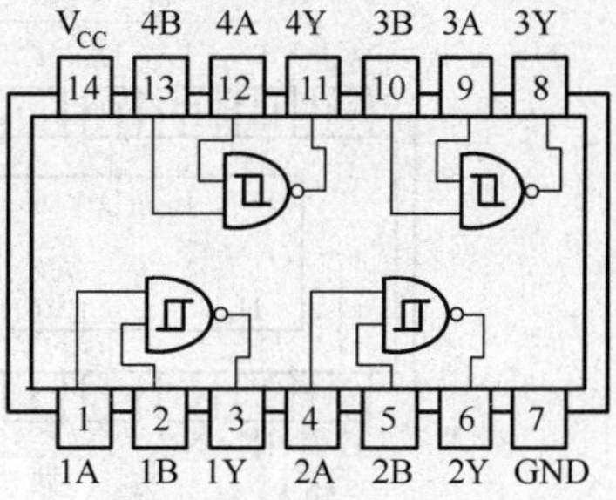

V_{CC} 4B 4A 4Y 3B 3A 3Y
14 13 12 11 10 9 8
1 2 3 4 5 6 7
1A 1B 1Y 2A 2B 2Y GND

74LS132

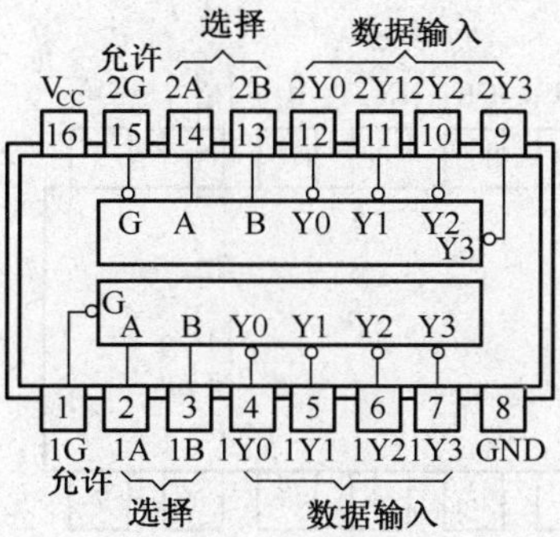

选择 数据输入
允许
V_{CC} 2G 2A 2B 2Y0 2Y1 2Y2 2Y3
16 15 14 13 12 11 10 9
G A B Y0 Y1 Y2 Y3
G A B Y0 Y1 Y2 Y3
1 2 3 4 5 6 7 8
1G 1A 1B 1Y0 1Y1 1Y2 1Y3 GND
允许 选择 数据输入

74LS139

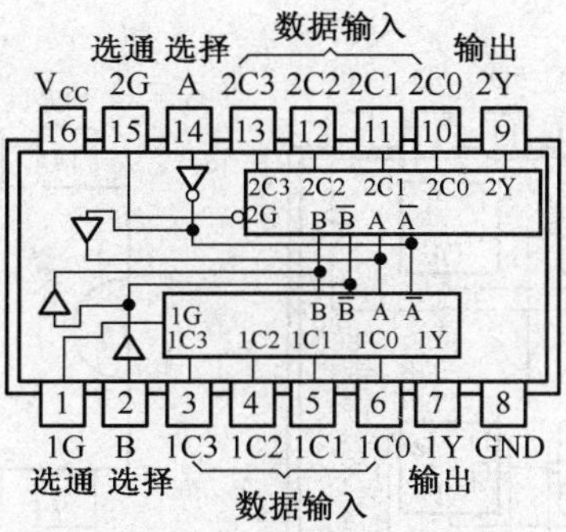

选通 选择 数据输入 输出
V_{CC} 2G A 2C3 2C2 2C1 2C0 2Y
16 15 14 13 12 11 10 9
2C3 2C2 2C1 2C0 2Y
2G B $\overline{B}$ A $\overline{A}$
1G B $\overline{B}$ A $\overline{A}$
1C3 1C2 1C1 1C0 1Y
1 2 3 4 5 6 7 8
1G B 1C3 1C2 1C1 1C0 1Y GND
选通 选择 数据输入 输出

74LS153

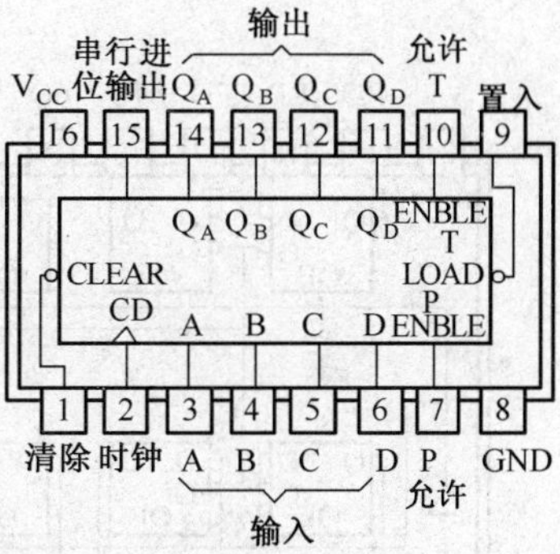

串行进位输出 输出 允许
V_{CC} Q_A Q_B Q_C Q_D T 置入
16 15 14 13 12 11 10 9
Q_A Q_B Q_C Q_D ENBLE T
CLEAR LOAD
CD A B C D ENBLE P
1 2 3 4 5 6 7 8
清除 时钟 A B C D P GND
输入 允许

74LS160（74LS161）

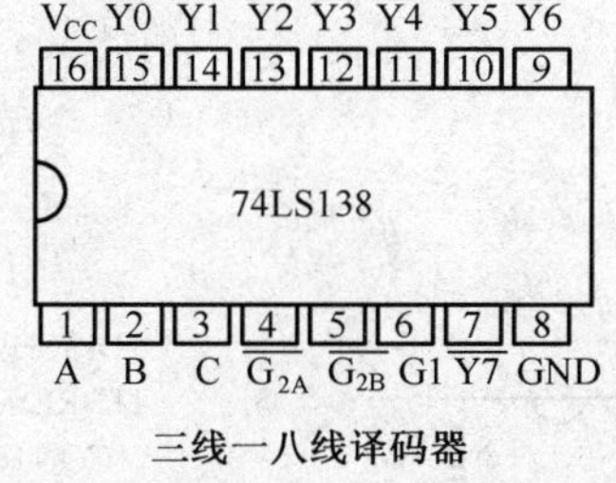

三线一八线译码器

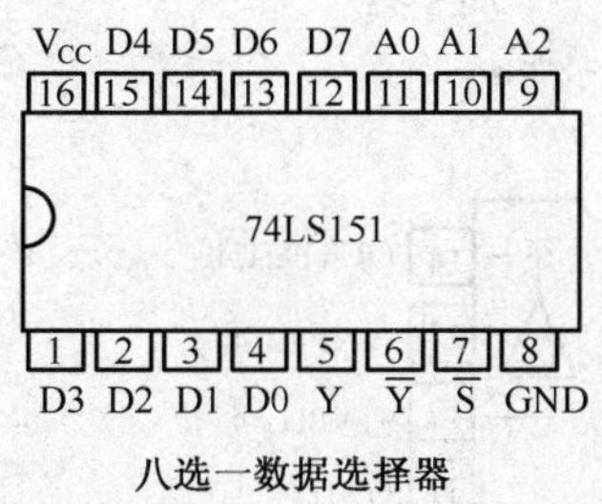

八选一数据选择器

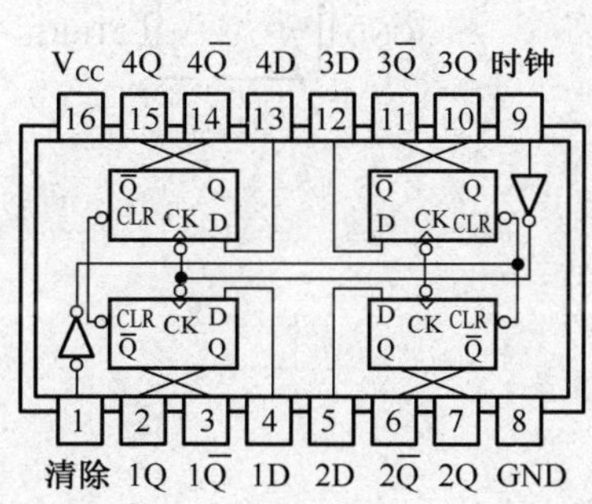

74LS175

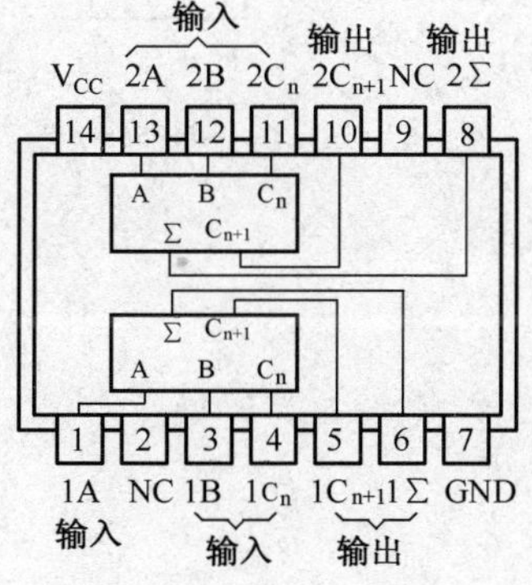

74LS183

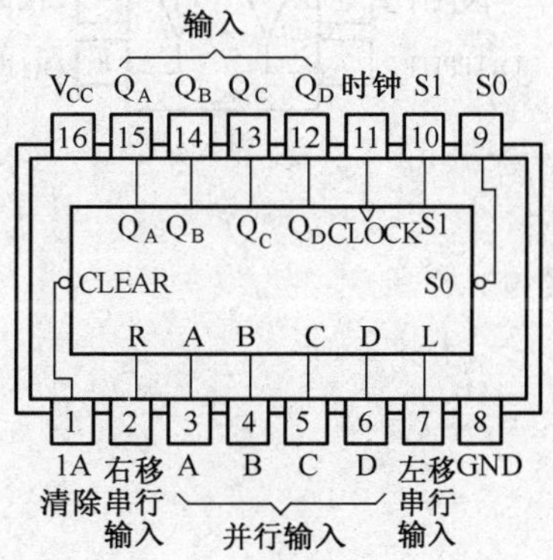

74LS194

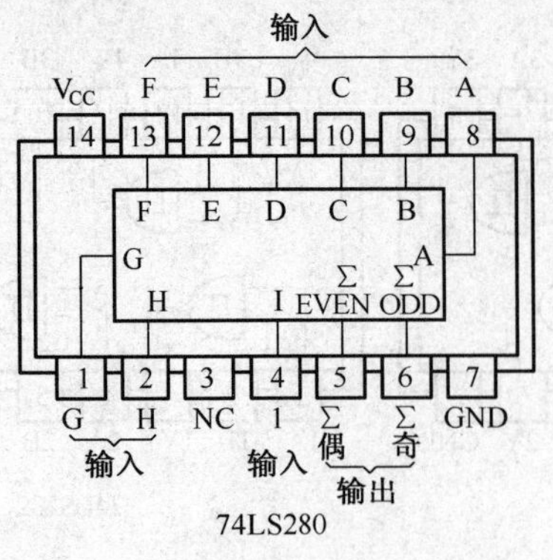

74LS280

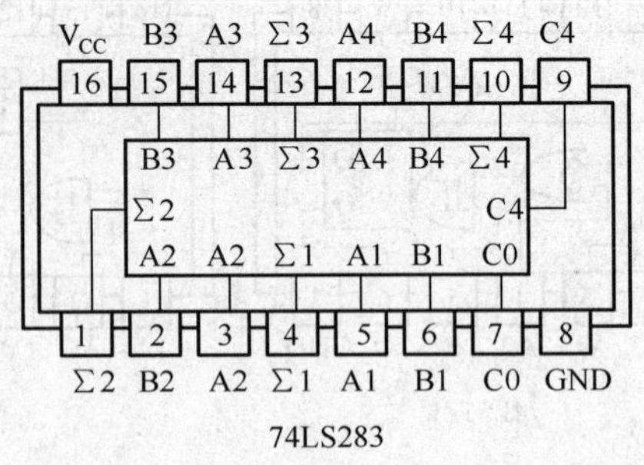

74LS283

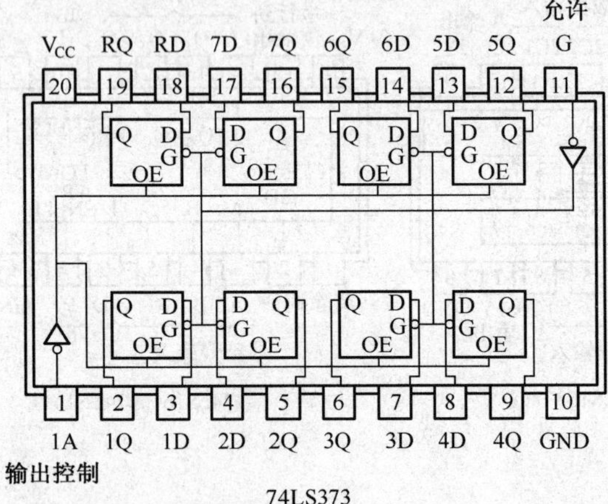

74LS373

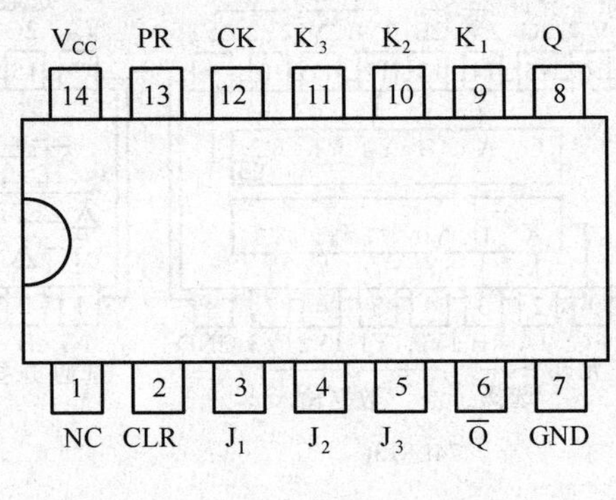

74H72

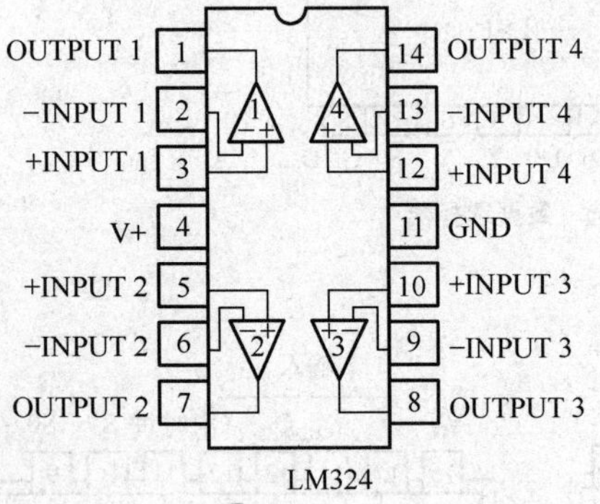

LM324

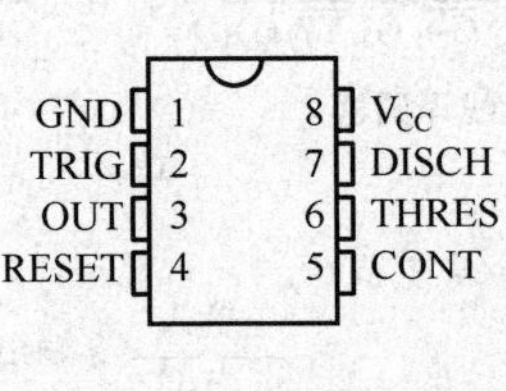

NE555

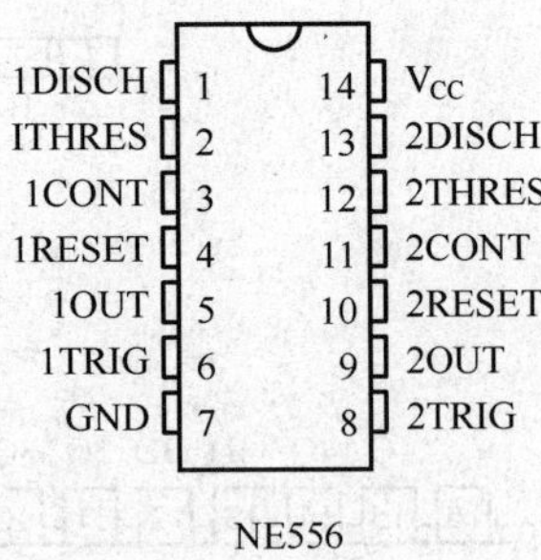

NE556

参考文献

[1] 侯建军等，电子技术实验、综合设计实验与课程设计．北京：高等教育出版社，2007.

[2] 林志琦等．基于 Proteus 的单片机可视化软硬件仿真．北京：北京航空航天大学，2006.

[3] 谢兰清等．电子技术项目教程．北京：电子工业出版社，2009.

[4] 高有堂，朱清慧．电子技术基础．西安：西安地图出版社，2003.

[5] 王小海，蔡忠法．电子技术基础实验教程．北京：高等教育出版社，2005.

[6] [日]汤山俊夫．数字电路设计与制作．关静译．北京：科学出版社，2005.

[7] 张顺兴．数字电路与系统设计．南京：东南大学出版社，2004.

[8] 邓元庆，贾鹏康．数字电路与系统设计．西安：西安电子科技大学出版社，2003.

[9] 朱清慧等．Proteus 教程——电子线路设计、制版与仿真．北京：清华大学出版社，2008.

[10] 康华光．电子技术基础 数字部分（第四版）．北京：高等教育出版社，2000.

[11] 阎石．数字电子技术基础（第五版）．北京：高等教育出版社，2007.

[12] 华成英，童诗白．模拟电子技术基础（第四版）．北京：高等教育出版社，2006.

[13] 高有堂．EDA 技术及应用实践．北京：清华大学出版社，2006.

[14] 高有堂，翟天嵩，朱清慧．电子设计与实战指导．北京：电子工业出版社．2007.

[15] 邱关源，罗先觉．电路（第 5 版）．北京：高等教育出版社．2006.

[16] 杨清德．LED 及其工程应用．北京：人民邮电出版社，2007.

[17] 诸昌钤．LED 显示屏系统原理及工程技术．成都：电子科技大学出版社，2000.

[18] 杨恒．LED 照明驱动电路设计与实例精选．北京：中国电力出版社，2008.

[19] 周立功．ARM 嵌入式系统实验教程（二）．北京：北京航空航天大学出版社，2005.

[20] 胡伟，季晓衡．单片机 C 程序设计及应用实例．北京：人民邮电出版社，2003.

[21] 王兆安，黄俊．电力电子技术（第 4 版）．北京：机械工业出版社，2002.

[22] 王志良．电力电子新器件及其应用技术．北京：国防工业出版社，1995.

[23] 杨振江．A/D、D/A 转换器接口技术．西安：西安电子科技大学，1996.

[24] 秦曾煌．电子技术（电工学下册）．北京：高等教育出版社，2007.

[25] 高有堂．电子电路设计制版与仿真．郑州：郑州大学出版社，2005.

[26] 林庭双．Protel DXP 电子电路设计精彩范例．北京：机械工业出版社，2005.